“用材林高效培育技术研究”丛书

大岗山主要用材林树种培育技术研究

厉月桥　谭新建　周新华　潘文婷　等 ■ 著

中国林业出版社
China Forestry Publishing House

图书在版编目(CIP)数据

大岗山主要用材林树种培育技术研究 / 厉月桥等著. —北京：中国林业出版社，2023.7
ISBN 978-7-5219-2269-1

Ⅰ.①大… Ⅱ.①厉… Ⅲ.①用材林-树种 ②用材林-造林 Ⅳ.①S727.1

中国国家版本馆 CIP 数据核字(2023)第 136906 号

责任编辑：于界芬　李丽菁

出版发行　中国林业出版社
　　　　　(100009,北京市西城区刘海胡同 7 号,电话 83143542)
电子邮箱　cfphzbs@163.com
网　　址　www.forestry.gov.cn/lycb.html
印　　刷　河北京平诚乾印刷有限公司
版　　次　2023 年 7 月第 1 版
印　　次　2023 年 7 月第 1 次印刷
开　　本　787mm×1092mm　1/16
印　　张　13.5
字　　数　310 千字
定　　价　88.00 元

大岗山主要用材林树种培育技术研究

著者名单（按姓氏笔画排序）

王丽云　邓宗付　厉月桥　刘　仁　刘　儒　刘素贞

孙建军　杜建霞　李峰卿　吴喜昌　何　平　汪泽军

宋云霞　张华聪　张利利　武晓玉　周新华　袁小平

夏　莘　聂林芽　郭聪聪　喻龙华　曾平生　曾素平

曾满生　谭新建　熊光康　潘文婷

前言

随着我国生态文明建设的逐步深入，森林质量精准提升已成为林业长期而极其重要的主题。我国对森林质量提升工作十分重视，习近平总书记对着力提高森林质量作出了明确指示，国家林业和草原局把实施森林质量精准提升工程作为重点内容列入发展规划中。江西大岗山地区地处江西省新余、宜春、吉安三市交界，海拔为72～1091.8m，低山丘陵地貌，区域森林资源丰富，位于我国亚热带南北走向气温平均点和东西走向降水量平均点上，是亚热带范围的典型代表区域。江西大岗山地区是我国南方重要的用材林基地之一，地带性植被类型为亚热带常绿阔叶林。典型代表性用材树种有松科、杉科、樟科、木兰科、壳斗科、玄参科树种。对大岗山地区开展用材林高质量培育和经营研究，对保障我国木材战略安全、促进乡村振兴和改善区域生态环境均具有十分重要的意义。

中国林业科学研究院亚热带林业实验中心设于大岗山地区，主要任务是组装、配套科技成果，开展以油茶、杉、松、竹、阔等为主的种质资源收集与保存、良种繁育、培育技术研究及生态系统定位监测等工作。自1979年以来，亚热带林业实验中心成立之后，洪菊生、盛炜彤、王华缄、傅懋毅、顾万春、肖文发、张建国、周志春、李江南、夏良放等一大批林业科学家在此不间断地开展了一系列的用材林科学研究，在遗传控制、立地控制、密度控制和地力维护提高等方面，获得了大量优秀理论与实践成果，引领了我国亚热带用材林培育研究方向。近年来，国内外用材林高效培育技术方面的新理论、新技术、新方法和新成果不断涌现，使林木培育水平不断提高。大岗山主要用材林树种经营理论和技术也需要不断与时俱进、推陈出新。为此，研究团队紧跟老一辈林业科学家的步伐，不断从他们的研究成果中汲取营养，继承他们无私付出、甘于奉献的科学精神，充分发挥长期科研基地作用，融合新理论、新技术，持续开展创新研究。

本书融合了10年来团队创新研究成果，共分为8章。第一章介绍了大岗山森林资源概况、主要造林树种培育技术研究进展；第二章至第七章介绍了大岗山6个主要用材树种杉木、楠木、樟树、白花泡桐、南方红豆杉、鹅掌楸种苗培育、森林营造和人工促进天然更新技术研究；第八章介绍了这些树种高效培育新技术的集成示范研究工作，包括立地选择、良种壮苗、林木修枝、抚育管理、低质林改培、更新技术、病虫害综合防治等多个方面对人工林生长的影响，解决了各树种如何培育高质量人工林的问题，以期系统推动大岗山用材林培育的发展，提高森林质量，促进青山更绿、百姓更富，为区域林业高质量发展发挥良好示范引领作用。

本书是全面、综合反映我国中亚热带江西大岗山地区主要树种育苗、造林和经营最新理论与实践成果的著作，相继得到了中国林业科学研究院基本科研业务费专项资金项目“大岗山杉木人工林养分精准监测与调控研究”（CAFYBB2022ZC005）、“林地生境异质性对闽楠生长、构型的影响及机理”（CAFYBB2020MB004）、“大岗山林区智慧监管可视化研究”（CAFYBB2021ZE005）、“杉木用材林高效培育技术研究与示范”（CAFYBB2014MB007）、“十三五”国家重点研发计划“楠木、樟树等珍贵树种定向培育技术集成与示范”（2017YFD0601102）、国家林业和草原局林业科技成果推广项目“脱毒泡桐苗轻基质网袋工厂化育苗技术推广”等项目的资助。

本书编制过程中，研究思路、实验设计和成果总结得到了中国林业科学研究院沙漠林业实验中心王志刚研究员、中国林业科学研究院林业研究所盛炜彤研究员、李迎超博士和河北农业大学谷建才教授等专家悉心指导，鹅掌楸生长、形质种源变异及密度效应研究是在中国林业科学研究院林业研究所顾万春研究员20世纪90年代在中国林业科学研究院亚热带林业实验中心年珠林场和上村林场主持建立的种源、密度实验林基础上完成的，各项研究外业调查与数据采集工作得到了中国林业科学研究院亚热带林业实验中心下属实验林场，新余市林业局、分宜县林业局、安福县明月山林场、河南省林业技术推广总站等单位的大力支持与协助，在此表示衷心的感谢！

由于作者水平有限，书中的不足之处，敬请读者批评指正！

著　者

2023年7月于分宜

目录

第一章
绪论

第一节　大岗山森林资源概况

一、地质、地貌

大岗山位于萍乐拗陷带西段南部，地层构造为震旦系，由一套经受浅变质作用的地槽型含碳泥质、泥沙质及砂质岩组成，厚度5694m。区内地质构造属华夏构造体系，地质构造位置位于萍乐拗陷带西段与武功山隆起相邻部位，为元古界变质岩系的古老褶皱基底，局部见有多期花岗岩、基性岩和超基性岩系侵入，褶皱强烈，构造发育。褶皱、断裂构造线方向基本一致，主要为北东—南西向，偶见北西—南东向和近南北向小断裂。

大岗山地貌形态主要为低山丘陵地形，整个地势西高东低，逐渐倾斜，山脊呈南北走向，区界上的大岗山主峰海拔1091.8m，是以变质岩为主形成的锯状陡峻中山地形，山峰重叠，山坡陡峻，水系不甚发育，河谷狭窄，多呈“V”字形，由西向东过渡到低山地形。根据成因分类，地貌类型分为侵蚀构造地形、侵蚀剥蚀地形、侵蚀堆积地形和河流地形等类型。

二、气 候

大岗山自然保护区地处中亚热带，四季分明，气候温暖湿润，属于中亚热带季风湿润气候类型。主要山脉大岗山成东北至西南走向，大气南北流动通畅，东西之间的交换受阻。保护区内风向比较单纯，夏半年盛行西南风，冬半年盛行东北风，形成四季分明的气候特征。在春季(3~4月)，冷暖空气在江南相持，暖湿空气沿干冷空气上滑，成云致雨，随着冷暖空气势力的增强或减弱，雨区也在南北摆动或消失，造成晴、雨多变天气。4~6月，冷空气势力减弱，暖空气势力逐渐增强，长江以南盛行西南风，来自海洋上的暖空气带来大量水汽，保护区内闷热，雨日增多，雨量集中。7~8月，冷空气逐渐控制长江以南地区，冷暖空气交汇多在长江以北，雨带相对北移，保护区雨季结束，进入盛夏季节，天气炎热少雨，间或因空气对流活跃，形成局部雷阵雨天气。9~10月，暖空气势力逐渐减弱，北方冷空气势力迅速增强，由于太阳照射使地面受热还相当强烈，保护区受高气压控制，天高云淡，空气干燥，温度宜人。

大岗山太阳总辐射年平均为486.6kJ/cm²。平均全年日照时数为1657.0小时，7月最多，有243.8小时，2月最少，只有67.0小时。年平均气温为16.8℃；7月平均气温28.8℃，为全年最高月平均气温，极端最高气温为39.9℃；1月平均气温为5.2℃，为全年最低月平均气温，极端最低气温为-8.3℃；≥0℃的常年积温为6407.8℃；≥10℃积温为5355℃，日均温≥10℃的日数长达243天/年。日平均气温10~20℃的常年积温为4701.9℃，其时长为196天。无霜期为269天；历年最早初霜日是10月29日，最晚初霜日是12月23日，早晚相差55天；历年最早终霜日是1月30日，最晚终霜日是3月25日，早晚相差54天。

大岗山多年平均降水量为1590.9mm，最多为2227.6mm，最小为1069.8mm；平均年蒸发量为1503.8mm，最大为1770.8mm，最小为1274.0mm，7月最多，达239.1mm，2月最少，为47.8mm。降水主要集中在4~6月，占全年降水量的44.6%，10~12月降水量最少，仅占年降水量的13.1%。连续降水天数最长达26天，最大日降水量195.7mm，干旱季节最长32天。保护区内年平均相对湿度为81%，除7~10月平均76%~79%外，其余月份都在80%以上。3月最大，为84%；7月最小，为76%。

保护区内多山，风速较小，年平均风速为2.0m/s。每年约有8级以上雷雨大风及冷空气大风3~4次。年最多风向为东风，从冬季11月至翌年6月以东风为主，7月多南风；历年最大风速为22m/s，相当于10级，春夏之交常有雷雨大风。

降雪季节较短，一般在12月至翌年2月。历年最早降雪是11月17日，最晚是3月22日，年均降雪约9天。积雪更少，年均约3天，大多出现在1~2月，积雪厚度一般为2~3cm，最厚达31cm。

灾害性天气主要有雨凇、雪压和阶段性干旱。

三、土 壤

(一)土壤类型

大岗山属红壤地带，即水平基带土壤为红壤。区域内成土母质多为残积型和坡积型，母岩有砂岩、砂页岩、千枚岩、页岩、板(页)岩、花岗岩、石灰岩等。高温多湿的亚热带气候使地表岩石风化激烈，原生矿物脱盐形成黏土矿物，解脱的盐基不断遭淋溶流失，使土壤阳离子代换量、盐基饱和度低，而铁、铝相对积聚，从而形成土壤黏化、酸化、红化等特征。随着海拔的升高，保护区的土壤形成不太明显的垂直地带谱，即由低海拔至高海拔，依次分布红壤、黄红壤、黄壤、黄棕壤。红壤多分布于海拔200m以下的低丘山地，土壤深厚黏重，侵蚀较严重，表土腐殖质含量较低(长埠、山下之大部)；海拔200~400m处分布有黄红壤(年珠、上村部分地区)；黄壤分布最广，分布海拔为300~700m，土质疏松，肥沃湿润，腐殖质层中等厚度，以分布在年珠、上村林场为主；黄棕壤主要分布在海拔700m以上的陡险坡处，大多质地良好，肥力较高，但土层较薄。

(二) 土壤理化性状

1. 土壤厚度与质地

大岗山土壤厚度一般为60~80cm，坡麓下的红壤厚达100cm以上、黄红壤厚达80~

100cm，黄壤、黄棕壤一般为 60~75cm，山顶陡坡上的黄棕壤厚度为 40~60cm，甚至在 30cm 以下。A 层质地相对较轻，多为中壤土至重壤土，粒状或团粒结构；B 层和 C 层土壤质地较重，多为重壤土至轻黏土，柱状或块状结构。

2. 土壤的 pH 值和代换量

大岗山的土壤属红、黄壤系列的山地土壤，在亚热带温暖湿润的生物气候条件下，物质的强烈风化分解和淋溶淀积结果，盐基先后淋失，铁、铝氧化物聚积，使土壤呈酸性反应。土壤的水提 pH 值 A 层在 4.7~5.3，B 层在 4.9~5.4，C 层在 5.1~5.6，代换性酸度更低。各种土壤都表现出盐基高度不饱和，阳离子代换量除少量土壤有机质含量丰富的 A 层达 29me/100g 土以外，其他大多为 10~16me/100g 土，B 层一般在 10me/100g 土。

3. 土壤有机质含量

植物长期生长发育与演化所产生的大量凋落物为土壤有机质的形成提供了物质基础，加上温暖湿润的气候条件，土壤微生物对有机残落物进行矿质化和腐殖化作用，使土壤积累了较丰富的有机质和矿物养分。保护区土壤 A 层的有机质含量最高为 5.4%，最低为 2.5%，平均为 2.7%；B 层的有机质含量最高为 1.7%，最低为 0.9%，平均为 1.2%；C 层的有机质含量最高为 1.6%，最低为 0.6%，平均为 1.0%；总的趋势是随着海拔的升高，表土有机质含量相应增加。淀积层(B 层)的有机质含量相对稳定，总的趋势是随着海拔的升高而略有增加，但增加的幅度不明显，在 1%~3%变动。从山麓到山顶，有机质的碳氮比也逐渐增大，腐殖质的胡敏酸和富里酸比率(H/F)也相应提高。保护区土壤有机质的碳氮比 A 层平均为 12.8，B 层平均为 9.2，C 层平均为 7.2。

植被类型对土壤有机质的数量和质量有至关重要的影响，总的规律：常绿落叶阔叶林地的有机质高于常绿阔叶林地，常绿阔叶林地高于马尾松林、杉木林或灌木林地，禾本科草丛地最低。而有机质的碳氮比则以常绿落叶阔叶林下的土壤较低，马尾松林下的土壤稍高，禾本科草丛下的土壤最高。

四、水 文

大岗山自然保护区地处江西中西部，对江西中西部地区的生态环境建设有着重要的作用，大岗山森林植被茂密、覆盖率高，区内的森林水资源丰富，是同江河和袁河流域地区重要的水源林区。

大岗山地表水的 pH 值为 6.32~7.08，林区水硬度变幅在 0.774~5.67mg/L，属极软水。林区天然水的浊度平均值为 1.8°，水体色度均为 5°，在国家规定的生活饮用水<15°范围之内。水体电导率平均值为 68 μΩ/cm，整个水体属清洁水。水中溶解氧(DO)含量为 4.09~5.14/L，水体溶解氧充分，水生态环境良好。生化需氧量(BOD)、化学耗氧量(COD)变化范围分别在 0.09~1.78、0.47~1.78，林区因植被覆盖率高，有相对多枯落的有机物质溶解在水中，化学耗氧量(COD)最高。林区天然水中的悬浮物浓度在日本规定的河流悬浮物标准值(25~100mg/L)的下限，水系透明度较好。天然水中氟化物浓度变幅在 0.3~0.8mg/L，浓度稳定，均达到国家饮用水标准。水中硝酸根浓度为 0.079~2.53mg/L，平均值为 1.31mg/L，水系水质氧化能力强，硝化过程迅速。水中硫酸根离子浓度波动在

0~14.24mg/L，平均值为6.2mg/L。水中铜、锌、砷、汞、铬、铅、镉等微量元素含量稳定，数据均落在生活饮用卫生标准范围内。

五、植物资源

(一)植物区域

大岗山自然保护区有维管束植物210科712属1607种(包括亚种、变种、变型，下同)。其中，蕨类植物24科36属59种；裸子植物5科8属8种；被子植物中的双子叶植物有157科524属1243种；被子植物中的单子叶植物24科144属297种。按照植物的性状统计，木本植物710种，占整个区系的44.2%，其中乔木301种，灌木342种，木质藤本67种；草本植物897种，占55.8%，其中草质藤本81种。裸子植物占全国同类科(10科)的50.0%；被子植物占全国同类科(291科)的62.2%。大岗山植物区系十分丰富，在全国植物区系中占有重要地位。

(二)植被区系特征

大岗山位于亚热带常绿阔叶林带，其地带性植被为以常绿树种青冈、栲类等为主要成分的常绿阔叶林。大岗山林区现有植被的植物区系成分来源广泛，在全球15个地理成分中，世界广布成分、泛热带成分、热带美洲和热带亚洲成分、旧大陆热带成分、热带亚洲至热带大洋洲成分、热带亚洲至热带非洲成分、热带亚洲成分、北温带成分、东亚—北美成分、旧大陆温带成分、温带亚洲成分、东亚成分和我国特有成分等13个地理成分均有分布，其中以热带亚洲、东亚—北美和北温带成分为大岗山地区植物区系的主要组成。

本地区的植物区系与世界植物区系有广泛的联系，尤其是与印度—马来西亚、北温带、北美洲以及古地中海区有紧密的联系，与属东亚分布式的日本也有许多共有科属。本地区植物种类丰富，起源古老，各种地理成分联系广泛，分布混杂，是进行植物地理和植物生态研究的理想场所。

大岗山的顶极植物群落是青冈、栲类常绿阔叶林，其主要组成树种为苦槠(*Castanopsis sclerophylla*)、栲(*Castanopsis fargesii*)、钩锥(*Castanopsis tibetana*)、米槠(*Castanopsis carlesii*)、青冈(*Quercus glauca*)、云山青冈(*Quercus sessilifolia*)、红楠(*Machilus thunbergii*)、柯(*Lithocarpus glaber*)、黑壳楠(*Lindera megaphylla*)等，掺入一些扁平叶型的针叶林，如南方红豆杉(*Taxus wallichiana* var. *mairei*)等。林下植被以檵木(*Loropetalum chinense*)、杜茎山(*Maesa japonica*)、柃木(*Eurya japonica*)、狗脊(*Woodwardia japonica*)、铁芒萁(*Dicranopteris linearis*)、淡竹叶(*Lophatherum gracile*)为主。在海拔800~1000m以上的山地上，分布着常绿、落叶混交林，组成种类主要有多脉青冈(*Quercus multinervis*)、灰柯(*Lithocarpus henryi*)、包果柯(*Lithocarpus cleistocarpus*)、光叶水青冈(*Fagus lucida*)等常绿、半常绿树种以及锥栗(*Castanea henryi*)、茅栗(*Castanea seguinii*)、枹栎(*Quercus serrata*)、香果树(*Emmenopterys henryi*)、雷公鹅耳枥(*Carpinus viminea*)、椴树(*Tilia tuan*)、花楸树(*Sorbus pohuashanensis*)等落叶树种，下木有杜鹃(*Rhododendron simsii*)、石斑木(*Rhaphiolepis indica*)等。山顶上为落叶灌丛、常绿的杜鹃灌丛和山顶草丛。

与本地带北部相邻的北亚热带常绿、落叶混交林地带，南部相邻的中亚热带的常绿阔叶林、东部的同属于中亚热带常绿阔叶林北部亚地带的浙江、福建山丘甜槠、木荷林区相

比，大岗山的地带性植被——常绿阔叶林在我国中亚热带地区分布广泛，是具有代表性的地带性森林植被类型。因此，保护和恢复一定面积的常绿阔叶林是一项具有长远意义的工作。

（三）植被类型

大岗山的植被类型有 5 种类型，即常绿阔叶林、杉木林、毛竹林、灌木林、山顶草地。

1. 常绿阔叶林

分布海拔为 300～850m，位于沟谷两旁或山腹的缓坡上，呈小片分布，主要组成有苦槠、栲、罗浮锥（*Castanopsis faberi*）、甜槠（*Castanopsis eyrei*）、钩锥、柯、多穗柯（*Lithocarpus polystachyus*）、樟（*Camphora officinarum*）、银木荷（*Schima argentea*）、杜英（*Elaeocarpus decipiens* ）、木荷（*Schima superba*）等。在海拔高度、地形和土壤条件不同的情况下，分布有不同的群系和群丛，主要包括 3 种类型。

（1）栲楠常绿林。栲+苦槠+柃木：以栲为主的常绿阔叶林最接近原始林群系，现存面积小，仅在年珠的观音岩和上村的柴扇弄有小片分布。苦槠+赤杨叶（*Alniphyllum fortunei*）+檵木：掺入了落叶成分的阔叶林，分布在海拔 600m 以下山坡和山洼上部，主要含有红楠、黑壳楠、栲和杜英科的树种。青冈+大叶青冈（*Quercus jenseniana*）+杜鹃：分布海拔为 600 ～ 800m，阔叶林的旱生、落叶成分增加，楠属树种消失，耐旱的栎类增多。常见的树种有银木荷、苦槠、天目紫槿、椴树等。小叶青冈（*Quercus myrsinifolia*）+鹅耳枥（*Carpinus turczaninowii*）+杜鹃：分布海拔为 800～950m 的常绿、落叶混交林，由于海拔高，风大，气温低，部分乔木呈小乔木状。主要组成为檫木（*Sassafras tzumu*）、锥栗、四照花（*Cornus kousa* subsp. *chinensis*）、椴树、漆（*Toxicodendron vernicifluum*），下木为杜鹃、山胡椒（*Lindera glauca*）、石灰花楸（*Sorbus folgneri*）。

（2）针阔混交林。杉木+木荷：分布在年珠海拔 500m 左右，常见的还有马尾松（*Pinus massoniana*）、苦槠、豹皮樟（*Litsea coreana* var. *sinensis*）、赤杨叶。下木主要有柃木、杜茎山、毛花连蕊茶（*Camellia fraterna*）。马尾松+赤杨叶：位于山脊土层瘠薄的地方，海拔 700m 以上，伴生树种为落叶栎类和旱生树种。

（3）毛竹（*Phyllostachys edulis*）、阔叶混交林。毛竹与针叶、阔叶树的混交在年珠、上村很普遍，800m 以下均有分布。毛竹+阔叶林：由毛竹对常绿阔叶林的侵入而形成。阔叶林遭受破坏后，由毛竹迅速侵入占领林地而成为优势种。毛竹+针阔混交林：由毛竹对针阔混交林的侵入而形成。

2. 杉木林

分布于海拔 200～800m，杉木天然林已基本绝迹，只有零星单株杉木与阔叶树混生，在常绿阔叶林中作为伴生树种存在。现有杉木林为人工栽培，林相整齐，由于地形和立地条件的差异，林下植物不同。杉木+柃木+狗脊：分布在海拔 600m 以下山坡中下部和山洼上部。杉木+紫麻（*Oreocnide frutescens*）+蕺菜（*Houttuynia cordata*）：分布在山洼和山脚下水沟旁。杉木＋杜鹃＋铁芒萁：位于山脊或山坡上部，海拔 600 ～ 800m。杉木＋五节芒（*Miscanthus floridulus*）：是一种比较特殊的群落，发生在杉木人工林抚育工作未跟上的新造林地。

3. 毛竹林

毛竹林为大岗山的优势群落类型，分布海拔为300~800m，在年珠呈片状分布，部分与阔叶林镶嵌或混交，在上村，因进行过低改和抚育，林相整齐，生长良好。毛竹林下植物简单，在大岗山有3种群丛。毛竹+淡竹叶+油点草(*Tricyrtis macropoda*)：是大岗山毛竹林普遍存在的类型。毛竹+荨麻(*Urtica fissa*)+蕺菜：分布在山洼和水沟旁。毛竹+油茶(*Camellia oleifera*)+寒莓(*Rubus buergeri*)：是分布在海拔700m以上的类型，常有阔叶树侵入。如蓝果树(*Nyssa sinensis*)、豹皮樟等。

4. 灌木林

分为山顶灌木林和低山灌木林。

(1)山顶灌木林。分布海拔为850~920m，是常绿阔叶林向山顶草甸过渡的群落类型。由于山顶风大，气温低，多雾湿润，致使大部分乔林呈小乔木状，主要有小叶青冈、红楠、四照花、白栎(*Quercus fabri*)、化香树(*Platycarya strobilacea*)、盐麸木(*Rhus chinensis*)等。灌木树种有杜鹃、胡枝子(*Lespedeza bicolor*)、江南越橘(*Vaccinium mandarinorum*)、南烛(*Vaccinium bracteatum*)等。草本层有紫萁(*Osmunda japonica*)、狗脊、铁芒萁、淡竹叶、络石(*Trachelospermum jasminoides*)等。

(2)低山灌木林。低山灌木林是常绿阔叶林中乔木遭受砍伐后未能及时更新所形成的不稳定群落。乔木幼树生长不良，灌木稠密呈丛状，草本植物很少。分布在山路两旁和土层瘠薄的山脊，由白栎、茅栗、红淡比(*Cleyera japonica*)、乌药(*Lindera aggregata*)、山槐(*Albizia kalkora*)、江南越橘、中华猕猴桃(*Actinidia chinensis*)、黄檀(*Dalbergia hupeana*)、盐麸木、杜鹃等组成。

5. 山顶草地

分布在海拔920m以上的山顶区域，平均高60cm，盖度0.5~0.8，间或掺杂着矮桃(*Lysimachia clethroides*)、艾(*Artemisia argyi*)和蕨类等。在土壤贫瘠地段，有簇状低矮竹丛镶嵌其中。

六、主要用材树种栽培技术

大岗山主要用材树种十分丰富，有维管束植物210科712属1607种。主要造林树种为杉科、松科、樟科、木兰科、壳斗科，玄参科的杉木、马尾松、南方红豆杉、楠木、樟、苦槠、青冈、白花泡桐(*Paulownia fortunei*)、鹅掌楸(*Liriodendron chinense*)、木荷等树种，本书涉及的6种主要用材树种杉木、白花泡桐、鹅掌楸、楠木、樟、南方红豆杉传统栽培技术如下。

(一) 杉 木

选择水肥条件较好的立地条件，特别是较阴湿，日照时间较短，无强风阴坡，作为造林地。采用优良种子园的种子育苗，每亩①播种量5~6kg，每亩保留苗木数量在4万~5万

① 1亩=0.067hm^2。

株。选用苗木粗壮、顶芽饱满、根系发达、高度20cm以上的1年生苗作造林苗木。造林时，根据地形和土壤条件可穴垦、条垦或全垦，挖净五节芒根系，打穴规格30~40cm，回填表土。根据立地和经营条件，确定适宜造林密度，一般每亩167~240株。造林后3~4年，每年进行2~3次的松土除草，消除杂草、灌木的竞争。及时补植、除掉多余的萌条。幼林郁闭成林后，10年左右时间伐，改善生长环境。幼林期加强防护，防止牛、羊对幼林的危害，成林后要注意病虫害和火灾。

(二)楠 木

冬季种子果皮由青转变为蓝黑色，即达成熟。采种选20年以上的优良母树，采集种子。采后脱除果皮，再用清水漂洗干净，置室内阴干。处理好的种子须用潮湿河沙分层贮藏。选择在日照时间短、排灌方便、肥沃湿润的土壤作圃地。圃地施足基肥，细致整地作床，苗床宽1m、高25cm。播种期在1~2月中旬均可进行。一般用条播，行距15~20cm、播幅宽6~10cm。每亩播种量15~20kg。播种后覆盖1~2cm厚的火烧土，再盖草，以保持苗床湿润。

幼苗出土后，要及时进行除草、松土、追肥、灌溉和遮阳。生长季间苗2~3次，开始时间为当幼苗开始互相遮阳时可开始间苗，每亩留苗3万株左右。楠木幼苗易患根腐病，在初夏到来之前，喷施广谱杀菌剂预防根腐病发生。1年生苗高30~40cm，地径0.4~0.5cm，即达出圃标准。

造林时，以选择土层深厚、肥润的山坡、山谷冲积地为宜。造林穴径50cm、深30cm以上，每亩167~200株。用1年生苗造林，造林前适当修剪部分枝叶和过长根系。起苗要随即打泥浆，随时起苗、随时蘸浆，防止过度失水。造林尽量做到随起苗随造林。栽植时，选阴天和小雨天，严格掌握苗正、根舒、深栽、打紧等技术要领，以保证成活。

(三)樟

10月下旬至12月樟果皮紫黑色时采种，果实用水浸泡，除去果皮，阴干后沙藏。播种量每亩10~15kg，产苗量控制每亩2万~3万株为宜。选择土壤要求肥沃湿润、土层深厚，酸性至中性沙质壤土作造林地。一般在早春樟树苗萌动之前造林，采用用1年生壮苗造林。山地每亩不宜超过100株，丘陵地区不宜超过130株，混交林区不宜超过50~70株。幼林抚育阶段，主要工作是中耕除草、深翻扩穴、抹芽修枝等。造林当年至少要抚育3次，造林后前几年进行抹芽，以后适当修枝，将树高2/3以下的嫩芽或萌条抹掉。

(四)白花泡桐

主要采用插根育苗，选择健壮通直、直径0.5~1.5cm的根，从基部剪下，切成10~15cm一段作种条，春季萌芽前埋根，扦插后加强水肥管理，6~9月，摘除多余腋芽。按株行距3.3m×3.3m挖穴整地，定植穴规格70cm×70cm×70cm，每亩栽60株，最好在冬季或早春土壤湿润时造林。栽植前应除去部分侧枝，不宜栽得太深，盖土较苗木原土痕高3~7cm。幼林期间及时松土除草、施肥。主干上发生的腋芽应在夏、秋期间及时抹去，以促进主干生长。

(五)鹅掌楸

9、10月果实成熟期采种，采种后摊晒取种干藏。春季播种，条播，每亩播种量3~5kg，1年生苗木高60~80cm即可出圃栽植，每亩保留苗数量2万~3万株。造林时，按株行距 2m×3m 整地挖穴，穴径 60cm，深 50cm，早春发芽前栽植，造林密度每亩 60~100 株。造林后前 3 年进行中耕除草、施肥、培蔸 2~3 次，林分郁闭后及时间伐。

(六)南方红豆杉

南方红豆杉种子休眠期长达 1 年以上，播种育苗宜在 11 月上中旬采种，采后去除种皮，用草木灰拌擦，洗净阴干，低温沙藏。低温层积催芽或将种子埋藏 1 年。将完成解除休眠的种子在苗圃条播育苗，1m 宽的苗床，条播行距 20cm 左右，每条播种子 30~40 粒，覆土厚 1cm，并在上面盖草。幼苗出土后及时揭草，搭设遮阳棚，秋分时拆除。幼时生长缓慢，1 年生苗高仅 5~6cm，留床 2 年始可分栽，培育期间仍须遮阳，4 年以上可以出圃造林。移栽在春季 2~3 月和冬季 10~12 月，不论大小苗均需带泥球造林。

第二节 大岗山主要用材树种研究

中国林业科学研究院亚热带林业实验中心(以下简称亚林中心)，地处江西省分宜县境内，位于新余、宜春、吉安三市交界的大岗山地区。亚林中心作为中国林业科学研究院在我国中、北亚热带的科研中试示范基地，主要任务是开展杉木等主要树种的研究与科研成果的组装、配套和示范。自 1979 年亚林中心成立以来，组装、配套了大批科技成果，开展了以油茶、杉、松、竹、阔等为主的种质资源收集与保存、良种繁育、培育技术研究及生态系统定位监测等研究，是我国中、北亚热带林业科研成果转化为现实生产力的重要科研示范基地。亚林中心下辖年珠、山下、长埠、上村 4 个实验林场和 1 个树木园，总面积 6821.7 hm^2，森林覆盖率 93%，立木总蓄积量 42.6 万 m^3，毛竹 400 多万根。营造不同树种、不同类型实验示范林 5 万余亩。

经过 40 多年的发展，亚林中心已拥有了良好的科研平台、人才、种质资源和技术储备。建有国家亚热带林木种质库、大岗山森林类长期科研基地、国家级大岗山森林生态定位站、国家油茶良种基地、国家油茶科学中心繁育与栽培实验室、国家林业和草原局植物新品种测试中心华东分中心、省级林木良种创制工程研究中心、江西省杉木马尾松良种基地、全国科普教育基地和江西省青少年科技教育基地等国家级科研、科普教育平台。曾多次获得国家、省部级科技奖励。与中国林业科学研究院林业研究所、森林生态环境与自然保护研究所、南京林业大学等单位紧密合作，围绕大岗山主要用材树种种质收集保存、遗传改良和高效培育开展了较为系统的工作，为我国亚热带地区用材林资源培育提供了有力的科技支撑。

一、主要用材树种研究

(一)杉 木

1. 杉木优良种源选择研究

1981 年，在中国林业科学研究院洪菊生研究员主持的“杉木地理变异及种源划分”项目的支持下，在年珠实验林场增坑开始实施，收集全国 13 个省份的 183 个种源，营建种源林 207 亩，并以大岗山当地杉木种源为对照，采用 BIB 设计进行杉木种源试验。结果表明，杉木不同种源在树高、胸径和材积 3 个性状上都存在显著差异，其中广西融水、贵州榕江等 12 个种源在三个性状方面明显优于对照，最大材积遗传增益达 12.65%。该项目 1986 年获林业部科技进步一等奖，1988 年获国家科技进步一等奖。

2. 杉木优良种质选择、收集与保存

1983 年开始，在林业部重点课题的支持下，开展杉木优良种质选择与保存工作。1995 年，实施完成“杉木基因资源收集、保存和利用的研究”工作，系统收集南方 12 省份优树基因、抗性基因、2 代优树、自选优树、种源基因、全同胞基因、特殊变异体基因，并在山下实验林场建立杉木种质资源保存库、种源基因资源继代保存林 315 亩，保存基因资源 3113 个编号、18764 个个体。同时在年珠实验林场建立“陈山杉”优良小群体原境保存林 500 亩，保存大岗山杉木天然种质资源 3010 份。2014 年，在江西省杉木、马尾松良种基地等项目资助下，与中国林业科学研究院林业研究所合作，在山下实验林场望坑收集保存我国“九五”至“十三五”期间全国选育的杉木优良种质资源，主要包括江西、福建、湖南和贵州等省份选育的杉木 2 代、2.5 代、3 代和优良无性系 102 份，营建保存林 50 亩。

3. 杉木造林密度试验

1981—1982 年，在国家“六五”攻关项目资助下，与中国林业科学研究院林业研究所合作，在亚林中心年珠实验林场营建杉木密度实验林，造林密度为 2m×3m、2m×1.5m、2m×1m、1m×1.5m、1m×1m 的 5 种规格，3 次重复，顺序排列设计。造林后第 9 年测定结果表明，杉木造林密度应根据立地条件、经营目的等方面综合考虑，采取不同的初植密度，一般以 2m×1.5m 的造林密度较为适宜。

4. 杉木人工林速生丰产技术研究

1986—1990 年，在国家“七五”攻关计划项目资助下，与中国林业科学研究院林业研究所合作开展杉木人工林速生丰产技术研究，围绕杉木人工林生态系统管理上存在的关键技术，组织多学科多专业人才进行攻关，提出以立地控制、遗传控制、密度控制以及维护与提高土壤肥力为中心环节的大面积杉木人工林新的栽培技术，以期达到杉木生长、经济和生态效益上的最佳效果。通过项目的实施，建成杉木速生丰产示范林 5100 亩，示范林第 15 年时杉木平均胸径、树高和林分单位面积蓄积量超过杉木速生丰产林国家标准的 30%、8.6%和 66.7%。该项目分别获国家和林业部科技进步二等奖。

5. 杉木人工林地力衰退及防治技术研究

与中国林业科学研究院林业研究所合作，开展杉木人工林地力衰退及防治技术研究，阐明了杉木人工林地力衰退的主要原因为杉木林枯落物多，分解慢，自身不利于地力维护；杉木林通常为纯林，少或无林下植被，缺乏自肥能力；造林前炼山，全垦整地，造成严重水土流失。

6. 杉木实生和萌芽更新的经济效果评价、合理土壤管理与林木生长的关系研究

1991—1995 年，结合国家攻关项目“杉木建筑优化栽培模式研究”对杉木实生和萌芽更新的经济效果评价、合理土壤管理与林木生长的关系开展研究，建立杉木人工林林分经营模型和杉木人工林生长与收获模型。同时，提出杉木优化栽培模式，每个模式包括地位指数、培育目标、造林密度、整地方式、抚育次数、间伐次数、年龄与强度、保留密度、

主伐年龄等优化组合，并给出反映主伐材种的平均胸径、出材量、内部收益率等。项目成果已在世界银行贷款造林项目及各地的杉木造林中推广应用，面积达 36 万 hm^2。

(二)马尾松

1. 马尾松种源试验

1980 年，与中国林业科学研究院亚热带林业研究所协作，收集南方 9 省份 107 个种源在树木园进行条播试验，普遍生长良好，差异明显；1981—1984 年，搜集 170 个地理种源，造林 222 亩。同时，运用多元统计分析，将马尾松分布的种源分为 4 个类群，评选出 18 个适生优良种源。该项目分别获国家和林业部科技进步二等奖。

2. 马尾松初级种子园

与南京林业大学和中国林业科学研究院亚热带林业研究所协作，1983 年开始，在江西省选出优树 226 株和收集广东、广西、贵州、浙江、福建的优树无性系 442 个，在长埠实验林场营建 1 代嫁接种子园 540 亩。

3. 马尾松 2 代种子园

2019 年，与中国林业科学研究院亚热带林业研究所合作在长埠实验林场升级改造马尾松 1 代种子园为 2 代种子园 100 亩。建园材料由中国林业科学研究院亚热带林业研究所提供，材料来自浙江、江西、福建、湖南和广西等 1 代育种亲本进行产地间控制授粉，从其子代测定林中经生长、材性综合评价选出的 2 代育种亲本。再对 2 代育种亲本进行子代测定，从中精选出 42 个速生性强、材质优质、结实产量高的 2 代建园材料，其材积增益较 1 代种子园混系良种提高 15%以上。造林株行距 5m×5m，随机区组排列。

4. 马尾松低质林改培研究

2017 年开始，在“十三五”国家重点研发的“马尾松高效培育技术研究”的项目资助下，亚林中心协助中国林业科学研究院亚热带林业研究所开展马尾松林下套种珍贵树种经营技术研究，开展了马尾松残次林林下套种不同密度的木荷、红豆杉、闽楠等珍贵树种试验，并研究间伐强度、混交方式、抚育措施等对培肥土壤、林分水源涵养以及马尾松和套种树种生长的影响，探索提升马尾松林综合效益的最优套种栽培技术模式。

(三) 重要树种种质资源收集与保存

1. 鹅掌楸

1992 年，在年珠实验林场营建鹅掌楸示范林 88 亩；1993 年，结合“重要针阔叶工业用材树种种质资源库建立的技术研究”项目，在年珠实验林场建立鹅掌楸种源保存林 20 亩，收集 23 个鹅掌楸种源；2016 年，在年珠实验林场和山下实验林场收集保存鹅掌楸 104 个无性系。

2. 南方红豆杉

2019 年，结合“南方红豆杉种质收集、评价及生殖生长调控研究”和“南方红豆杉种质保育与种群恢复”项目，亚林中心开展江西、浙江、福建、安徽、湖南、广东等省份 18 个南方红豆杉天然居群遗传多样性和交配系统研究、天然居群群落结构研究、自然更新能力评价以及人工促进自然恢复技术研究，收集保存南方红豆杉主要分布区优树家系 103 份。

3. 樟、木荷

1999 年，亚林中心开展了樟、木荷种质资源保存、评价与利用研究，并在山下实验林场建立种源家系保存林，共保存 6 个群体 180 个家系。

2008—2012 年，结合“亚热带森林植物种质资源保存库”项目，在山下实验林场收集保存苦槠、山柿（*Diospyros japonica*）、伯乐树（*Bretschneidera sinensis*）、厚朴（*Houpoea officinalis*）、厚皮香（*Ternstroemia gymnanthera*）、麻栎（*Quercus acutissima*）、无患子（*Sapindus saponaria*）、栾（*Koelreuteria paniculata*）、木荷、楠木、樟、福建柏（*Fokienia hodginsii*）、山桐子（*Idesia polycarpa*）、椿叶花椒（*Zanthoxylum ailanthoides*）、香椿（*Toona sinensis*）、红椿（*Toona ciliata*）、杜英等 29 个树种 2665 份种质资源。

综上所述，亚林中心在江西大岗山地区建立了较为系统的主要造林树种遗传改良和高效培育研究示范基地，在区域主要人工用材林遗传控制、密度控制、植被管理和地力维护研究方面取得了丰硕的理论与实践成果，通过建立的先进系统培育理论与技术，有效引领、支撑了区域人工林资源高效培育。

二、问题与展望

目前，江西大岗山生产中仍以传统播种育苗、造林技术为主，导致存在造林成效差、生长缓慢、林分蓄积量低、经营收益低等问题，难以支撑大岗山及其周边地区人工林的规模发展。其主要原因在于随着区域林区林业人口资源和环境保护的变化，已有传统技术已不能满足当前森林高效经营的需求，集约化、机械化、智能化和注重生态保护方向是今后森林培育与经营的重点方向。而现有林业科技成果是源于多地区、多层次和多角度的，尚未能将营林技术立地选择、良种选择、壮苗繁育、整地措施、精准施肥、混交造林、复合经营、林分修枝、密度控制、人工促进天然更新等综合集成应用于大岗山人工林培育。为将这些新技术兼容并蓄、融合形成有机整体，尚需突破一些关键技术瓶颈。

当前我国亚热带典型代表区域江西大岗山地区存在杉木、鹅掌楸、楠木、樟、白花泡桐、南方红豆杉等主要用材树种缺乏良种壮苗、造林成效差、生长缓慢、林分蓄积量低等问题，其重要原因在于部分定向培育关键技术未能有效突破，现有栽培理论与技术成果集成应用性差，难以为其规模化栽培提供科技支撑。

因此，在前期研究的基础上，本书重点介绍了杉木、楠木、樟、白花泡桐、鹅掌楸和南方红豆杉等 6 个树种立地选择、壮苗繁育、施肥、混交、复合经营、修枝、密度控制、人工促进天然更新等定向培育关键技术瓶颈攻关，并将上述成果与目前国内外珍贵用材树种定向培育中的新理论、新技术、新方法和新成果进行集成，建立其高效培育新模式，主要包括优质苗木规模化繁育技术体系、促进早期速生和优质干材形成的高效培育技术体系和中幼龄林优化栽培技术体系和模式，最后将这些技术体系和模式建立标准化示范林，并在这些树种主产区进行辐射推广，从而支撑引领区域杉木、楠木、樟、白花泡桐、鹅掌楸和南方红豆杉人工林培育产业的发展。

第二章

杉木用材林高效培育技术研究

杉木(*Cunninghamia lanceolata*)是我国南方地区特有常绿针叶乔木，作为主要的用材树种，产自江西、广西、福建、浙江、云南、广东、四川及贵州等省份，是我国人工用材林分布面积最大、生产潜力最高的树种，对保障用材安全、维护林地环境、涵养水源、保护生态平衡具有重要作用。该树种具有生长迅速、材质优良等特点，可广泛用于建筑、桥梁、门窗、家具、板料、木制用具等，在南方林业发展战略中具有非常重要的地位。

第一节　杉木组培苗增殖与移栽培育研究

随着世界许多国家无性系林业的兴起，20 世纪 80 年代，我国也开始注重“有性繁殖，无性利用”。目前，建立的杉木无性系测定林已进入中龄林阶段，段爱国等(2014)对 21 年生杉木无性系生长与遗传评价的研究显示，早期选择的无性系排序发生了变化，且早期选择存在漏选、错选的可能，或在后期表现具有不确定性(王鸿等，2016)。此外，早期选择对木材密度、抗性等变异较小的质量性状涉及较少(朱安明等，2015)，对中龄林期或成熟期选择可开展多性状联合选育。因此，利用中龄林期选育出的优良无性系进行组培扩繁，较幼龄林期的更为有效。

氮元素是限制植物生长和发育的重要因素之一，在实践中，可通过增施氮肥来改变植物缺氮现状，但是存在氮肥利用效力低等问题，而苗木氮素指数施肥能有效提高植物对养分的吸收利用效率，减少氮的流失率(魏红旭等，2010；R. Kasten Dumroese et al.，2011)，它是以苗木的生长规律为基础，采用与相对生长率相似的养分增加率，根据苗木初始氮含量、施肥次数及总的施氮量确定单次施氮量，从而诱导奢侈消耗，促进营养库的构建(刘雪梅等，2014)。目前，关于指数施肥研究的苗木类型以实生苗为主，而组培苗研究相对较少，仅见楸树(王力朋等，2012)、桉树(张华林等，2013)等少数阔叶树种，杉木组培苗指数施肥研究未见报道。

鉴于以上，本研究以 20 年生杉木优良无性系无菌组培苗为研究对象，系统研究了组培苗不定芽诱导、生根及指数施肥对容器苗生长的影响，旨在建立中龄林期优良无性系的组培快繁体系，掌握组培容器苗需肥量，对今后加快杉木良种选育及优质苗木培育具有重

要作用。

一、材料与方法

（一）试验材料

以杉木优良无性系组培苗作为试验材料，取蔸部萌条经消毒培养后进行后续实验。将长势良好、均一杉木组培苗移栽入轻基质无纺布袋中，作为生根和指数施肥试验材料。

（二）方　法

1. 继代增殖培养基

以 DCR 培养基（席梦利和施季森，2005；周小红等，2013）为基本培养基，采用双因素试验设计，6-BA 和 NAA 各设 3 个浓度水平，分别为 6-BA①（0.2mg/L、0.4mg/L、0.8mg/L）和 NAA①（0.01mg/L、0.02mg/L、0.04mg/L），将去顶芽茎段（>2cm）接种于上述培养基中。然后再将带顶芽或不带顶芽茎段、去顶芽基部蔸分别接种于最佳增殖激素配比的培养基中。最后，从上述试验结果获得最佳的不定芽增殖培养基及较好的接种方式。增殖培养基中均添加维生素 C 10mg/L，蔗糖 30g/L，琼脂 6.7g/L，pH 值 5.8。每个处理接种 8 瓶，每瓶 6 个芽或蔸，重复 3 次。培养 40 天后统计不定芽增殖情况。

2. 组培苗生根及生根方式对成活率影响

以苗高 3~4cm 的组培苗为试验材料进行生根培养。以 DCR 培养基为基本培养基，添加不同浓度的 IBA①或 NAA（周小红等，2013），生根培养基分别为：S1. 1/2 DCR+IBA 0.5mg/L，S2. 1/4 DCR+IBA 0.8mg/L，S3. 1/4 DCR+NAA 0.8mg/L，S4. 1/4 DCR+IBA 0.4mg/L+ NAA 0.4mg/L，S5. 1/4 DCR+IBA 0.8mg/L+6-BA 0.1mg/L。其中，1/2 DCR、1/4 DCR 分别代表大量元素为 DCR 基本培养基的 1/2 和 1/4。添加活性炭 0.2g/L，蔗糖 20g/L，卡拉胶 6.5g/L。生根培养每个处理接种 8 瓶，每瓶 8 株，重复 3 次。培养 30 天左右统计生根情况。

2014 年 9 月，分别将不同处理的瓶内生根（根修剪）组培苗和未生根的带顶芽组培苗用 ABT 500mg/L 速蘸，同时移栽至轻基质无纺布袋中（规格为 5m×10cm），移栽前基质浇透水，移栽后浇灌定根水，上面覆盖小拱棚塑料薄膜（保湿），在此期间视情况适时浇水，移栽 30 天后统计成活率。

3. 施肥方法及指标测定

根据以上研究结果，采用瓶外生根方式，选取目前广泛使用的指数施肥法，其公式如下：

$$N_T = N_S(e^{rT} - 1) \tag{2-1}$$

式中：N_T 为施肥总量（mg）；N_S 为施肥前苗木体内的氮含量（0.527mg/株）；T 为施肥次数（次）；r 为相对添加速率。施肥量公式如下：

$$N_T = N_S(e^{rT} - 1) - N_{T-1} \tag{2-2}$$

式中：r 参考 Dumroese 等（2011）的方法：

---

① 6-BA 为人工合成的细胞分裂激素，NAA 为萘乙酸，IBA 为吲哚丁酸，均为植物生长调节剂。

$$r=LN(N_T/N_S+1)/T \quad (2-3)$$

试验开始时随机抽取带顶芽茎段 40 株，测得幼苗初始生物量为 0.015g/株，初始氮含量为 0.527mg/株。

组培苗移栽 4 周后开始施肥处理，设 4 个指数施肥梯度，施肥次数为 11 次，间隔时间为 15 天，按照上述公式求算指数模型的各项参数，并计算每次施肥量(表 2-1)。为避免虫害和减小边缘效应，应定期杀虫和移动苗盘。试验采用适合植物生长需要的俄罗斯水溶性复合肥(氮：磷：钾=16：16：16)，施肥方式是先定量称取复合肥，用水溶解稀释后用洒水壶喷洒。指数施肥周期：自 2015 年 5 月 12 日始至 10 月 12 日止，并于生长季末期(2015 年 12 月)，每个试验小区随机选取 8 株，分别用钢卷尺和游标卡尺测量苗高、地径(分别精确至 1cm、0.01mm)。

表 2-1　杉木幼苗指数施肥方案

处　理	施氮量(mg/株)	施肥次数										
		第一次	第二次	第三次	第四次	第五次	第六次	第七次	第八次	第九次	第十次	第十一次
N50	50	0.27	0.41	0.62	0.94	1.42	2.16	3.26	4.94	7.48	11.33	17.16
N100	100	0.32	0.52	0.84	1.35	2.18	3.51	5.65	9.11	14.69	23.67	38.16
N150	150	0.35	0.59	0.99	1.66	2.77	4.63	7.74	12.94	21.64	36.18	60.5
N200	200	0.38	0.65	1.11	1.91	3.27	5.62	9.65	16.55	28.41	48.76	83.69

4. 数据处理与分析

平均增殖倍数公式如下：

$$\text{平均增殖倍数} = \left(\sum_{i=1}^{n} X_i\right)/(6n) \quad (2-4)$$

式中：X_i 为每瓶获得总芽数；6 代表每瓶接种数量；n 为接种瓶数。有效芽数为高度>2cm 的不定芽，总芽数为高度>0.5cm 的芽数。

生根率公式如下：

$$\text{生根率}(\%) = \left(\sum_{i=1}^{n} X_i/Y_i\right)/n \times 100 \quad (2-5)$$

式中：n 为接种瓶数；X_i 为第 i 瓶生根株数；Y_i 为第 i 瓶接种株数、生根条数。高径比=苗高(cm)/地径(mm)，采用 Excel 2007 软件进行数据处理，使用 SPSS 20.0 软件进行方差分析和显著性检验。

二、结果与分析

(一)不定芽增殖的影响

1. 激素对不定芽增殖影响

选取部位相同的去顶芽茎段(1~2cm)，接入表 2-2 培养基中，接种 10 天后杉木茎段底部切口开始膨大，15 天左右开始从基部、叶腋处分化出不定芽(图 2-1 a、图 2-1 b)，40 天后统计不定芽增殖情况。单因素方差分析结果表明(表 2-2)，6-BA 和 NAA 浓度对不定芽增殖有显著影响。随 6-BA 浓度升高，各参数均呈先增大后降低趋势，6-BA 浓度

0.4mg/L 时，不定芽增殖数量达到最大，不定芽数、增殖倍数和总芽数分别为 19.82、3.30 和 26.19。比较各 NAA 浓度下不定芽增殖情况发现，各不定芽增殖参数均在 NAA 0.02mg/L 时最大，有效芽数和增殖倍数显著高于其他水平，不同 NAA 浓度间总芽数无明显差异。

图 2-1 杉木组培苗的增殖

表 2-2 6-BA 和 NAA 对不定芽增殖影响

6-BA (mg/L)	不定芽数	增殖倍数	总芽数	NAA (mg/L)	不定芽数	增殖倍数	总芽数
0.2	18.47±3.75a	3.08±0.62a	25.04±3.55a	0.01	18.43±3.43b	3.07±0.57b	24.76±3.84a
0.4	19.82±5.89a	3.30±0.98a	26.19±5.89a	0.02	21.38±3.79a	3.56±0.63a	25.60±4.63a
0.8	15.92±1.74b	2.65±0.29b	21.65±1.91	0.04	14.38±2.98c	2.40±0.50c	23.54±4.61a

注：表中数值为平均值±标准差，表中字母为 Duncan 多重比较结果，同列数字后不同小写字母表示不同激素配比间差异显著，下同。

6-BA、NAA 及两因素交互作用对不定芽增殖参数的影响均达到显著或极显著水平（表 2-3）。两因素交互作用在总芽数及有效芽百分比中 F 值最大，NAA 则在增殖倍数中 F 值最大。可见，交互作用对芽分化影响最大，NAA 在增殖倍数调控中起主导作用。

表 2-3 6-BA 和 NAA 交互作用对不定芽分化影响方差分析表（F 值）

变异来源	df	增殖倍数		总芽数		有效芽百分比	
		均 方	F 值	均 方	F 值	均 方	F 值
6-BA	2	7.847	64.563**	400.865	78.534**	0.002	0.672
NAA	2	24.401	200.767**	181.916	35.639**	0.014	4.196*
6-BA×NAA	4	6.946	57.153**	549.902	107.732**	0.102	31.242**

激素组合间对芽增殖的影响程度不同(表 2-4)。对实验结果进行直观分析，9 种激素配比中，K5 的增殖倍数、总芽数、有效芽数及有效芽百分比皆极显著高于其他处理，增殖倍数达到 4. 19，有效芽所占百分比达 80%以上，K4 次之。在不同 6-BA 浓度下，均表现出在 NAA 0. 02mg/L 时较优。因此，不定芽增殖较适宜的激素浓度：0. 2～0. 4mg/L 6-BA 浓度，0. 01～0. 02mg/L NAA，最优组合为 6-BA 0. 4mg/L+NAA 0. 02mg/L。

表 2-4　激素配比对不定芽增殖影响

6-BA(mg/L)	NAA(mg/L)	编　号	增殖倍数	总芽数	有效芽数	有效芽占比(%)
0. 2	0. 01	K1	2. 89±0. 46C	23. 71±3. 03C	17. 33±2. 75C	73. 0±5. 5C
	0. 02	K2	3. 69±0. 25B	23. 21±3. 18C	22. 13±1. 51B	68. 4±8. 0D
	0. 04	K3	2. 66±0. 57DE	28. 21±1. 96B	15. 96±3. 42DE	78. 6±4. 7AB
0. 4	0. 01	K4	3. 69±0. 33B	28. 88±2. 11B	22. 17±1. 97B	76. 8±3. 3B
	0. 02	K5	4. 19±0. 33A	31. 17±2. 18A	25. 17±1. 97A	80. 8±4. 1A
	0. 04	K6	2. 02±0. 25F	18. 54±1. 91F	12. 13±1. 51F	65. 6±6. 8D
0. 8	0. 01	K7	2. 63±0. 23DE	21. 71±1. 83DE	15. 79±1. 38DE	72. 9±5. 0C
	0. 02	K8	2. 81±0. 17CD	22. 42±1. 59CD	16. 83±1. 05CD	75. 4±5. 9BC
	0. 04	K9	2. 51±0. 37E	20. 78±2. 02E	15. 09±2. 19E	72. 4±6. 4C

注：表中数值为平均值±标准差，表中字母为 Duncan 多重比较结果，同列中相同小写字母表示差异不显著，不同小写(大写)字母表示差异显著(极显著)，下同。

2. 接种部位对不定芽增殖影响

由图 2-1、表 2-5 可以看出，随接种部位由基部到顶芽，增殖倍数、有效芽数及有效芽占比依次递减，即越成熟部位增殖效果越好。基部蔸和茎段 2 种接种部位的增殖倍数分别比带顶芽的提高 61. 8%和 49. 4%，总芽数提高了 43. 5%和 25. 7%。在组培苗工厂化培育中，基部蔸的数量及其有效芽占比要低于去顶芽茎段，综合考虑，应采取去除顶芽的所有部位进行继代增殖。

表 2-5　接种部位对不定芽增殖影响

指　标	接种部位		
	基部蔸	去顶芽茎段	带顶芽茎段
增殖倍数	4. 19±0. 69	3. 87±0. 64	2. 59±0. 48
总芽数	33. 35±5. 67	28. 75±4. 96	22. 88±3. 87
有效芽数	25. 15±4. 55	23. 26±4. 33	15. 56±3. 72
有效芽占比(%)	75. 6±6. 2	80. 9±7. 7	54. 3±5. 9

(二)组培苗生根及移栽

将继代增殖的组培苗(待苗高 4～5cm)接种到生根培养基中(表 2-6)，S1、S2 号培养基虽生根较早，但生根率低，根细弱；与之相反，S3 和 S4 号培养基杉木生根稍晚，根多而粗壮，5 种培养基中，S5 的生根率最低，仅 38. 4%。激素对组培苗生根影响显著，随 IBA 浓度增加，生根率和平均生根条数均增加，但是添加 IBA 后，反而降低，表明 IBA 抑

制了杉木生根；NAA 及 NAA+IBA 组合明显提高了生根率，增加了平均生根条数。

表 2-6　组培苗生根及移栽成活率

编　号	培养基	生根率（%）	平均生根条数	生根方式	
				成活率（%）	瓶外生根成活率（%）
S1	1/2DCR+IBA 0. 5mg/L	48. 2	3. 67	95. 24	92. 72
S2	1/4DCR+IBA 0. 8mg/L	62. 1	4. 01	94. 32	
S3	1/4DCR+NAA 0. 8mg/L	76. 4	6. 67	97. 44	
S4	1/4DCR+IBA 0. 4mg/L+NAA 0. 4mg/L	73. 2	6. 05	100. 00	
S5	1/4DCR+IBA 0. 8mg/L+BA 0. 1mg/L	38. 4	3. 33	92. 56	

生根方式对容器苗成活率影响不明显，瓶外和瓶内生根容器苗成活率均在 90%以上，瓶外生根容器苗的成活率虽略低于瓶内，但瓶外生根省去了室内组培苗生根培养步骤，减少了人力和物力消耗，缩短了培养周期，节约了成本，因此此种方式更适用于杉木组培苗的工厂化生产。

（三）指数施肥对组培苗生长影响

由表 2-7 可以看出，不同浓度指数施肥处理下，杉木组培苗苗高及高径比差异极显著，随着施肥浓度增加，苗高和地径均呈现先增加后降低趋势，但是施肥处理对地径的影响未达显著水平；无论苗高、地径还是高径比，N150 和 N200 间差异均不显著，表明杉木组培苗对肥料浓度有一个适应范围，浓度过高反而抑制其生长。

表 2-7　指数施肥对容器苗生长影响

处　理	苗高（cm）	地径（mm）	高径比
N50	34. 5±5. 07C	4. 63±0. 69a	7. 55±1. 18C
N100	37. 38±3. 87B	4. 64±0. 70a	8. 18±1. 14B
N150	42. 48±3. 83A	4. 69±0. 81a	9. 26±1. 31A
N200	41. 63±5. 54A	4. 52±0. 74a	9. 35±1. 45A

三、讨 论

（一）影响杉木快繁体系建立因素分析

在不定芽增殖培养中，生长素和细胞分裂素组合使用较常见，如 6-BA 和 IBA（Al-Malki A A H S and Elmeer K M S，2010；Rehana S et al.，2013；景芸，2016），以及 6-BA 和 NAA（郑丹等，2007；赵健等，2014）等。众多研究表明，在针叶树种中，6-BA 和 NAA 结合使用要优于单独使用 6-BA，但也有研究认为 NAA 不利于芽的形成（朱丽华等，2006）。本研究不同质量浓度 6-BA 和 NAA 组合对杉木优良无性系组培苗增殖影响显著，随 NAA 浓度提高，不定芽增殖倍数、总芽数均呈先增加后降低趋势，当 NAA 为 0. 02mg/L 时，平均总芽数达到最大值，为 25. 6 株/瓶，不定芽增殖倍数高达 3. 6 倍，平均总芽数极显著高于 NAA 为 0. 04mg/L 处理，增殖倍数却极显著高于其他两个浓度水平处理；6-BA 浓度对不定芽增殖影响亦达到极显著水平，变化趋势与 NAA 相同，在 6-BA 为 0. 4mg/L 时，两指标均极显著高于 6-BA 0.8mg/L 水平处理。本研究中得出的杉木最适增殖培养基为 DCR+6-BA 0.4mg/L+NAA 0.02mg/L，6-BA 浓度要低于周小红等(2013)的研究结果(1.5mg/L)，其差异可能与不同基因型或添加的其他类型激素浓度有关。

接种方式、接种部位显著影响不定芽增殖效率，在许多植物中皆有体现(周小红等，2013；吕孟雨等，2009；方华舟和洪万泓，2006)，带顶芽部位或较幼嫩组织(百合等)的不定芽增殖效果较差，可能是由于植物生长顶端优势产生的生长素向下运输，造成下部生长素浓度过高，抑制了腋芽或不定芽的发生，本研究亦得到相似结果。

杉木部分基因型组培生根率低一直是制约产业化生产的关键环节。生根不仅受自身遗传因素影响(欧阳磊等，2007)，还与培养基中激素的浓度及比例有很大关系(谢寅峰等，2009)。从激素配比对生根率的影响，以及生根方式对移栽成活率的影响来看，本研究中的所选的优良无性系属于易生根型，在培养过程中可省去瓶内生根这一环节，在今后的研究与生产中，应选择较易生根的优良无性系进行规模化生产。

(二)指数施肥对组培杉木容器苗生长影响

指数施肥是通过养分加载而改善苗木质量，提高苗木自身竞争力，从而提高容器苗的造林成效(魏红旭等，2010)。本研究中，随着施肥浓度增加，苗高和地径增长呈先增加后降低趋势，在 N150 浓度下，达到最大值，表明 N150 施肥浓度下已达到此杉木无性系的最适供养量，但是此浓度远远高于 Xu 等(1998)的研究结果，可能原因：①本研究中试材为组培苗，而 Xu 等(1998)则为实生苗有关，实生苗由种子发育而来，养分含量较高；②施肥周期和容器规格大小有关，在黑云杉和脂松的研究中也得出不一致结论(Malik V and Timmer V R，2011；Boivin J R et al.，2002；Miller B D and Timmer V R，1994；Timmer V R and Annstrong G，1987)；③与施肥方式有关，本研究中用洒水壶喷洒可能会导致一部分养分的流失，尤其在指数施肥后期，施肥量较大，为避免肥料浓度过高烧苗，溶液中水的含量较多。此外，指数施肥亦可改变生物量在不同器官的分配比例，以及养分承载和再分配。在试验中观察到，在指数施肥前期，苗木生长明显受到抑制，可能与测得的初始氮含量有关。本研究中是以无根组培苗氮含量而非移栽成活后的组培苗氮含量作为初始值，因此，在后期对杉木优良无性系组培苗容器苗培育过程中，除以移栽成活后的组培苗初始氮含量作为标准外，还应加强指数施肥对生物量及其分配、根系形态、养分浓度和含量等方面的研究，旨在掌握组培杉木容器苗需肥规律，确定苗木的充足和最适需养量，培育优质苗木。

四、结 论

本研究完成了杉木优良无性系组培快繁体系，筛选出适宜区域栽培的 6 个杉木优良无性系的通用增殖培养基为 DCR+6-BA 0.4mg/L+NAA 0.02mg/L，平均增殖倍数达到 3.91，每瓶平均总芽数高达 31 个；最佳生根培养基为 1/4 DCR+NAA 0.8mg/L，生根率达 76.4%，平均生根条数为 6.67，最佳移栽成活率达 100%；生根方式对移栽成活率无显著影响，瓶内外生根移栽成活率均在 90%以上。

第二节　光质对杉木组培苗增殖及生根生长的影响

我国杉木组织培养研究始于20世纪70年代，迄今为止，在杉木外植体的选择与灭菌、愈伤组织、芽及根系的诱导分化、组培复壮、生根技术等方面已取得很多研究成果，建立了完整的组培快繁技术体系，但研究大多数集中于培养基的选择和优化，对于组培微环境的研究报道较少(欧阳磊等，2007；庞丽等，2008)。

光是组培育苗中不可或缺的环境因子之一，调控植物的生长、形态建成、物质代谢及基因表达等(杨其长等，2011；MASSA G D et al.，2008)。林木组培人工光源目前主要以荧光灯为主，但其发热严重且光能利用率低，增加了组培成本。LED即发光二极管，与传统组培光源白色荧光灯相比，具有可根据需求调制特定峰值的纯正单色光或复合光谱的突出优势，并且其体积小、重量轻、发热量少、安全可靠、节能环保，因此，LED作为一种新型冷光源，已经广泛应用于照明领域。目前，对于不同光质对组培苗的影响研究在蝴蝶兰(任桂萍等，2016)、金线莲(刘敏玲等，2013)等作物中有相关报道。在杉木组培快繁研究方面，周锦业(2013)开展了红、绿、蓝3种复色LEDs光等比例不同光强条件下对杉木组培苗增殖、生根和叶绿素含量和叶绿素荧光参数的影响，徐圆圆等(2017)研究了红蓝光比大于1时复色LEDs光质对杉木组培苗生根及生理生化特性的影响。由于前人研究设计的红蓝光质比幅度相对较窄，且限于杉木组培增殖的生根阶段的影响研究，尚不能系统揭示红蓝光配比LEDs光质对杉木增殖、生根及生理生化指标的影响规律，红蓝光复色LEDs在杉木组培快繁中的应用效果最优。

本试验以杉木组培苗为试材，研究不同光质对其生长和生理生化特性的影响，以期为LED光源在杉木组培苗的规模化生产提供理论参考。

一、试验材料

本研究选用杉木优良无性系洋061杉木继代组培苗1cm左右的带芽茎段作为实验材料。采用中国林业科学研究院研制LED植物光源及调控设施。试验共设置7组LED光质处理，分别为白光、红：蓝=1：4、红：蓝=1：1、红：蓝=2：1、红：蓝=4：1、红：蓝=8：1、红：蓝=10：1，以白光为对照，以下分别用W、R/4B、R/B、2 R/B、4 R/B、8 R/B、10 R/B表示，试验设备如图2-2所示。

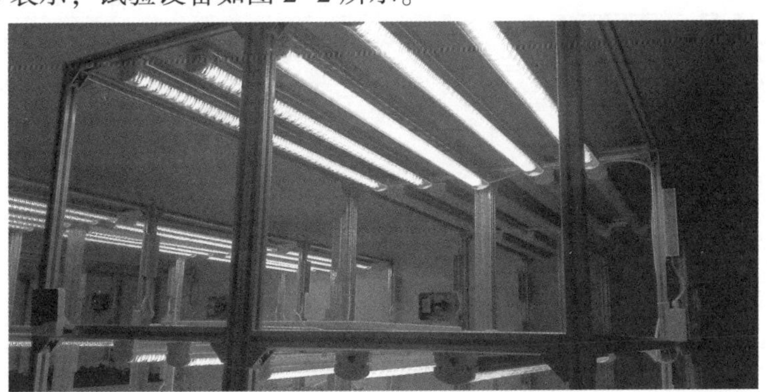

图2-2　试验用可调LED光源

二、研究方法

(一)试验材料与方法

试验选择生长状况一致的杉木继代组培苗，将其剪成高度为1cm左右的茎段，分别接种在前述杉木培养基中，高压灭菌前pH值为5.8，培养瓶容积为240mL，每瓶5株，均匀分布。预培养7天后，随机将组培苗放置在不同R/B的LEDs光源下，每种光质之间用黑色塑料袋隔开。调节电流以及光源与植株的距离，使光强保持一致(2000lx)。每个处理3次重复。培养室温度(23±2)℃，湿度(50±5)%，光周期16小时/天。

(二)指标测定

培养40天后测定并统计增殖组培苗的增殖系数和丛生芽长，以及生根组培苗的株高、茎粗、叶面积、生根率、根长、干质量、鲜重、超氧化物歧化酶(SOD)活性、过氧化物酶(POD)活性、过氧化氢酶(CAT)活性、丙二醛(MDA)、根系活力。形态指标5次重复，生理指标3次重复。

(三)数据处理

用直尺测定株高、根长，游标卡尺测定茎粗；用硫酸纸剪纸称重法测定叶面积；用NBT(氮蓝四唑)光化学还原法测定SOD活性；用愈创木酚法测定POD活性；用高锰酸钾滴定法测定CAT活性；用TTC法测定根系活力。

三、结果与分析

(一)光质对杉木组培苗增殖的影响

不同光质处理下杉木组培苗增殖情况如表2-8、图2-3所示。由表2-8可知，杉木组培苗的增殖系数随着R/B的增加呈现逐渐减小的趋势，在R/4B处理下，表现为最大值(4.933)，显著或极显著大于其他处理，在10 R/B处理下，表现为最小值(1.003)，与8 R/B处理无显著差异，但极显著小于其他处理。杉木组培苗的丛生芽长则随着R/B的增加呈现先增加后减小的趋势，在4 R/B处理下表现为最大值(2.543cm)，与2 R/B、8 R/B无显著差异，但显著或极显著小于其他处理。由此可见，大比例蓝光有利于杉木组培苗的增殖，红光则有利于丛生芽的伸长，但并不是红光含量越多越好，8 R/B处理即开始抑制伸长生长。

表2-8 不同光质下杉木组培苗的增殖系数和丛生芽长

光 质	增殖系数	丛生芽长(cm)
W	2.226±0.058cB	1.042±0.133cB
R/4B	4.933±0.812aA	0.884±0.154cB
R/B	3.687±0.663bA	1.503±0.419bAB
2 R/B	3.235±0.326bA	1.834±0.212abA
4 R/B	2.005±0.439cB	2.543±0.156aA
8 R/B	1.434±0.334dC	1.867±0.634abA
10 R/B	1.003±0.105dC	0.936±0.098cB

a. R/4B 光源下杉木的增殖效果　　b. 对照光源下杉木的增殖效果

图 2-3　不同光质对杉木组培苗增殖的影响

（二）光质对杉木组培苗生根及形态的影响

不同光质处理下杉木组培苗生根及形态如表 2-9、图 2-4 所示。由表 2-9 可知，杉木生根组培苗的株高随着 R/B 的增加呈现先增大后减小的趋势，在 4 R/B 处理下，表现为最大值(2.926cm)，显著大于其他处理，10 R/B 处理下，表现为最小值(1.681cm)，显著小于其他处理。杉木生根组培苗的茎粗表现为随着 R/B 的增加而减小，R/4B 处理下表现为最大值(0.301cm)，显著高于对照 W，其余处理与对照 W 之间则均无显著差异。叶面积与茎粗呈现相同的变化趋势，随着 R/B 的增加而减小，R/4B 处理下表现为最大值(1.923cm^2)，与对照 W 之间存在极显著差异，10 R/B 处理下表现为最小值(0.610cm^2)，其与 4 R/B 和 8 R/B 之间无显著差异，但三者均极显著小于对照 W 及其他处理。生根率与根长呈现相同的变化趋势，均随着 R/B 的增加呈现先增大后减小的趋势，2 R/B 处理下表现为最大值(0.757cm、1.651cm)，10 R/B 处理下表现为最小值(0.303cm、0.869cm)。杉木生根组培苗鲜重与干质量的变化趋势一致，随着 R/B 的增加呈现逐渐减小的趋势，R/4B 处理下表现为最大值(2.289g、1.135g)，10 R/B 处理下表现为最小值(1.181g、0.536g)。

表 2-9　不同光质下杉木组培苗的生根及形态

光　质	株高(cm)	茎粗(cm)	叶面积(cm^2)	生根率(根)	根长(cm)	鲜重(g)	干质量(g)
W	2.325±0.189 bA	0.186±0.010 bcAB	1.322±0.194 bB	0.531±0.241 abA	1.302±0.392 bcAB	1.736±0.159 bcAB	0.842±0.019 bAB
R/4B	2.138±0.115 bAB	0.301±0.019 aA	1.923±0.100 aA	0.356±0.168 bcB	1.369±0.498 bcA	2.289±0.213 aA	1.135±0.017 aA
R/B	2.235±0.658 bAB	0.289±0.018 abA	1.615±0.183 abAB	0.493±0.225 bB	1.458±0.197 bA	2.138±0.230 abA	1.003±0.019 abA
2 R/B	2.433±0.305 bA	0.253±0.013 bA	1.423±0.207 bB	0.757±0.234 aA	1.651±0.168 aA	2.020±0.185 bA	0.997±0.012 abA
4 R/B	2.926±0.382 aA	0.185±0.014 bcAB	1.102±0.101 cC	0.612±0.150 aA	1.432±0.306 bA	1.572±0.170 cB	0.723±0.017 bcB

（续）

光　质	株高 (cm)	茎粗 (cm)	叶面积 (cm^2)	生根率 (根)	根长 (cm)	鲜重 (g)	干质量 (g)
8 R/B	2. 332±0. 136 bAB	0. 173±0. 011 bcB	0. 927±0. 069 cC	0. 400±0. 171 bcB	1. 290±0. 111 cB	1. 261±0. 089 cdB	0. 567±0. 010 cB
10 R/B	1. 681±0. 118 cB	0. 136±0. 008 cB	0. 610±0. 085 cC	0. 303±0. 193 cB	0. 869±0. 120 dC	1. 181±0. 081 dC	0. 536±0. 017 cB

a.R/4B光源杉木植株生长形态

b.R/4B光源杉木根系形态

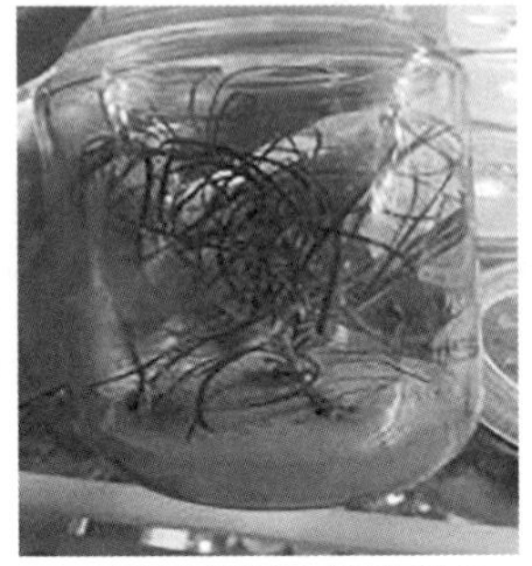
c.对照光源杉木植株形态

d.对照光源杉木根系形态

图 2-4　生长状态与生根效果最好(R/4B)

(三)光质对杉木生根组培苗叶片抗氧化酶活性的影响

不同光质处理下杉木生根组培苗叶片抗氧化酶活性见表 2-10。由表 2-10 可知，杉木生根组培苗叶片的 SOD 以及 CAT 活性均表现为随着 R/B 的增加而增大，在 10 R/B 处理下，表现为最大值[13. 267 OD/(g · FW)、36. 387 H_2O_2 mg/(g · FW)]，且均极显著高于对照 W，R/4B、R/B 及 2 R/B 处理的 SOD 和 CAT 活性无显著差异，与对照 W 之间差异也不显著，在 4 R/B 处理下，CAT 活性显著高于 2 R/B，而 SOD 活性则极显著高于 2 R/B 处理，表明在大比例红光下，光胁迫加强，杉木组培苗提高 SOD 及 CAT 的活性来清除细胞中的超氧自由基，催化并分解组织中的 H_2O_2，以缓解细胞质的伤害。POD 活性则随着 R/B 的增加表现为先增大后减小，在 4 R/B 处理下表现为最大值[18. 378 OD/(g · FW)]，极显著高于对照 W 及其他处理，说明在不同光质条件下，不同的酶处于主导地位，以消除过量的活性氧，保护膜结构。

表 2-10　不同光质下杉木生根组培苗叶片抗氧化酶活性

光　质	SOD [OD/(g · FW)]	POD [OD/(g · FW)]	CAT [H_2O_2mg/(g · FW)]
W	3. 003±0. 424dC	7. 023±0. 089cCD	5. 045±0. 156dD
R/4B	2. 945±0. 364dC	5. 011±0. 156cdD	6. 102±0. 569dD
R/B	3. 182±0. 238dC	10. 235±0. 532bBC	9. 368±1. 228dCD
2 R/B	3. 563±0. 206dC	12. . 357±1. 601bB	11. 356±2. 008dC
4 R/B	4. 007±0. 523cB	18. 378±4. 123aA	20. 238±4. 369bcBC
8 R/B	9. 623±2. 301bA	8. 013±2. 563bcBCD	25. 687±3. 552bB
10 R/B	13. 267±2. 339aA	3. 774±0. 664dD	36. 387±6. 552aA

(四) 光质对杉木生根组培苗叶片丙二醛含量的影响

不同光质处理下杉木生根组培苗叶片丙二醛的含量见表 2-11。由表 2-11 可知，杉木生根组培苗叶片的丙二醛含量随着 R/B 的增加逐渐增大，10 R/B 处理下最大，为 15.754nmol/(g·FW)，与 8 R/B 处理无显著差异，极显著大于其他处理。红蓝复合光处理的丙二醛含量均极显著大于对照，说明红蓝复合光促进杉木生根组培苗的叶片细胞产生自由基，使膜质中不饱和脂肪酸发生膜质过氧化，从而使叶片中的 MDA 含量增加，随着红光含量的加剧，MDA 增加效果显著。

表 2-11　不同光质下杉木生根组培苗叶片丙二醛含量

光　质	丙二醛含量[nmol/(g·FW)]
W	5.035±0.605fE
R/4B	8.366±0.818eD
R/B	10.042±0.796dC
2 R/B	11.524±1.335dC
4 R/B	13.237±1.297bcB
8 R/B	14.223±1.001abAB
10 R/B	15.754±2.025aA

(五) 光质对杉木生根组培苗根系活力的影响

不同光质处理下杉木生根组培苗的根系活力见表 2-12。由表 2-12 可知，杉木生根组培苗的根系活力随着 R/B 的增加呈现先增加后减小的趋势，在 2 R/B 处理下最大，为每小时 43.586μgTTF/g，极显著高于其他处理，随着红光比例的继续增大，杉木生根组培苗的根系活力开始逐渐减小，在 10 R/B 处理下最小，为每小时 10.336μgTTF/g，与对照之间无显著差异，极显著小于其他处理。因此认为，适量地增加红光比例会促使杉木生根苗提高根系活力，但并不是红光比例越大越好。

表 2-12　不同光质下杉木生根组培苗根系活力

光　质	根系活力(μgTTF/g)
W	13.239±1.228eD
R/4B	22.945±2.701cdC
R/B	35.268±2.835bB
2 R/B	43.586±5.156aA
4 R/B	30.112±3.237bcB
8 R/B	19.243±2.875dC
10 R/B	10.336±1.651eD

四、结 论

本研究发现，蓝光可明显促进杉木组培苗的增殖系数，在 R/4B 处理下，表现为最大值(4.933)，在红蓝复合光中适当地增加红光含量，有助于杉木组培苗的伸长生长，在

4R/B 处理下表现为最大值(2.543cm)，但若红光含量过大，当 R/B 超过 4 时，则会出现抑制；蓝光则明显有利于杉木生根组培苗的矮壮，并促进其叶的生长。生根率与根长呈现相同的变化趋势，均随着 R/B 的增加呈现先增大后减小的趋势，2 R/B 处理下表现为最大值(0.757cm、1.651cm)。SOD 以及 CAT 活性随着 R/B 的增大而增大，而 POD 活性则随着 R/B 的增大呈现先增大后减小的趋势。因此，红蓝复合光有利于杉木组培苗进行增殖及生根生长，在 R/4B 处理下，杉木生根组培苗的性状表现较优，因此可以用红蓝复合光质 LED 代替白光 LED。

第三节　基质配比、容器规格和缓释肥量对杉木容器育苗的影响

容器苗是当今世界各国广泛运用的苗木生产技术，将各种容器装入配置好的营养土进行育苗，具有起苗和运输不伤根系、栽植时带有完整的根团、造林成活率高、造林后缓苗期短、生长快等优点(戚连忠和汪传佳，2004；Edward R W et al.，2007；王月海等，2008)。培育和利用优质容器苗造林一直是林业领域研究的热点(Oliet J A et al.，2009；Mattsson A，1997)。

容器育苗和大田育苗不同，在容器苗的培育过程中，基质配比、容器规格和缓释肥量不仅单独影响着苗木生长和养分，而且还存在着交互效应。已有研究表明，适宜的基质配比能够提高容器苗的出圃质量(金国庆等，2005)，适宜的容器规格有利于容器苗根系的生长(韦小丽等，2003)，而施用适宜的缓释肥能显著提高容器苗的质量(Landis T D et al.，1989)。基质配比及容器大小决定苗木的生长空间和可获得的养分，故施肥是保障苗木质量的重要措施(周志春等，2011；Davis A S and Jawbs D F，2005；Cuesta B et al.，2010；魏红旭等，2011)。缓释肥具有缓慢释放养分、控制养分淋失、提高肥料利用率的优势，目前已逐渐成为容器育苗中广泛使用的一种简便高效的新型肥料(陈连庆和韩学林，1996；韦华等，2014)。

近年来，国内外关于缓释肥在容器苗培育方面开展了一系列研究，但所研究的树种仅涉及长白落叶松(康瑶瑶等，2011)、普陀樟(陈闻等，2014)、马尾松和木荷(楚秀丽等，2015)，以及一些珍贵阔叶树种(王艺等，2013)，而缓释肥在杉木容器育苗方面的研究还罕见报道。为了提高杉木育苗的质量，本研究采用 4 种基质配比、4 种容器规格及 5 个缓释肥水平系统开展了杉木容器育苗试验，探讨了不同影响因素及其互作效应对 16 个生长指标和营养指标的影响，并运用隶属函数法对各处理的育苗效果进行全面、客观的评价，以期筛选出满足杉木容器苗培育需要的最佳处理组合，为杉木优质容器苗培育提供重要的科技支撑和理论依据。

一、材料与方法

(一) 育苗地概况

容器育苗试验在亚林中心(江西分宜)育苗基地具有喷雾遮阳设施的钢构育苗大棚内进行，棚高 2.4 m，棚内装有喷灌体系，顶部用透光率为 70%的遮阳网覆盖遮阳处置。试验

育苗大棚地理位置 114°39′28″ E、27°49′09″ N，海拔 126m，年平均气温 17.2℃，最热为 7 月，平均气温为 28.8℃，极端最高气温 39.9℃，最冷为 1 月，平均气温为 5.5℃，极端最低气温-8.3℃，全年无霜期平均为 270 天，年降水量为 1643.6mm，年蒸发量为 1503mm，年日照时数为 1535.3 小时，光热充足，冬寒期短，气候温和，属亚热带湿润大陆性季风气候。

（二）供试材料

试验所用杉木种子采自亚林中心（江西分宜）下属山下实验林场 2.5 代种子园，采集时间为 2014 年。育苗基质材料主要包括东北泥炭、稻壳和木屑，按照试验既定设计比例（7：1.5：1.5）均匀混合后作为育苗基质，基质中施入 2.0~4.0kg/m^3 的缓释肥。所施缓释肥选用美国爱贝斯（APEX）公司生产的长效控释肥，其全氮含量为 180g/kg，有效磷含量为 60g/kg，有效钾含量为 120g/kg，肥效期为 9 个月。2015 年 3 月对杉木种子做消毒处理，然后播种于沙床中，4 月上旬将沙床的杉木苗子种植于无纺布基质袋，培育期间做好苗期管理，注意病虫害防治。育苗容器选用广西桂林生产的无纺布基质网袋，选择相应规格的（4.5cm×10.0cm）用于试验。

（三）试验设计

分别设置缓释肥水平（A）、容器大小（B）和基质比例（C）三个因素的容器育苗析因设计试验。缓释肥水平设置 5 个水平（A_1.2.0kg/m^3，A_2.2.5kg/m^3，A_3.3.0kg/m^3，A_4.3.5kg/m^3，A_5.4.0kg/m^3）；容器大小按无纺布网袋的直径和长度设置了 4 个水平（B_1.3.0cm×3.7cm，B_2.3.5cm×4.5cm，B_3.4.0cm×6.0cm，B_4.4.5cm×10.0cm）；育苗基质按泥炭：稻壳：木屑的体积比设置了 4 个水平（C_1.5：2.5：2.5，C_2.6：2：2，C_3.7：1.5：1.5，C_4.8：1：1）。按析因设计要求，共设置 80 个试验处理，3 次重复，每个重复 40 株。2015 年 3 月下旬，按试验设计要求配制成基质，经过人工多次混合后再用拌料机搅拌均匀，经孔径为 1cm 筛过滤，然后装入相应规格的无纺布育苗袋中。将装好的容器袋按试验设计编号放入 20cm×40cm 的育苗盘中，每个育苗盘放入 40 个配置好的网袋容器，每个重复内各处理放至 1 个育苗盘中，挂牌编号做好标记。4 月上旬，将在苗床中催生出芽的杉木苗移入已摆置好的无纺布容器袋中，移栽后放置在搭有遮阳网的育苗大棚里，托盘直接摆放在苗圃的地面上，及时喷水，保持基质湿润，试验期间，根据天气情况每组给予相同的育苗管理措施，注意病虫害防治，做好育苗管护工作。

（四）测定项目和方法

1. 生长形态指标测定

2015 年 11 月底杉木苗停止生长后，每重复各试验处理随机选择 30 株健康苗木，利用数显游标卡尺测定其地径，利用卷尺测定苗木的株高，并计算高径比；在苗木生长停止后，各重复试验处理随机选择 10 株健康苗木，用于测定地上和地下部分生物量，计算其根冠比。

$$高径比=苗高/地径 \tag{2-6}$$

$$根冠比=地上干质量/地下干质量 \tag{2-7}$$

2. 生物量和氮磷的测定

苗木的生长季结束后，于 2015 年 11 月下旬，利用根系形态指标测定中的材料作为样品，测定苗木的生物量。将各重复试验处理的苗木，分为根、茎、叶三部分，测定各部分物质的鲜重，经105℃杀青2小时后再在80℃恒温烘箱中烘干至恒重，测定各部位的干质量；紧接着将根、茎、叶进行液氮超低温冷冻粉碎处理，低温粉碎后用研钵研磨至粉末状，取约0.5g利用H_2SO_4—H_2O_2消煮法对称取的样品进行消煮，然后利用Auto Analyzer 3连续流动化学分析仪(德国BRAN+LUEBBE)测定其氮浓度，利用原子吸收分光光度计(Zeenit700，德国Analytik Jena AG)测定其磷浓度。

(五)数据处理

隶属函数的计算公式为：

$$U(x_i)=(x_i-x_{min})/(x_{max}-x_{min}) \quad (2-8)$$

式中：x_i为指标测定值；x_{max}为某处理指标最大值；x_{min}为某处理指标最小值。

试验获得的数据全部采用平均数±标准误(mean±SE)来表示。数据的处理与统计分析采用Microsoft Office Excel 2003和SPSS 18.0统计分析软件，使用显著性为0.05水平上的Duncan检验进行多重比较分析，以检验各因素的主效应及互作效应的显著性，根冠比经过反正弦转换处理，其他各组检验数据都确保在同一量纲上进行分析确保分析的准确性。

二、结果与分析

(一)基质配比、容器规格和缓释肥对杉木容器苗生长指标的影响

1. 各因素对杉木容器苗生长指标的多因素方差分析

多因素方差分析结果表明(表2-13)，在3个主效应因素中，缓释肥量对杉木容器苗生长影响最大，除根冠比不显著，地径和根干质量为显著水平($P<0.05$)外，其他5个生长指标均达到极显著水平($P<0.01$)。基质配比及容器规格对杉木容器苗生长的影响次之，基质配比除根冠比和地径不显著、根干质量和高径比为显著水平外，其他4个生长指标均达到极显著水平；容器规格对苗高、茎干质量、总生物量和高径比有极显著影响，对叶干质量和根冠比有显著影响，而对地径和根干质量影响不显著。双因素交互效应中，缓释肥量×基质配比(A×C)的交互效应对杉木容器苗生长影响最大，除根冠比未达到显著水平外，其他7个生长指标均达到显著或极显著水平；缓释肥量×容器规格(A×B)交互效应对杉木容器苗生长的影响次之，对苗高、茎干质量和高径比有极显著影响，对其他5个生长指标影响不显著；容器规格×基质配比(B×C)交互效应对杉木容器苗生长影响最小，除对苗高有极显著影响，对总生物量和高径比显著影响外，对其他5个生长指标影响均不显著。缓释肥量×容器规格×基质配比(A×B×C)三因素交互效应中，除对根冠比和地径影响不显著外，其他6个生长指标均有极显著影响。多因素方差分析的F值显示，双因素和三因素的交互效应主要来源于缓释肥量和基质配比，这表明缓释肥施用水平和基质配比情况是影响杉木容器苗生长的主要因素。

表2-13　杉木容器苗生长指标的多因素方差分析(F值)

变异来源	自由度	苗　高	地　径	叶干质量	茎干质量	根干质量	总生物量	根冠比	高径比
A	4	48.757**	1.132*	4.764**	7.091**	1.820*	5.690**	0.259	11.376**
B	4	12.828**	0.628	3.197*	9.503**	0.900	4.386**	3.263*	16.324**

（续）

变异来源	自由度	苗　高	地　径	叶干质量	茎干质量	根干质量	总生物量	根冠比	高径比
C	3	101.878**	0.511	24.101**	22.250**	3.511*	20.561**	1.253	2.611*
A×B	5	29.527**	0.609	1.213	2.842**	1.090	1.736	1.429	5.417**
A×C	12	15.450**	0.815*	2.598**	4.246**	2.120*	3.777**	0.883	8.563**
B×C	7	7.001**	0.637	1.677	1.294	1.239	1.958*	0.439	1.896*
A×B×C	14	7.188**	0.637	2.250**	2.287**	1.872**	2.728**	1.219	4.841**

注：A 为缓释肥量；B 为容器规格；C 为基质配比。* 和 ** 分别表示在 0.05 和 0.01 水平上显著。下同。

2. 基质配比对杉木容器苗生长指标的影响

由表 2-14 可知，泥炭：稻壳：木屑=7：1.5：1.5(C_3)基质配比的地径、叶干质量、茎干质量、根干质量、总生物量五个生长指标均高于其他基质配比处理，泥炭：稻壳：木屑=5：2.5：2.5(C_1)基质配比的苗高显著高于其他基质配比处理。4 种基质均是使用同样的材料按照不同的比例配制而成，C_3 基质较 C_1 基质泥炭含量高、营养丰富、保水性强、透水透气性相对较差，导致在苗高生长上表现较差。数据分析发现，苗高、高径比与地径、叶干质量、茎干质量、根干质量、总生物量和根冠比在 4 种基质配比中表现出的不一致性，可能主要与基质的透性和营养有关。泥炭比例高，苗木生长可用的养分多，但基质的透气性变差，根系无法将足够的营养运送给地上部分供苗高的生长，以致苗高和高径比出现下降。

3. 容器规格对杉木容器苗生长指标的影响

由表 2-14 可知，苗高、地径、叶干质量、茎干质量、根干质量和总生物量 6 个指标在不同容器规格间表现一致，均随着容器规格的增大各指标呈现增大趋势。容器规格为 B_4 处理时，其苗高、地径、叶干质量、茎干质量、根干质量和总生物量最大，其值分别为 39.57cm、5.98mm、3.48 g、2.30 g、1.58 g 和 7.36 g，其值均显著大于其他处理，比 B_1 处理分别提高了 39.45%、37.96%、43.97%、47.39%、38.61%和 43.89%，比 B_2 处理分别提高了 27.11%、22.91%、26.72%、25.65%、12.03%和 23.23%，较 B_3 处理分别提高了 14.71%、15.55%、27.01%、30.43%、16.46%和 26.09%。容器规格为 B_2 处理时根冠比最大，B_3 处理时高径比最大。由数据分析可知，较大的容器规格能够提供更大的苗木生长空间，有利于苗木的生长和生物量的积累。

4. 缓释肥量对杉木容器苗生长指标的影响

方差分析结果表明，施用缓释肥对杉木容器苗生长的影响非常显著(表 2-14)。苗高和地径随着缓释肥施肥量的增加呈先上升后降低的趋势，缓释肥水平为 A_3 时苗高和地径两个指标最大，除 A_3 与 A_4 处理差异不显著外，A_3 与其他缓释肥处理差异均为极显著水平。叶干质量、茎干质量、根干质量和总生物量随着缓释肥施用量的增加而增加，A_5 处理最高，A_4 处理其次，A_5 处理极显著高于 A_1、A_2 和 A_3 处理(除根干质量)。根冠比随着缓释肥水平的增加先降后升再降，A_4 处理时根冠比最高，A_1 处理其次，除 A_4 与 A_1 处理差异不显著外，A_4 处理与其他缓释肥处理差异均为极显著水平。高径比随着缓释肥水平的增加先升后降再升，A_2 处理最高，A_5 处理其次，A_2 处理与 A_1 和 A_5 差异不显著，与 A_3

和 A_4 差异极显著。

表 2-14　基质配比、容器规格和缓释肥量对杉木容器苗生长指标影响的多重比较

因素	水平	苗高（cm）	地径（mm）	叶干质量（g）	茎干质量（g）	根干质量（g）	总生物量（g）	根冠比	高径比
C	C_1	35.87±0.57a	5.04±0.28a	2.75±0.14a	1.79±0.13ab	1.22±0.08a	5.75±0.33ab	0.27±0.07c	71.17±2.01a
	C_2	32.03±0.32b	4.51±0.04b	2.64±0.16ab	1.66±0.11b	1.31±0.08a	5.60±0.33ab	0.30±0.04bc	71.02±8.04a
	C_3	32.94±0.29b	5.54±0.62a	2.82±0.18a	2.00±0.13a	1.49±0.24a	6.31±0.47a	0.31±0.05b	59.46±4.68b
	C_4	23.41±0.81c	4.04±0.11c	2.30±0.14b	1.38±0.10c	1.24±0.08a	4.93±0.31b	0.34±0.08a	57.95±7.36b
B	B_1	23.96±0.30d	3.71±0.04c	1.95±0.09c	1.21±0.06c	0.97±0.05b	4.13±0.19c	0.31±0.06b	64.58±7.50ab
	B_2	28.84±0.37c	4.61±1.07b	2.55±0.16b	1.71±0.14b	1.39±0.25a	5.65±0.45b	0.33±0.08a	62.56±3.52b
	B_3	33.75±0.34b	5.05±0.05ab	2.51±0.12b	1.60±0.09b	1.32±0.08a	5.44±0.26b	0.32±0.05ab	66.83±6.20a
	B_4	39.57±0.41a	5.98±0.05a	3.48±0.19a	2.30±0.14a	1.58±0.09a	7.36±0.40a	0.27±0.03c	66.17±8.02a
A	A_1	26.50±0.40c	4.00±0.05c	2.27±0.19c	1.45±0.12c	1.12±0.09b	4.84±0.38c	0.30±0.06ab	66.25±8.00ab
	A_2	27.81±0.36c	3.91±0.05c	2.51±0.14bc	1.58±0.10bc	1.20±0.06ab	5.29±0.29bc	0.29±0.04b	71.13±7.20a
	A_3	38.31±0.48a	5.91±0.91a	2.59±0.14bc	1.62±0.12bc	1.22±0.08ab	5.43±0.32bc	0.29±0.07b	64.93±1.95b
	A_4	37.70±0.39a	5.90±0.94a	2.77±0.20ab	1.88±0.15ab	1.51±0.10ab	6.23±0.56ab	0.34±0.10a	63.90±2.58b
	A_5	34.55±0.49b	4.86±0.62b	3.10±0.21ab	2.10±0.18a	1.58±0.31a	6.71±0.46a	0.29±0.08b	71.09±3.69a

注：同列中不同字母表示在 0.05 水平上差异显著。下同。

（二）基质配比、容器规格和缓释肥量对杉木容器苗营养指标的影响

1. 各因素对杉木容器苗营养指标的多因素方差分析

多因素方差分析结果表明（表 2-15），在 3 个主效应因素中，缓释肥量对杉木容器苗营养指标的影响最大，除根磷浓度为显著水平外，其他 7 个营养指标均达极显著水平；容器规格对杉木容器苗营养指标影响次之，除根氮浓度为极显著外，其他 7 个营养指标均不显著；基质配比对杉木容器苗营养指标影响最差，所有指标均未达到显著水平。双因素交互效应中，缓释肥量×容器规格（A×B）交互效应对杉木容器苗营养指标影响最大，除茎氮浓度和叶磷浓度为显著水平外，其他 6 个营养指标均为极显著水平；缓释肥量×基质配比（A×C）的交互效应对杉木容器苗营养指标影响次之，除根磷浓度、茎氮浓度和叶磷浓度为显著水平外，其他 5 个营养指标均为极显著水平；容器规格×基质配比（B×C）交互效应对杉木容器苗营养指标影响最小，仅根氮浓度达到极显著水平，其他营养指标影响均不显著。缓释肥量×容器规格×基质配比（A×B×C）三因素交互效应中，除根氮浓度和叶磷浓度到达极显著水平外，其他营养指标均不显著。通过多因素方差分析的 F 值进行分析发现，双因素和三因素的交互效应主要源于缓释肥量，这就表明缓释肥量是影响杉木容器苗营养指标的主要因素。

表 2-15 杉木容器苗营养指标的多因素方差分析(*F* 值)

变异来源	自由度	根氮浓度(g/kg)	根磷浓度(g/kg)	茎氮浓度(g/kg)	茎磷浓度(g/kg)	叶氮浓度(g/kg)	叶磷浓度(g/kg)	整株氮浓度(g/kg)	整株磷浓度(g/kg)
A	4	6.530**	2.411*	4.151**	15.870**	18.666**	13.313**	20.699**	30.601**
B	4	5.251**	1.691	1.921	2.187	0.293	0.196	1.243	1.073
C	3	2.421	0.854	1.251	2.084	0.128	0.076	0.543	1.105
A×B	5	16.300**	4.101**	2.541*	8.533**	14.468**	3.677*	4.683**	10.233**
A×C	12	15.465**	3.172*	2.109*	6.546**	11.132**	2.853*	6.621**	9.876**
B×C	7	20.539**	0.066	3.275	0.118	6.136	0.247	0.157	0.080
A×B×C	14	4.395**	0.037	2.106	0.032	8.313**	0.101	1.920	1.945

2. 基质配比对杉木容器苗氮、磷浓度的影响

经方差分析(表 2-16)可知，杉木容器苗营养指标对基质配比的反应各异，其中杉木容器苗的根氮浓度、茎氮浓度、茎磷浓度对基质配比非常敏感，表现出极显著水平，而其他指标对基质配比则不敏感，均表现为不显著水平。泥炭：稻壳：木屑=8：1：1(C_4)基质配比的根氮浓度最大，除与 C_2 处理差异不显著外，与其他基质处理差异均极显著，表明泥炭：稻壳：木屑=8：1：1(C_4)基质配比具有利于根系氮浓度累积的作用。

3. 容器规格对杉木容器苗氮、磷浓度的影响

经方差分析结果(表 2-16)可知，杉木容器苗营养指标对容器规格的反应各异，其中杉木容器苗根氮浓度、茎氮浓度、茎磷浓度对容器规格较为敏感，表现出显著水平，其他指标对容器规格则不敏感，均表现为不显著水平。容器规格为 B_2(3.5cm×4.5cm)时苗木的根氮浓度最大，除与 B_1 规格差异不显著外，与其他容器规格差异均显著，表明在培育杉木容器苗时，适当的容器规格有利于促进根系对氮的吸收利用。

表 2-16 基质配比、容器规格和缓释肥量对杉木容器苗氮、磷浓度影响的多重比较

因素	水平	根氮浓度(g/kg)	根磷浓度(g/kg)	茎氮浓度(g/kg)	茎磷浓度(g/kg)	叶氮浓度(g/kg)	叶磷浓度(g/kg)	整株氮浓度(g/kg)	整株磷浓度(g/kg)
C	C_1	14.10±2.81b	0.98±0.26a	11.50±2.20ab	1.11±0.44a	19.34±6.07a	1.78±0.43a	14.98±2.68a	1.29±0.31a
	C_2	17.35±4.91ab	1.02±0.30a	11.33±1.35b	1.07±0.43ab	19.59±6.28a	1.77±0.43a	16.09±2.03a	1.28±0.14a
	C_3	15.92±3.10b	0.93±0.24a	12.78±2.26a	1.05±0.44ab	18.18±7.90a	1.65±0.66a	15.63±3.13a	1.21±0.42a
	C_4	20.44±6.33a	0.82±0.21a	11.86±1.16ab	0.82±0.15b	17.68±5.69a	1.75±0.44a	16.66±1.84a	1.13±0.28a
B	B_1	17.35±4.91ab	1.01±0.30a	11.33±1.35b	1.07±0.25ab	19.59±6.28a	1.77±0.43a	16.09±2.03a	1.28±0.14a
	B_2	20.44±6.33a	0.82±0.21a	11.85±1.16ab	0.82±0.21b	17.68±5.69a	1.74±0.44a	16.66±1.84a	1.13±0.17a
	B_3	14.10±2.81b	0.98±0.26a	11.50±2.20ab	1.11±0.44a	19.34±6.07a	1.78±0.43a	14.98±2.68a	1.29±0.31a
	B_4	15.92±3.17b	0.93±0.24a	12.78±2.26a	1.05±0.44ab	18.18±7.90a	1.65±0.66a	15.63±3.13a	1.21±0.42a
A	A_1	17.23±3.82b	0.90±0.35b	11.18±1.27ab	0.94±0.27b	15.59±4.21b	1.40±0.27c	14.67±1.28b	1.08±0.14b
	A_2	15.08±2.84b	0.84±0.21b	12.06±1.40ab	0.95±0.29b	17.66±5.62b	1.64±0.45bc	14.93±1.71b	1.14±0.27b
	A_3	17.30±5.31b	0.92±0.20b	12.66±2.87a	0.88±0.25b	18.52±7.73b	1.55±0.35bc	16.16±2.71b	1.12±0.15b
	A_4	19.17±5.09a	1.07±0.29a	12.66±1.45a	1.37±0.47a	24.84±4.72a	2.26±0.44a	18.89±0.91a	1.57±0.33a
	A_5	15.98±6.84b	0.94±0.26b	10.79±1.13b	0.90±0.21b	16.89±5.80b	1.82±0.21b	14.55±2.48b	1.23±0.17b

4. 缓释肥量对杉木容器苗氮、磷浓度的影响

方差分析结果表明，施用缓释肥对杉木容器苗氮、磷浓度的影响非常显著(表2-16)。在杉木容器苗不同缓释肥水平的试验中，随着缓释肥施用量的增加($A_1 \to A_2 \to A_3 \to A_4 \to A_5$)，容器苗根、茎、叶及整株苗木的氮、磷浓度均呈现总体先上升后降低的趋势，当缓释肥施用量达到A_4(3.5kg/m^3)时，各部位氮、磷浓度均达到最大值，A_4(3.5kg/m^3)处理的根氮浓度、根磷浓度、茎磷浓度、叶氮浓度、叶磷浓度、整株氮浓度和整株磷浓度均显著高于其他施肥水平，茎氮浓度除与A_5处理差异显著外，与其他处理差异均不显著。数据分析结果可见，施用缓释肥水平为A_4(3.5kg/m^3)时最有利于杉木容器苗氮、磷浓度的提高，高于或低于这个水平时，都会产生不利影响。

(三) 杉木容器育苗最佳基质配比、容器规格和缓释肥量组合的筛选

经研究发现，不同缓释肥量、容器规格和基质配比组合对杉木容器苗生长指标和营养指标的影响各异，采用某个或部分指标衡量育苗效果有失偏颇，因此，为了能够全面、客观地衡量各组合的育苗效果，我们采用隶属函数法对不同组合的育苗指标进行综合评价。80个处理中平均隶属函数值排名前9位的组合育苗效果及排序见表2-17，其中，泥炭：稻壳：木屑=7：1.5：1.5(C_3)占了4个，育苗效果要好于其他基质配比；不同容器规格中，4.5cm×10.0cm(B_4)规格的容器在平均隶属函数排名前9位的组合中占了5个，这就进一步表明较大的容器规格更利于杉木容器苗的培育；不同缓释肥施用量中，3.5kg/m^3(A_4)的施肥水平在平均隶属函数排名前9的组合中占了5个，说明适量的缓释肥水平有利于苗木的生长发育。各育苗因素组合中，缓释肥施用量为3.5kg/m^3(A_4)、容器规格为4.5cm×10.0cm(B_4)、泥炭：稻壳：木屑=7：1.5：1.5(C_3)组合的平均隶属函数值最大(0.7538)，其营养指标的平均隶属函数值(0.7622)在所有组合中最大，生长指标的平均隶属函数值(0.7453)在所有组合中排名第2位，为所有组合中育苗效果最好的组合；其次是缓释肥施用量为3.5kg/m^3(A_4)、容器规格为4.0cm×6.0cm(B_3)、泥炭：稻壳：木屑=7：1.5：1.5(C_3)育苗组合，虽然营养指标在所有组合中排名第3，但生长指标排名第1。

表2-17　不同因素组合对杉木容器苗生长和营养指标的隶属函数评价

组合			生长指标隶属函数平均值	营养指标隶属函数平均值	平均隶属函数值	平均隶属函数值排序
缓释肥量(kg/m^3)	容器规格(cm)	基质配比				
3.5	4.5×10.0	泥炭：稻壳：木屑=7：1.5：1.5	0.7453	0.7622	0.7538	1
3.5	4.0×6.0	泥炭：稻壳：木屑=7：1.5：1.5	0.7951	0.6945	0.7448	2
3.5	4.5×10.0	泥炭：稻壳：木屑=8：1：1	0.6022	0.7047	0.6535	3
3.5	3.5×4.5	泥炭：稻壳：木屑=8：1：1	0.5832	0.5945	0.5889	4
4.0	3.5×4.5	泥炭：稻壳：木屑=8：1：1	0.6000	0.5776	0.5888	5
3.0	4.5×10.0	泥炭：稻壳：木屑=7：1.5：1.5	0.6014	0.5718	0.5866	6
3.5	4.5×10.0	泥炭：稻壳：木屑=6：2：2	0.5657	0.5653	0.5655	7
4.0	4.5×10.0	泥炭：稻壳：木屑=5：2.5：2.5	0.5769	0.5441	0.5555	8
3.0	4.0×6.0	泥炭：稻壳：木屑=7：1.5：1.5	0.5543	0.5392	0.5468	9

三、讨 论

基质配制决定了苗木的生长发育环境，在育苗过程中往往需要良好的保水性、透气性和丰富的营养成分(Dolor D E et al.，2009)。本研究发现，基质配比对杉木容器苗生长指标影响较为较大。随着基质泥炭比例的逐步提高($C_1 \to C_2 \to C_3 \to C_4$)，其营养成分逐步增加，而透水透气性能逐步变差，因而导致苗高和高径比呈现逐渐减小趋势，地径、叶干质量、茎干质量和总生物量呈现先增大后减小的趋势，而根冠比则呈现逐渐增大的趋势。当泥炭比例提升至80%时，基质的透水透气性能已不能满足苗木生长的需求，结果导致苗高、地径、叶干质量、茎干质量、总生物量、根冠比和高径比急剧降低。单就生长指标而言，在1年生杉木容器苗的培育过程中，泥炭：稻壳：木屑的体积比例7：1.5：1.5为最佳。

育苗的容器规格越大，就能够为苗木生长提供更大的生长空间，有利于苗木的生长(马雪红等，2010)。本研究发现，容器规格对杉木容器苗生长指标影响较大，对营养指标影响较小。在容器苗不同容器规格的试验中，随着容器规格的增大($B_1 \to B_2 \to B_3 \to B_4$)，苗木生长的营养空间也随之增大，这有利于苗木的生长发育和生物量的累积。本试验中杉木容器苗除了根冠比的总体趋势逐渐降低外，容器苗的苗高、地径、叶干质量、茎干质量、根干质量、总生物量和高径比均呈现总体上升趋势。因而，在1年生杉木容器苗的培育过程当中，选用规格为4.5cm×10.0cm的网袋容器可以更好地增进容器苗生长形态指标的发展和生物量的积累。

研究结果表明，施用缓释肥是影响杉木容器苗生长指标和营养指标的主要因素。缓释肥的施用不仅能够减少育苗过程中的施肥次数，而且还能改善苗木各部分养分浓度促进苗木生长(张乐华等，2014)。本试验结果显示，缓释肥施用量对杉木容器苗生长和养分影响较为显著，当缓释肥施用水平超过3.5kg/m^3(A_4)时，提高施用水平将抑制苗木的养分积累，当缓释肥施用水平超过3.0kg/m^3(A_3)时，提高施用水平反而抑制苗木的苗高和地径生长。万芳芳等(2016)对华北落叶松容器苗、阮颖等(2013)对大叶桂容器苗的研究也得到了类似的研究结果，即随着缓释肥水平的提高，苗木体内养分浓度和生长指标持续提升，但当缓释肥施用量提升到一定水平后，反而出现抑制作用，苗木体内养分浓度下降，生长指标下降。因此，在选择最佳缓释肥量时，可根据苗木生长指标和养分指标同时达到最大时所对应的施肥量来选择，本试验两者均达到最大应该是在3.0~3.5kg/m^3。

高径比反映了苗木的高度和粗度的平衡关系，将苗高和地径两个指标结合起来，是反映苗木抗性及造林成活率的指标。一般高径比越大，说明苗木越细越高，抗性弱，造林成活率低；相反，高径比越小，苗木则越矮粗，抗性强，造林成活率就越高。相关研究证明，要保证造林成功，苗木的高径比要保持在一定范围。高径比在评价苗木质量时不能单独使用，本研究将苗高、地径等指标与之结合起来，在达到一定的规格后，高径比越小越好。

大量研究表明，缓释肥水平、基质配比和容器规格不仅单独影响杉木容器苗生长与营养积累，且相互间有着显著的交互效应(王艺等，2013；奚旺等，2014；周成敏等，2013；吴小林等，2014)。本研究发现，缓释肥量×基质配比(A×C)互作效应对苗高、叶干质量、茎干质量、总生物量、高径比、根氮浓度、茎磷浓度、叶氮浓度、整株氮浓度和整株磷浓度等指标具有极显著影响，对地径、根干质量、根磷浓度、茎氮浓度和叶磷浓度等指标具有显著影响；缓释肥量×容器规格(A×B)互作效应对苗高、茎干质量、高径比、根氮浓度、根磷浓度、茎磷浓度、叶氮浓度、整株氮浓度和整株磷浓度具有极显著影响，对茎氮浓度和叶磷浓度具有显著影响；容器规格×基质配比(B×C)互作效应对苗高和根氮浓度具有极显著影响，对高径比具有显著影响，而对其他指标影响均不显著；缓释肥量×容器规格×基质配比(A×B×C)三因素互作效应中，对生长指标而言除地径和高径比不显著外，其他生长指标影响均极显著，对营养指标除叶氮浓度和根氮浓度影响极显著外，其他营养指标均不显著。因此，在进行杉木容器苗培育时最佳的缓释肥量、容器规格和基质配比不能仅依据单因素方差分析结果进行简单的组合。本研究在对试验进行多因素方差分析的基础上，采用隶属函数平均值来评价各个处理的育苗效果，并给出了最佳的育苗组合：缓释肥施用量为3.5kg/m^3(A_4)、容器规格为4.5cm×10.0cm(B_4)、泥炭：稻壳：木屑=7：1.5：1.5(C_3)，以及排名前9位的育苗组合，这些组合可广泛运用于杉木容器苗规模化育苗中。

四、结 论

缓释肥量对苗木生长和营养指标影响最大，对绝大多数生长指标和营养指标的影响达到显著水平；基质配比其次，容器规格最小，两者仅对大多数生长指标有显著影响，而对营养指标几乎无影响。双因素互作效应中，缓释肥量×基质配比互作效应最大，对所有营养指标和除根冠比外的生长指标均有显著影响；缓释肥量×容器规格互作效应其次，对所有营养指标和部分生长指标具有显著影响；容器规格×基质配比互作效应最小，仅对部分生长指标具有显著影响。3因素互作效应对多数生长指标和少数营养指标具有显著影响。隶属函数综合评价表明：缓释肥施用量为3.5kg/m^3、容器规格为4.5cm×10.0cm、泥炭：稻壳：木屑=7：1.5：1.5组合的平均隶属函数值最大为0.7538，其营养指标的平均隶属函数值0.7622在所有组合中最大，生长指标的平均隶属函数值0.7453在所有组合中排名第2位，该组综合表现为所有组合中育苗效果最好的组合。

第四节　杉木容器苗分级标准研究

苗木质量是指苗木的成活和生长状态，可以满足特定立地条件下造林的要求，是苗木与造林目的适合程度的体现(Davis A S and Jacobs D F, 2005；Mattsson A, 1996；Duryea M L, 1985)。容器苗质量不但直接影响造林的成活率，而且还直接影响造林后林木的初始生长情况。在现行的生产造林中由于缺少对容器苗质量的分级研究，直接使用了大量不符合规范的生长形态差的容器苗，导致造林后林木生产力低下，严重制约了林业的健康发展。当前，随着容器苗育苗技术体系在我国不断推进，人们发现使用优质容器苗造林具有根系生长能力强、造林成活率高、造林后缓苗期短、适应性强、抵抗力强、生长快等优点(王月海等，2008；Edward R W et al., 2007；戚连忠和汪传佳，2004；鲁敏等，2002)。因形态指标容易测定而广泛运用于苗木质量评价和分级研究中，在形态指标中又以苗高和地径指标的运用数量最多，这种评价分级方法无法全面客观地反映苗木质量(刘勇，1999；李

国雷等，2011；戚连忠和汪传佳，2004）。近年来，有不少学者运用形态指标对苗木质量评价方面做了一些研究，如唐小燕等(2011)、吕国梁(2015)、尚秀华等(2011)、田淑静等(1982)以苗高、地径、高径比、根冠比和生物量等表型指标对苗木进行评价分级研究，这些用于评价的形态指标只能够反映苗木的外形特征，而苗木生命力的强弱并未体现。本研究为全面客观地对苗木进行评价分级，在前人的研究基础上辅以苗木生理指标进行综合评价，然后运用因子分析方法从大量指标中提取出影响苗木质量的主因子，进一步提升了评价的全面性和可靠性。

近年来，我国在杉木经营方面集约化程度不断加深，然而，在现行杉木造林过程中使用大量的不符合出圃规范的容器苗，导致杉木人工林质量得不到满足，因此有必要对杉木容器苗进行分级研究，以确保优质容器苗更多地运用到杉木人工林造林中。目前，我国在苗木分级方面开展了一系列研究，但所研究的树种仅涉及格木(贾宏炎，2009)、欧洲云杉(郭小龙等，2012)、蓝果树(邱琼等，2013)、西南桦(黎明等，2011)、连香树和榉树(毕波等，2010)及其他一些树种，而杉木容器苗评价分级方面的研究还尚未见报道。本研究通过因子分析方法，对1年生杉木容器苗形态和生理指标进行综合评价，找出影响苗木质量的关键指标，同时运用聚类分析方法对苗木的分级标准进行研究，从而为制定杉木优质容器苗的出圃标准提供技术支撑和理论依据，对杉木速生丰产林的营造具有重要的现实意义。

一、材料与方法

同本章第三节“材料与方式”。

二、结果与分析

(一)杉木容器苗质量评价指标的相关分析

本研究选用生长形态和营养元素指标衡量苗木的生长情况，这些指标之间存在着一定的信息重叠，因此，在对各指标进行相关分析时采用了置信度在0.05水平下Two-tailed检验的pearson相关系数法，经过分析得到其相关性(表2-18)。结果显示：苗高与地径、地上干质量、地下干质量、整株干质量和氮含量等呈显著正相关，根冠比与地上干质量和整株干质量呈显著负相关，而磷含量与苗高、地径、地上干质量、地下干质量、整株干质量和根冠比等的相关性较小。相关性的分析反映了各指标间相互交织的重叠性，苗高、地径、地上干质量、地下干质量、整株干质量和氮含量间信息重叠，磷含量则相对独立，这说明苗木的生长形态和营养元素指标存在着直接或间接的关系，直接运用这些指标评价杉木容器苗的质量容易导致认识的片面性，因此有必要进行主因子的提取，然后利用这些主因子对杉木容器苗质量进行评价，这样的结果才足以全面、客观地反映苗木质量。

表2-18 杉木容器苗各指标间的相关性

指标	苗高	地径	地上干质量	地下干质量	整株干质量	根冠比	氮含量	磷含量
苗高	1							
地径	0.609**	1						

（续）

指　标	苗　高	地　径	地上干质量	地下干质量	整株干质量	根冠比	氮含量	磷含量
地上干质量	0.592**	0.251	1					
地下干质量	0.554**	0.204	0.928**	1				
整株干质量	0.592**	0.245	0.997**	0.952**	1			
根冠比	−0.358	−0.164	−0.603**	−0.292	−0.550*	1		
氮含量	0.519*	0.108	−0.099	−0.153	−0.109	−0.116	1	
磷含量	0.213	0.046	−0.073	−0.142	−0.087	−0.062	0.416	1

（二）杉木容器苗质量评价指标的因子分析

为了全面而系统地研究和评价杉木容器苗分级标准，我们选取了苗木生长形态和营养指标，总共涉及 8 个指标，这些指标能从不同的方面反映研究对象的特征。然而，变量太多会大大增加评价模型的复杂性，解释和拟合模型也会变得更加困难；减少评价指标又会损失太多的信息，影响评价的系统性和客观性。因子分析是一种数据简化技术，它通过研究变量之间的内部依赖关系，探求观测数据中的基本结构，并用少数几个假想的变量表示其基本的数据结构。这几个假想的变量能反映众多的主要信息，使原始变量的信息在不被减少的情况下又不至于变量太多。

使用因子分析方法进行计量分析前，首先对样本是否可以采用此方法的可信度进行检验。从 KMO 和 Bartlett's 球形检验结果来看：KMO 值为 0.625>0.6，表明适合做因子分析，并且效果较好；Bartlett's 球形检验的自由度为 28，显著系数 $P<0.001$，拒绝检验的零假设，表明适合进行因子分析。因子分析结果显示（表 2-19），因子 1 的方差贡献率为 47.615%，因子 2 的方差贡献率为 22.719%，因子 3 的方差贡献率为 12.051%，3 个因子能够解释 8 个指标中 82.385%的信息，已经足够反映苗木生长情况所需要的信息，所以应用这 3 个因子进行分析，按照方差贡献率可知各因子的重要性。

由表 2-20 可知：3 因子包含了原来 8 个指标 82.385%的信息，每个因子对应的方差贡献率越大，所包含原指标的信息量就越多，依此可知各个因子的组成。因子 1 对苗高和地径的载荷量比较大，主要反映了苗木的形态指标，我们将其命名为形态因子；因子 2 对根冠比、地下生物量、地上生物量和整株生物量的载荷比较大，主要反映了苗木生长分布和生物量的情况，我们将其命名为生物量因子；因子 3 对氮、磷含量的载荷比较大，主要反映了苗木的营养状况，我们将其命名为营养因子。形态因子代表了原指标中 47.615%的信息量，生物量因子代表了原指标中 22.719% 的信息量，营养因子代表了原指标中 12.051%的信息量，因此在评价杉木容器苗质量时应以苗高、地径为主，通过根冠比、地上干质量、地下干质量、整株干质量增进了解苗木质量，并辅助苗木的氮、磷含量综合评价苗木质量为佳。

通过以上的因子分析可以发现，评价杉木容器苗的因子很多，而得到的 3 个因子能够概括苗木质量评价的主导因子。利用其分析结果，确定杉木容器苗质量综合评价模型为：

$$Y=0.4762\times F_1+0.2272F_2+0.1205F_3 \tag{2-9}$$

式中：Y 为杉木容器苗的综合得分；F_1 为苗木生长的形态因子；F_2 为苗木的生物量因子；F_3 为苗木的营养因子。各个因子对应的方差贡献率即为权重，3 个因子的权重按照

大小次序依次排列。

表 2-19 因子载荷矩阵和特征值

指 标	因子 1	因子 2	因子 3
苗 高	0.896	0.522	0.045
地 径	0.923	0.089	0.015
根冠比	0.069	-0.683	-0.281
地下干质量	0.231	0.878	-0.222
地上干质量	0.178	0.977	-0.081
整株干质量	0.191	0.969	-0.108
氮含量	0.249	-0.074	0.834
磷含量	-0.060	-0.023	0.800
累计贡献率(%)	47.615	70.334	82.385

(三)杉木容器苗分级标准计算

通过以上的因子分析结果我们可以看出，苗高、地径、地下干质量、地上干质量、整株干质量、氮磷含量等都是影响容器苗质量评判的重要指标，然而，在这些指标中以苗高、地径等生长形态指标对容器苗质量的影响贡献率最大，因此，为了提高在生产实践中对苗木分级的操作性，我们选择苗高、地径等生长形态因子作为苗木分级的主要指标。

按照生产实际苗木的分级原则，一般将苗木分为 3 级，其中Ⅰ、Ⅱ级苗为合格苗，可以出圃上山造林，Ⅲ级苗为不合格苗，应留圃继续培育。聚类分析是根据事物本身特性研究个体分类的方法，它依据事物之间的相似性或者距离大小将事物进行分类，同一类的个体有较大的相似性或较小的距离，不同类中的个体差异很大。本研究通过使用欧氏距离公式衡量苗木之间的相似性，距离小的归为同一类，距离大的划为不同类。

$$d_{ij} = \sqrt{\sum_{a=1}^{p} |x_{ia} - x_{ja}|^2} \qquad (2-10)$$

因本研究中对苗木进行分级采用的是苗高(H)和地径(D)两个形态指标，因此 $P=2$，故上式变换为：

$$d_{ij} - \sqrt{(H_i - H_j)^? + (D_i - D_j)^2} \qquad (2-11)$$

为了使苗高和地径能够在同一量纲上进行数据的比较和分析，必须对其进行标准化，以消除量纲对数据分析的影响，标准化变换公式如下：

$$Z_{ij} = \frac{x_{ij} - x_{i(\min)}}{x_{i(\max)} - x_{i(\min)}} \qquad (2-12)$$

式中：Z_{ij} 为标准化值；i 为苗高或地径(cm)；j 为所观测的样苗编号(1，2，3，…，20)，$x_{i(\max)}$ 和 $x_{i(\min)}$ 为所观测样苗苗高或地径的最大值和最小值。利用标准化变换公式求得 20 株样苗苗高、地径的标准化值，见表 2-20。

表 2-20　杉木容器苗分级结果

苗　级	苗　号	苗高(cm)	地径(mm)	$Z_{高}$	$Z_{茎}$	$Z_{高}+Z_{茎}$
Ⅰ级苗	2	37.50	4.87	0.80	0.36	1.16
	10	37.46	5.33	0.80	0.47	1.26
	11	32.10	7.63	0.55	1.00	1.55
	13	41.90	5.45	1.00	0.49	1.49
	14	39.62	5.01	0.9	0.39	1.29
	18	35.60	5.77	0.71	0.57	1.28
Ⅱ级苗	4	30.64	4.26	0.48	0.22	0.70
	6	34.56	4.93	0.66	0.37	1.03
	9	35.20	4.49	0.69	0.27	0.96
	12	33.32	4.56	0.61	0.29	0.89
	15	31.85	4.87	0.54	0.36	0.90
	16	35.01	4.66	0.68	0.31	0.99
	19	28.82	4.61	0.40	0.30	0.70
	20	34.53	4.64	0.66	0.30	0.97
Ⅲ级苗	1	24.53	3.33	0.20	0.00	0.20
	3	20.16	3.68	0.00	0.08	0.08
	5	27.93	3.94	0.36	0.14	0.50
	7	23.05	3.57	0.13	0.06	0.19
	8	25.43	3.97	0.24	0.15	0.39
	17	23.80	3.88	0.17	0.13	0.29

聚类分析是数理统计中用于研究分类的一种方法，它依据物以类聚的原则，引用分类学与多元统计分析的技术，对纷乱繁杂的事物进行分类，将具有类似属性的事物聚为一类，使同类事物具有高度的相似性。本研究使用系统聚类对样苗的苗高、地径进行聚类分析，由图 2-5 可知，将苗木分为 3 级时，观测点中 2、10、11、13、14、18 聚为一类，4、6、9、12、15、16、19、20 聚为一类，1、3、5、7、8、17 聚为一类，这样就将 20 株杉木容器样苗成功地聚为 3 类，见表 2-21。

依据聚类结果可以确定各级苗木中苗高、地径的临界值。系统聚类分级的结果是基于 d 为半径，最终凝聚中心为圆心的圆内。过大的苗木在Ⅰ级苗的上方，过小的苗木在Ⅱ级苗的下方，因此只要求出Ⅰ、Ⅱ苗的下限，就可以确定各级别的界限(杨斌等，2006)。系统聚类分析结果显示，Ⅰ级苗的最终聚类中心是(0.79，0.55)，Ⅱ级苗的最终聚类中心是(0.59，0.30)，$d_{Ⅰ}=0.20$，$d_{Ⅱ}=0.14$。将 $d_{Ⅰ}$ 和 $d_{Ⅱ}$ 代入Ⅰ、Ⅱ级苗的最终聚类中心，可以得到Ⅰ级苗的下限为(0.59，0.35)，Ⅱ级苗的下限为(0.45，0.16)。再通过Ⅰ、Ⅱ级苗的下限值可以得到各级苗的下限值：Ⅰ级苗，苗高≥32.99cm，地径≥4.83mm；Ⅱ级苗，31.99cm≥苗高≥29.94cm，4.83mm≥地径≥4.01mm；Ⅲ级苗，苗高<29.94cm，地径<4.01mm。

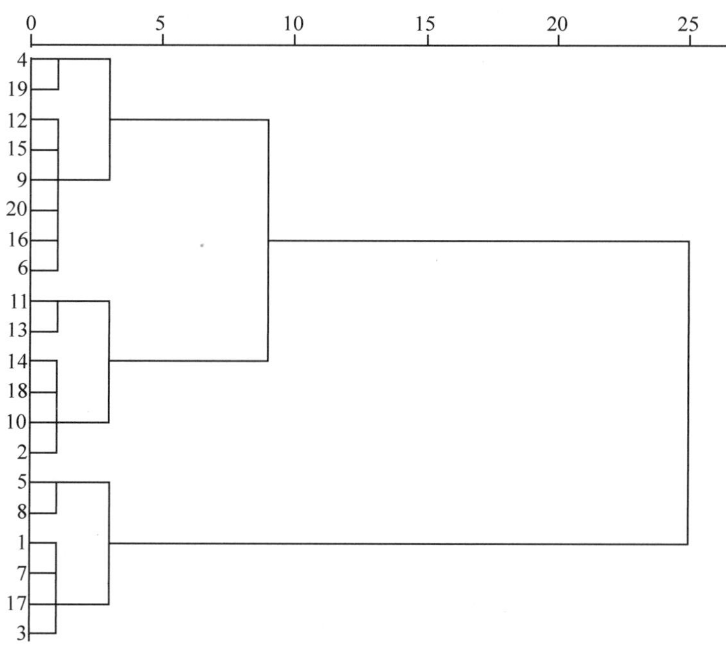

图 2-5　杉木容器苗系统聚类分析

三、结 论

形态因子苗高和地径是影响杉木容器苗质量的决定性指标，生物量因子地上干质量、地下干质量、整株干质量和根冠比则是影响苗木质量的次要指标，营养因子氮磷含量是影响苗木质量的辅助参考指标；以苗高和地径为苗木质量评价指标，通过聚类分析得到杉木容器苗 3 级分级标准，即Ⅰ级苗，苗高≥32.99cm，地径≥4.83mm；Ⅱ级苗，31.99cm≥苗高≥29.94cm，4.83mm≥地径≥4.01mm；Ⅲ级苗，苗高<29.94cm，地径<4.01mm。因此，在实际生产中进行杉木容器苗分级，还应依据苗木的生长势、病虫害、苗木的用途、造林的目标等情况综合确定苗木的分级标准，并且由于不同地区立地条件、水热条件不同，各地在制定杉木苗出圃标准时可依据这些情况另行研究标准，此分级标准仅供同行参考。

第五节　杉木集约化施肥技术研究与示范

我国亚热带杉木林地，多为地势陡峭、地形复杂、机械化操作困难的林地，人工施肥成本高是限制林地施肥工作开展的主要因素，特别是大型国有林场和企业，施肥过程中成本控制更是林地经营中的难点。基于 GIS 系统、测土配方施肥和施肥投资内部收益率，建立杉木立地施肥收益模型，将有效降低施肥成本，增加施肥增益。因此，将测土配方施肥技术与基于 GIS 的集约化施肥技术集成应用，确定科学施肥区以及满足杉木生长需求的肥料种类和施用量，将有效降低施肥成本，增加木材产量。

建立模型所需的数据采集于亚林中心山下实验林场，该林场现有杉木人工用材林面积

8572 亩，其中幼龄林、中龄林、近熟林、成熟林、过熟林面积分别占 15.49%、59.96%、11.97%、11.29%、1.28%。由于中幼龄林面积共 6468 亩，是杉木现有人工林的主体，且已有研究表明，对杉木中幼龄林施肥效应最为显著，因此本研究以山下实验林场中、幼龄林为研究对象，开展了杉木集约化施肥技术集成研究与应用，建立集约化施肥示范区，为区域杉木人工林施肥提供科学依据与示范。

一、研究方法

（一）研究区域概况及样地设置

试验地位于亚林中心（江西分宜）山下实验林场，地理位置 114°40′E、27°30′N，区域属罗霄山脉北端武功山支脉，海拔 250m，属亚热带季风湿润性气候，年平均气温 16.8℃，年日照时数 1650 小时，年降水量 1656mm，年蒸发量 1503mm，母岩类型为页岩，土壤类型为黄棕壤。杉木人工用材林造林立地指数 14~16，采用炼山整地方式，选用当地 1 年生优质苗造林。林分经营控制密度见表 2-21。

表 2-21　杉木速生丰产用材林栽培密度模型

立地地位指数	培育目标	造林密度（株/亩）	第 1 次间伐			第 2 次间伐		
			年　龄	强度（%）	保留密度（株/亩）	年　龄	强度（%）	保留密度（株/亩）
14	小径材	200	12	21	158	15	25	116
16	中径材	167	10	23	129	13	25	91

（二）林地集约化施肥模型的建立

1. 林地施肥收益模型

1）林地施肥收益模型结构

杉木人工林集约化施肥收益（P），由施肥后增加的木材收入（P_S）、肥料成本（P_A）和施肥劳务成本（P_B）三部分组成。计算公式如下：

$$P=P_S-P_A-P_B \tag{2-13}$$

（1）施肥后木材增产销售纯收入（P_S）：单位面积木材材积增量（△材积增量）与木材销售单价（P_X）与木材采运单价（P_C）之差的乘积。计算公式如下：

$$P_S=\triangle_{材积增量}\times(P_X-P_C) \tag{2-14}$$

（2）林地施肥肥料成本（P_A），为达到阶段目标产量时肥料需求量（T）与肥料市场单价 P_F 的乘积，本试验采用测土配方施肥方法进行林地施肥，肥料需求量（T）以斯坦福公式进行计算，公式如下：

$$P_A=T\times P_F \tag{2-15}$$

$$T=\frac{目标产量\times单位产量养分吸收量-土壤供肥量}{肥料中养分含量(\%)\times肥料利用率(\%)} \tag{2-16}$$

（3）林地施肥用工成本（P_B）模型，为某林地施肥作业时，单位面积人工运肥成本（L_T）、施肥用工（L_J）之和与用工单价（P_r）的乘积：

$$P_B=(L_T\times L_J)P_r \tag{2-17}$$

（4）施肥收益模型：

$$P=[\triangle_{材积增量}\times(P_X-P_C)]-(T\times P_F)-[(L_T\times L_J)P_r] \tag{2-18}$$

2）施肥所需肥料成本的确定

（1）目标产量养分吸收量计算。

①目标产量的确定。本研究参照吴晓芙等的研究方法确定杉木人工林中、幼龄林各龄期的目标产量的“地力差减法”确定大岗山区杉木 2 代人工林目标产量。其基本原理是杉木目标产量为一定时期内杉木林分优势木生长量减平均木生长量即林地立地生产力，再乘以 1/2 获得林地营养生产力（胡日利等，1993）。由于相关研究表明，杉木林地施肥效应高峰期在施肥后第 3 年。因此，本研究以同类立地条件下优势木与平均木 3 年生长量差的 1/2 作为该林分施肥后目标产量。

$$M_{优增i}=M_{优_i(a+3)}-M_{优a} \tag{2-19}$$

$$M_{平增i}=M_{平_i(a+3)}-M_{平ia} \tag{2-20}$$

$$\triangle_{增i}=1/2(M_{优增i}-M_{平增_i})\times I \tag{2-21}$$

$$M_{目标i}=M_{平增i}+1/2(M_{优增i}-M_{平增i})\times I \tag{2-22}$$

式中：i 为立地指数；a 为林龄（年）；$M_{优a+3}$ 为林地施肥处理后第 3 年时优势木单株生长量（kg/株）；$M_{优a}$ 为林地施肥处理时优势木单株生长量（kg/株）；$M_{优增}$ 为 3 年内杉木优势木生物量增量（kg）；$M_{平a+3}$ 为林地施肥处理后第 3 年时优势木单株生长量（kg/株）；$M_{平a}$ 为林地施肥处理时平均木单株生长量（kg/株）；$M_{平增}$ 为 3 年内杉木平均木生物量增量（kg）；$\triangle_{增}$ 为林地施肥目标产量（kg）；I 为林分密度（株/亩），其值见表 2-22。

②大岗山地区目标产量模型。

a. 杉木人工林单株径向生长规律。分别在山下林场 14 和 16 两种立地指数杉木人工林近熟林中设置样地，样地面积 20m×20m，取每种立地条件下优势木和平均木各 5～10 株，用生长锥在垂直等高线方向取杉木胸径处木芯，测量年轮宽度，建立径向生长与林龄回归方程，获得不同林龄杉木优势木与平均木的胸径。

b. 杉木单株生物量模型。依据林业行业标准《立木生物量模型及碳计量参数》（LY/T2264—2014）确定江西省杉木胸径与生物量方程，将不同林龄杉木优势木与平均木的胸径代入模型，确定 14 和 16 立地指数不同林龄杉木优势木与平均木总体、叶、枝、干、根和皮器官生物量。

杉木地上生物量与胸径一元模型：

$$\begin{cases} M_A=0.076370D^{2.40393}(D\geqslant 5\text{cm}) \\ M_A=0.212768D^{1.76730}(D<5\text{cm}) \end{cases} \tag{2-23}$$

式中：M_A 为地上生物量的估计值（kg）；D 为树高胸径（cm）。

杉木分项生物量模型：

$$\begin{cases} M_1=M_A/(1+g_1+g_2+g_3) \\ M_2=M_A\times g_1/(1+g_1+g_2+g_3) \\ M_3=M_A\times g_2/(1+g_1+g_2+g_3) \\ M_4=M_A\times g_3/(1+g_1+g_2+g_3) \end{cases} \tag{2-24}$$

式中：M_1、M_2、M_3、M_4 分别为树干、树皮、枝叶、树叶的生物量(kg)；M_A 地上生物量的估计值；g_1、g_2、g_3 分别为树皮、树枝、树叶相对于木材生物量为 1 的比例函数；一元模型：$g_1=0.33401D^{-0.22230}$、$g_2=0.55008D^{-0.22499}$、$g_3=1.99726D^{-0.86167}$。

杉木地下生物量模型：

$$\begin{cases} M_B=0.008857D^{2.58617}(D\geq 5\mathrm{cm}) \\ M_B=0.032324D^{1.78179}(D<5\mathrm{cm}) \end{cases} \tag{2-25}$$

式中：M_B 为地下生物量的估计值(kg)；D 为树高胸径(cm)。

③ 单位面积目标产量养分(氮、磷和钾)需求量。本研究参考《中国人工林及其育林技术体系》中杉木人工林不同林龄各器官中 3 种大量元素氮、磷和钾元素的单位产量养分含量作为本研究杉木各器官单位产量养分吸收量(盛炜彤，2014)，见表 2-22。

表 2-22　杉木人工林不同林龄各器官养分含量

林　龄	营养元素	养分含量(g/kg)					
		叶	枝	干	皮	根	平　均
幼龄林	氮	8.44	3.22	1.36	2.45	2.65	3.62
	磷	2.40	1.89	0.59	1.58	1.03	1.50
	钾	9.62	8.34	1.74	6.39	5.66	6.35
中龄林	氮	12.08	5.42	1.40	3.71	4.49	5.42
	磷	2.80	1.81	0.27	1.19	1.13	1.44
	钾	9.17	7.36	1.43	6.20	6.52	6.14

目标产量养分吸收量(R)的计算方法为杉木单株各器官生物量目标产量($M_{目标}$)与单位质量器官氮、磷、钾养分含量(S)的乘积之和。

$$R=M_{目标}\times S \tag{2-26}$$

$$R_{Ni}=M_{目标i}\times S_{Ni}=M_{目标叶i}\times S_{N叶i}+M_{目标枝i}\times S_{N枝i}+M_{目标干i}\times S_{N干i}+M_{目标皮i}\times S_{N皮i}+M_{目标根i}\times S_{N根i} \tag{2-27}$$

$$R_{Pi}=M_{目标i}\times S_{Pi}=M_{目标叶i}\times S_{P叶i}+M_{目标枝i}\times S_{P枝i}+M_{目标干i}\times S_{P干i}+M_{目标皮i}\times S_{P皮i}+M_{目标根i}\times S_{P根i} \tag{2-28}$$

$$R_{Ki}=M_{目标i}\times S_{Ki}=M_{目标叶i}\times S_{K叶i}+M_{目标枝i}\times S_{K枝i}+M_{目标干i}\times S_{K干i}+M_{目标皮i}\times S_{K皮i}+M_{目标根i}\times S_{K根i} \tag{2-29}$$

式中：i 为立地指数；R_N 为达到目标产量时氮肥需求量(g)；R_P 为达到目标产量时磷肥需求量(g)；R_K 为达到目标产量时钾肥需求量(g)；S_N、S_P 和 S_K 分别为单位面积目标生物量下各器官生物量，即氮、磷和钾元素吸收总量(g)。

(4)大岗山杉木 2 代人工林土壤供肥量。孙启武(2003)对山下林场杉木 2 代人工林不同立地指数土壤养分含量进行了测定，本研究以此作为试验地点养分含量值，具体见表 2-23。

表 2-23　杉木 2 代人工林土壤氮、磷、钾元素养分含量测定值

土壤养分指标	幼龄林		中龄林	
	14	16	14	16
水解氮(mg/kg)	67.610	79.778	58.093	79.413
有效磷(mg/kg)	2.363	1.422	1.456	1.398
速效钾(mg/kg)	3.300	3.505	4.415	4.425

土壤供肥量的计算公式为：

$$土壤供肥量(M_{供})(mg/kg)=土壤养分测定值(C)\times 0.15\times 校正系数 \tag{2-30}$$

其中，由于我国杉木人工林尚未建立土壤养分校正系数值。因此，本研究参考土壤氮、磷、钾速效养分的校正系数以陈小虎等(2015)建立的湖南省土壤有效养分校正系数均值作为校正系数值，分别为 38.25%、161.55%和 68.3%。

(5)肥料养分含量、利用率与肥料价格。本研究以尿素、过磷酸钙和氯化钾作为施肥的氮磷钾养分来源，氮肥为尿素(含氮 46%)，磷肥为过磷酸钙(含磷 12%)，钾肥为氯化钾(含钾 62%)。以当地尿素、氯化钾和过磷酸钙市场价计算肥料价格，其中尿素 1670 元/t，氯化钾 1920 元/t，过磷酸钙 1050 元/t。本研究参考王伯仁等(2008)南方红壤区平衡施肥条件下氮、磷和钾的利用率，以其作为施肥后土壤肥料养分利用率，氮的利用率为 33.5%，磷的利用率为 29.5%，钾的利用率为 96.3%。

(6)肥料成本。计算公式如下：

$$P_{A=}F\times P_F \tag{2-31}$$

$$F_{总\,i}=F_{Ni}+F_{Pi}+F_{Ki} \tag{2-32}$$

3)林地施肥材积增长量与收益模型

根据林业行业标准《立木生物量模型及碳计量参数》(LY/T 2264—2014)中江西省杉木胸径与材积模型，确定 14 和 16 立地指数杉木优势木与平均木立木材积和各组分生物量，包括叶、枝、干、根和皮。

$$\begin{cases} V=0.092257D^{2.60314}(D\geqslant 5cm) \\ V=0.209962D^{2.09813}(D<5cm) \end{cases} \tag{2-33}$$

根据当地木材价格 1150 元/m^3，木材采运成本 230 元/m^3。则 P_{S14} = △材积$_{14}$×920 元/m^3；P_{S16} = △材积$_{16}$×920 元/m^3。

2. 林地施肥人工成本模型

林地施肥成本主要由两部构成，一部分是林地施肥用工，另一部分是向林地运输肥料的用工，包括运肥上山和无肥下山时间所需成本。

(1)不同坡度林地施肥与用工成本间的回归模型。分别选择平坦(<5°)、缓坡(5°~15°)、斜坡(16°~25°)、陡坡(26°~35°)、急坡(36°~40°)条件下的杉木林内设置 20m×30m 的样地，重复 3 次，共计 15 个样地，对每个样地进行林地施肥，施肥时均匀打穴 150 个，每穴施肥 0.5kg 复合肥，施肥量每样地 50kg，建立施肥时间与用工成本的回归公式。

(2)不同坡度与坡长运肥与用工间的回归模型。分别选择在平坦(<5°)、缓坡(5°~15°)、斜坡(16°~25°)、陡坡(26°~35°)、急坡(36°~40°)条件下的路线，开展上山运肥

和下山用时实际测定，样线长度 50~200m，重复 3~5 次，运肥时负重肥料 50kg/人，记录运肥所需的时间，以秒为单位进行记录。

(3)坡长的计算方法。本研究分别取中坡位和下坡位山坡中心线作为 14、16 立地指数该小班单元内的运肥平均距离(图 2-6)。坡长(L)的计算方法：①下坡位坡长(L_{16})$=\frac{\sin\alpha}{6(H-h)}$，②中坡位坡长($L_{14}$)= 为$\frac{\sin\alpha}{2(H-h)}$。

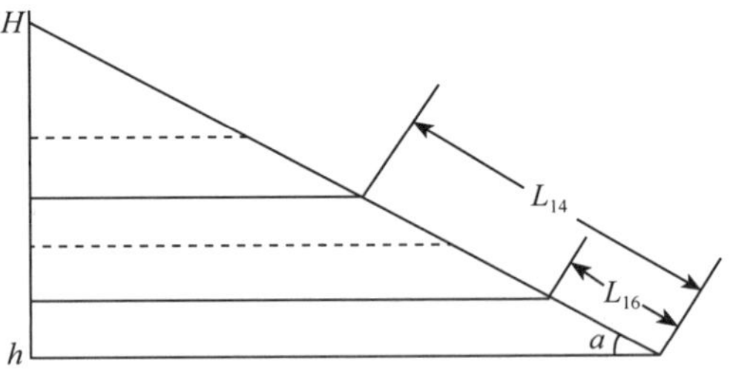

图 2-6　坡长的计算模型

3. 基于 GIS 的集约化施肥模型的建立

将收集、调查的山下林场地形图、林相图、林区路网、小班信息图，杉木经营小班的资源面积、蓄积量、林龄、立地指数等信息资料进行矢量化，运用 GIS 软件进行数据整合、建库，以 20m×30m 为基本单元，进行分类，计算每个单元的施肥成本和运肥成本，将上述各类施肥成本、运肥成本、肥料成本收益模型、各单元肥料需求量、肥料价格和施肥收益模型导入数据库，建立总体和不同区域的木材增益、毛收入、纯收入和内部收益率模型。

(三) 集约化施肥模型的验证与示范区的建立

建模之后对基于 GIS 的集约化施肥模型的效果进行检验，2015 年在亚林中心山下林场张家坊平缓山坡地 14、16 立地指数新造林地，设置测土配方施肥模型检验样地，以不施肥为对照，每个处理重复 3 次，施肥量 14 立方指数林地尿素 29. 30g/株，过磷酸钙 75. 36g/株，氯化钾 41. 17g/株；16 立地条件林地尿素 59. 65g/株，过磷酸钙 179. 33g/株，氯化钾 83. 46g/株。

(四)施肥方法

依林木施肥模型，计算试验区逐株杉木的施肥量。施肥时，在离幼树 25~35cm 处挖半月形沟，中龄林在离树基部 45~50cm 处挖半月形沟，将肥料逐株撒入沟内，并用表土覆盖。每年于 4~5 月施肥。测定各试验小区各固定株的胸径、树高生长情况。

二、结果与分析

(一) 杉木单株径向生长与林龄的回归方程

对 14~16 立地指数杉木林分，优势木与平均木单株径向连年生长量与林龄分别建立回归方程，从图 2-7 可以看出，拟合方程的 R^2 值在 0. 8583~0. 9232，表现出良好的拟合度，可以依次确定模型中、幼龄林杉木优势木与平均木单株径向生长量。

(二)单位面积林地施肥收益(毛收入)模型

不同立地指数施肥后木材材积增加量如下：

$\triangle_{材积14}=(-4E-05x^2+0.0009x+0.0007)\times I$；$R^2=0.9316$

$\triangle_{材积16}=(9E-06x^3-0.0004x^2+0.0046x-3E-05)\times I$；$R^2=0.9971$

施肥后毛收入模型为：

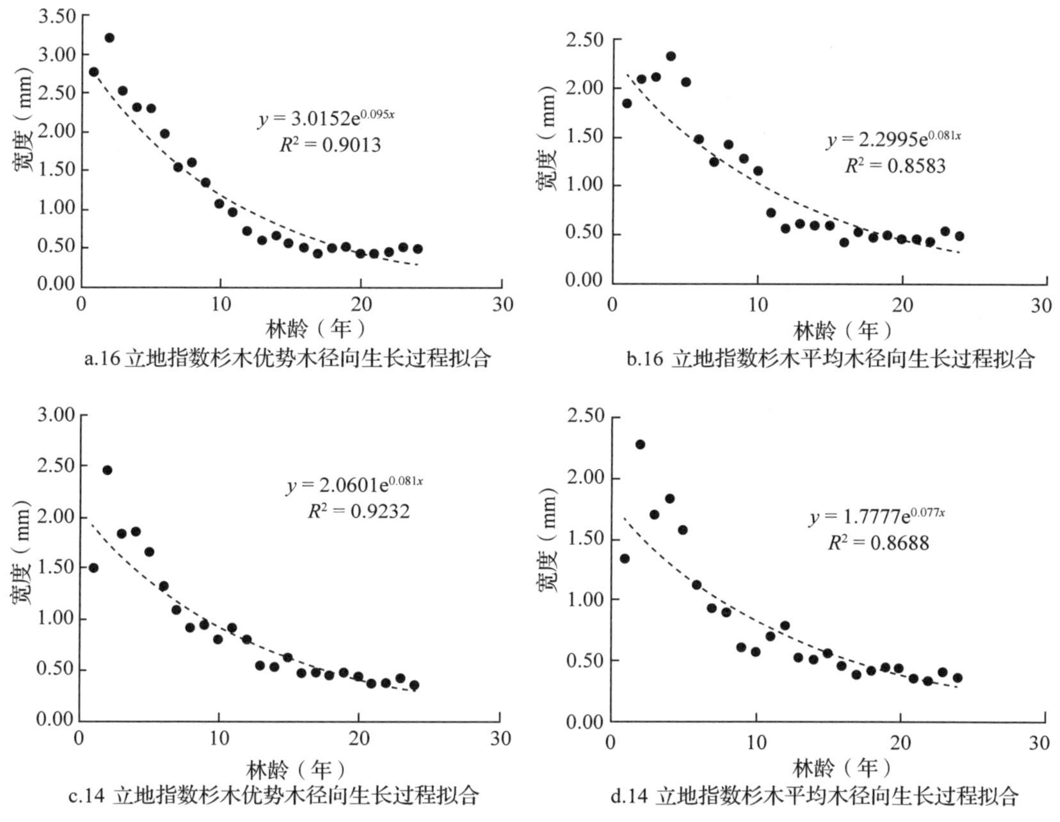

a.16 立地指数杉木优势木径向生长过程拟合　　b.16 立地指数杉木平均木径向生长过程拟合

c.14 立地指数杉木优势木径向生长过程拟合　　d.14 立地指数杉木平均木径向生长过程拟合

图 2-7　不同立地指数杉木人工林径向生长过程

$P_{S14}=(-4E-05x^2+0.0009x+0.0007)\times I\times(P_{销售}-P_{采运})$

$P_{S16}=(9E-06x^3-0.0004x^2+0.0046x-3E-05)\times I\times(P_{销售}-P_{采运})$

即：$P_{S14}=(-4E-05x^2+0.0009x+0.0007)\times I\times920$

$P_{S16}=(9E-06x^3-0.0004x^2+0.0046x-3E-05)\times I\times920$

式中：x 为林龄；$\triangle_{材积12}$、$\triangle_{材积14}$和$\triangle_{材积16}$为单位面积林地施肥后的材积增加值（m^3/亩）；P_{S12}、P_{S14}和P_{S16}分别为木材销售单价（元/ m^3）和采运单价（元/m^3）；$P_{销售}$为单位面积木材销售单价（元/m^3）；$P_{采运}$为单位面积木材采运单价（元/m^3）；I 为林分密度（株/亩）。

（三）单位面积林地施肥量与成本模型

1. 目标产量（生物量）模型

（1）14 立地目标生物量公式。

$M_{优增14}=M_{优(14x+3)}-M_{优14x}=-0.0002x^2+0.0058x+0.0047$；$R^2=0.9478$

$M_{平增14}=M_{平(14x+3)}-M_{平14x}=-0.0002x^2+0.0042x+0.0026$；$R^2=0.9624$

$\triangle_{增14}=1/2(M_{优增14}-M_{平增14})\times I=(0.0008x+0.00105)\times I$

$M_{目标14}=[M_{平增}+1/2(M_{优增}-M_{平增})]\times I=(-0.0002x^2+0.005x+0.00365)\times I$

（2）16 立地目标生物量公式。

$M_{优增16}=M_{优16(x+3)}-M_{优16x}=-0.0004x^2+0.0107x+0.0191$；$R^2=0.8802$

$M_{平增16}=M_{平16(x+3)}-M_{平16x}=y=-0.0003x^2+0.0075x+0.0063$；$R^2=0.9471$

$\triangle_{增16}=1/2(M_{优增16}-M_{平增16})\times I=(-0.00005x^2+0.0016x+0.0064)\times I$

$M_{目标16}=[M_{平增16}+1/2(M_{优增16}-M_{平增16})]\times I=(-0.00035x^2+0.0091x+0.0127)\times I$

式中：i 为立地指数；x 为林龄；$M_{优(x+3)}$ 为林地优势木第 $x+3$ 年单株预期生物量(kg/株)；$M_{优}$ 为当前优势木单株生长量(kg/株)；$M_{优增}$ 为 3 年内杉木优势木生物量增量(kg/株)；$M_{平(x+3)}$ 为林分第 $X+3$ 年时平均木单株生长量(kg)；$M_{平x}$ 为当前平均木单株生长量(kg)；$M_{平增}$ 为 3 年内杉木平均木的生物量增量(kg)；$\triangle_{增}$ 为林地施肥目标产量(kg)；I 为林分密度(株/亩)。

2. 目标产量(生物量)养分吸收量模型

依据公式计算出不同林龄杉木的养分(氮、磷、钾)需求量，建立养分吸收量与林龄的回归方程。

(1)14 立地指数达到目标生物量所需养分模型。

$Y_{目标N14}=(-0.005x^3-0.0512x^2+4.9449x+9.2076)\times I/1000$；$R^2=0.8917$

$Y_{目标P14}=(0.0046x^3-0.2428x^2+3.6395x+0.5954)\times I/1000$；$R^2=0.9948$

$Y_{目标K14}=(0.0205x^3-1.1125x^2+16.713x+2.8056)\times I/1000$；$R^2=0.9971$

(2)16 立地指数达到目标生物量所需养分模型。

$Y_{目标N16}=(0.0084x^3-0.3978x^2+4.6818x+4.3257)\times I/1000$；$R^2=0.9755$

$Y_{目标P16}=(0.0049x^3-0.2033x^2+2.0749x+2.1777)\times I/1000$ ；$R^2=0.9484$

$Y_{目标K16}=(0.0109x^3-0.5169x^2+6.0593x+7.0821)\times I/1000$；$R^2=0.9672$

式中：$Y_{目标si}$ 为单株目标某立地条件下的某元素养分吸收量(kg/亩)；x 为林龄(年)；I 为林分密度(株/亩)。

3. 单位面积肥料需求量与成本

(1)14 立地指数，单位面积林地施肥量与价成本。

$F_{14尿素}=(Y_{目标N14}-M_{14N})/(46\%\times33.5\%)\times1.67$

当 $0\leq x<10$ 时，$M_{14N}=C_1\times C_{4N}0.15\times J_{14N}=3.8791$kg/亩，$10\leq x\leq20$ 时；$M_{14N}=3.3331$ kg/亩。

$F_{14过磷酸钙}=(Y_{目标P14}-M_{14P})/(14\%\times69.5\%)\times1.05$

当 $0\leq x<10$ 时，$M_{14P}=C_{14P}\times0.15\times J_{14P}=0.5726$kg/亩，$10\leq x\leq20$ 时；$M_{14P}=0.3528$ kg/亩。

$F_{14氯化钾}=(Y_{目标K14}-M_{14K})/(62\%\times38\%)\times1.92$

当 $0\leq x<10$ 时，$M_{14K}=C_{14K}\times0.15\times J_{14K}=0.3381$kg/亩，$10\leq x\leq20$ 时；$M_{14K}=0.4523$ kg/亩。

$P_{x14}=10.84[10^{-3}I(-0.005x^3-0.0512x^2+4.9449x+9.2076)-M_{14N}]+12.59[10^{-3}I(0.0046x^3-0.2428x^2+3.6395x+0.5954)-M_{14P}]+8.15[10^{-3}I(0.0205x^3-1.1125x^2+16.713x+2.8056)-M_{14K}]$

式中：P_{x14} 为 14 立地指数时，单位面积林分开展测土配方施肥时的肥料成本(元/亩)；I 为林分密度(株/亩)；$F_{14尿素}$、$F_{14过磷酸钙}$ 和 $F_{14氯化钾}$ 分别为尿素、过磷酸钙和氯化钾的单位面积施肥量(kg/亩)；M_{14N}、M_{14P} 和 M_{14K} 分别为 14 立地指数杉木林地供氮、磷、钾

量(kg/亩)。

(2)16立地指数，单位面积林地施肥量与成本。

$F_{16尿素}=(Y_{目标N16}-M_{16N})/(46\%\times33.5\%)\times1.67$

当$0\leq x<10$时，$M_{16N}=C_{16N}\times0.15\times J_{16N}=4.5773$ kg/亩；$10\leq x\leq20$时，$M_{16N}=4.5563$ kg/亩。

$F_{16过磷酸钙}=(Y_{目标P16}-M_{16P})/(16\%\times69.5\%)\times1.05$

当$0\leq x<10$时，$M_{16P}=C_{16P}\times0.15\times J_{16P}=0.3446$ kg/亩；$10\leq x\leq20$时，$M_{16P}=0.3388$ kg/亩。

$F_{16氯化钾}=(Y_{目标K16}-M_{16K})/(62\%\times38\%)\times1.92$

当$0\leq x<10$时，$M_{16K}=C_{16K}\times0.15\times J_{16K}=0.3591$ kg/亩；$10\leq x\leq20$时，$M_{16K}=0.4533$ kg/亩。

$P_{x16}=10.84[10^{-3}I(0.0084x^3-0.3978x^2+4.6818x+4.3257)-M_{16N}]+12.59[10^{-3}I(0.0049x^3-0.2033x^2+2.0749x+2.1777)-M_{16P}]+8.15[10^{-3}I(0.0109x^3-0.5169x^2+6.0593x+7.0821)-M_{16K}]$

式中：P_{x16}为16立地指数时，单位面积林分开展测土配方施肥时的肥料成本(元/亩)；I为林分密度(株/亩)；$F_{16尿素}$、$F_{16过磷酸钙}$和$F_{16氯化钾}$分别为尿素、过磷酸钙和氯化钾的单位面积施肥量(kg/亩)；M_{16N}、M_{16P}和M_{16K}分别为16立地指数杉木林地供氮、磷、钾量(kg/亩)。

(四)杉木林地施肥用工成本模型

1. 单位面积施肥成本与林地坡度的关系

$$y_1=0.6232a+22.757;\ R^2=0.8643$$

式中：a为坡度(°)；y_1为成本(元/600m²)(图2-8)。

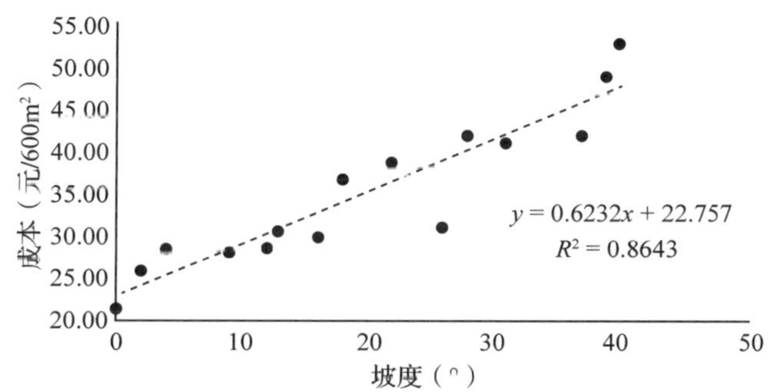

图2-8 单位面积施肥成本与林地坡度的关系

2. 林地运输肥料与坡度的关系

(1)无肥下山单位距离成本与林路坡度的关系。

$$y_2=-0.075\ln(a)+0.3375;\ R^2=0.9229$$

式中：a为坡度；y_2为运肥成本(km/元)(图2-9)。

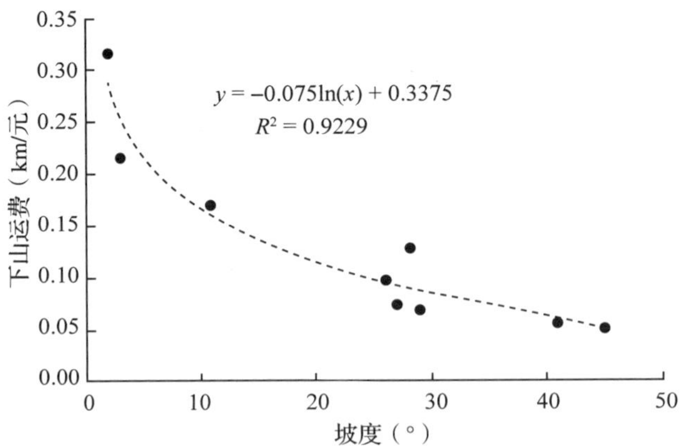

图 2-9　无肥下山单位距离成本与林路坡度的关系

(2)运肥上山单位距离成本与林路坡度的关系。

$$y_3 = 0.0008a + 0.1292;\ R^2 = 0.9672$$

式中：a 为坡度，$0<a<40°$；y_3 为运肥上山成本(km/元)(图 2-10)。

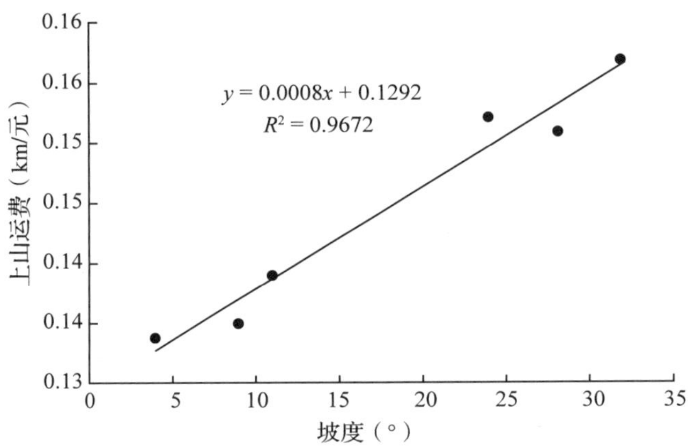

图 2-10　运肥上山单位距离成本与林路坡度的关系

(3)林地施肥用工成本模型的计算。将林地运肥成本、施肥成本相加即为林地施肥用工成本，公式为：

$P_B = y_1 + y_2 + y_3 = (0.6232\ a + 22.757)/600 \times S + L/[-0.075\ \ln(a) + 0.0008a + 0.4667]/1000$

式中：a 为坡度，$0<a<40°$；P_B 为林地施肥总成本；S 为小班的实际面积(m^2)；L 为坡长(km)。

(五)集约化施肥模型的建立

对林地施肥增益、肥料成本和施肥成本模型进行整合，获得集约化施肥模型，具体方程式如下。

$P_{14} = P_{S14} - P_{A14} - P_{B14} = [(P_{销售} - P_{成本}) \times I \times (0.000002x^3 - 0.0001x^2 + 0.0015x - 0.0004)] - \{10.84[0.001I(-0.005x^3 - 0.0512x^2 + 4.9449x + 9.2076) - C_{14N} \times 0.15 \times J_N] + 12.59[10^{-3}I$

$(0.0046x^3-0.2428x^2+3.6395x+0.5954)-C_{14P}\times 0.15\times J_P]+8.15[10^{-3}I(0.0205x^3-1.1125x^2+16.713x+2.8056)-C_{14K}\times 0.15\times J_K]\}-\{(0.6232a+22.757)/600\times S+L/[-0.075\ln(a)+0.0008a+0.4667]/1000\}$

$P_{16}=P_{S16}-P_{A16}-P_{B16}=[(P_{销售}-P_{成本})\times I\times(0.000008x^3-0.0004x^2+0.0043x+0.0004)]-\{10.84[0.001I(0.0084x^3-0.3978x^2+4.6818x+4.3257)-C_{16N}\times 0.15\times J_N]+12.59[10^{-3}I(0.0049x^3-0.2033x^2+2.0749x+2.1777)-C_{16P}\times 0.15\times J_P]+8.15[10^{-3}I(0.0109x^3-0.5169x^2+6.0593x+7.0821)-C_{16K}\times 0.15\times J_K]\}-\{(0.6232a+22.757)/600\times S+L/[-0.075\ln(a)+0.0008a+0.4667]/1000\}$

式中：P_{14}、P_{16} 为未知数，其余参数为已知数。P_{14}、P_{16} 分别为 14 和 16 立地指数施肥收益(元/亩)；x 为林龄，$0<x\leqslant 20$；I 为林分密度；a 为林地坡度，$0<a<40°$；C_{14N} 和 C_{16N} 为 14 和 16 立地指数氮元素土壤养分实际测定值(mg/kg)；C_{14P} 和 C_{16P} 为 14 和 16 立地指数磷元素土壤养分实际测定值(mg/kg)；C_{14K} 和 C_{16K} 为 14 和 16 立地指数钾元素土壤养分实际测定值(mg/kg)；J_N 为土壤氮养分矫正系数；J_P 为土壤磷养分矫正系数；J_K 为土壤钾养分矫正系数；L 为林路到施肥地点的距离(km)；$P_{销售}$ 为单位体积木材销售价格(元/m^3)；$P_{成本}$ 为单位体积木材销售价格(元/m^3)；S 为小班的实际面积(m^2)。

(六) 基于 GIS 的山下林场集约化施肥模型效果

对亚林中心山下林场杉木 2 代人工林开展集约化施肥投入、产出和内部收益率(表 2-24、图 2-11)。从中可以看出，对不同区域施肥，可获得的效益差异很大，内部收益率的变动幅度在-3.31%～52.28%。与传统不施肥经营方式相比，如果对所有林地开展配方施肥，需要施肥总面积为 325.90 hm^2，获得木材增量为 5362.38m^3，3 年内可增收 425.29 万元，单位面积年均增收 0.43 万元，其内部收益率比不施肥提高了 17.30%。若对内部收益率大于 15%的高收益率区域进行施肥，可施肥林地面积为 181.59hm^2，增加木材产量 2804.38m^3，纯增收 214.22 万元，单位面积增收 0.39 万元，内部收益率比不施肥提高了 22.97%。虽然，在大于 15%的区域开展测土施肥，经济收入和单位面积产出低于全面施肥，但从经营高收益目标来看，优先在这些区域施肥。

表 2-24　基于 GIS 的杉木 2 代人工林测土配方施肥木材产出、增收和内部收益率评估

施肥区域	施肥面积(hm^2)	木材增量(m^3)	肥料费(万元)	施肥劳务费(万元)	总投入(万元)	总产出(万元)	纯增收(万元)	单位面积增收[万元/(hm^2·年)]	内部收益率(%)
全　施	325.90	5362.38	96.85	20.57	117.41	542.7	425.29	0.43	17.30
内部收益率>15%区域	181.59	2804.38	54.08	11.37	65.39	279.67	214.22	0.39	22.97

(七) 集约化施肥模型的检验与示范区的建立

施肥 3 年后，分别从各样地杉木中选择 8～10 株植株进行调查，调查结果见表 2-25。从表 2-25 可以看出，测土配方施肥实际增长量分别为 5.04cm 和 7.49cm，仅比理论值高 0.16cm 和 0.34cm。说明实测值与模型基本保持一致。同时可以看出，14、16 立地指数测土配方施肥区比对照区胸径增长量分别提高了 1.22 倍和 1.35 倍，说明测土配方施肥对促进杉木生长的效果显著。在此基础上建立了示范区 30 亩。

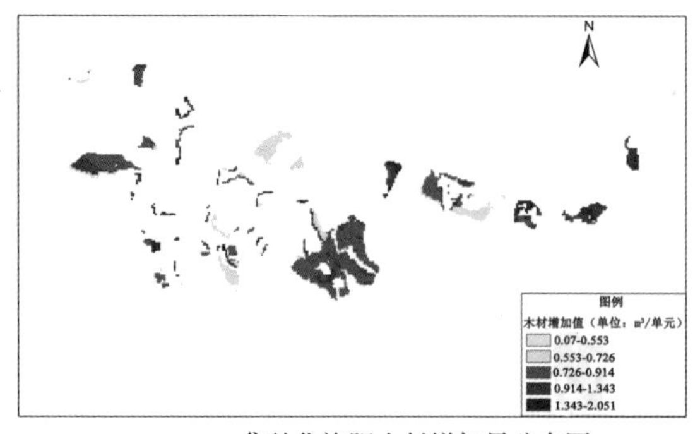

a. 集约化施肥木材增加量分布图

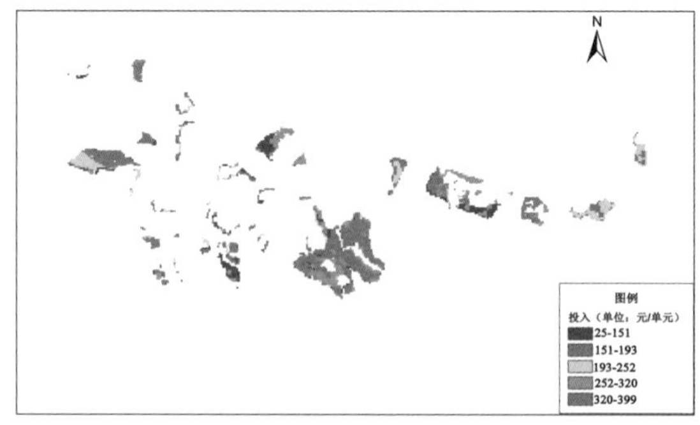

b. 集约化施肥成本投入分布图

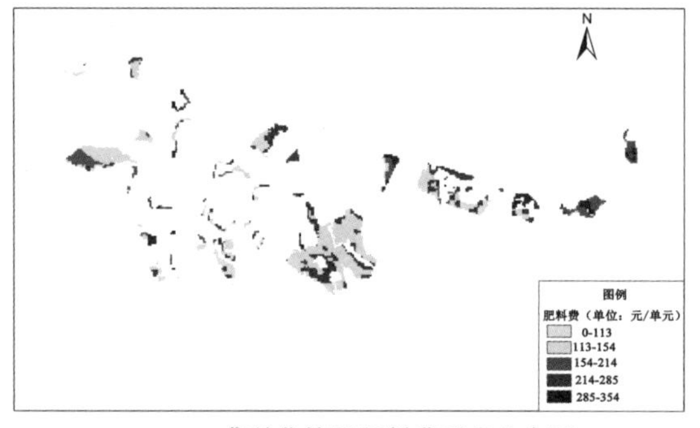

c. 集约化施肥肥料费需求分布图

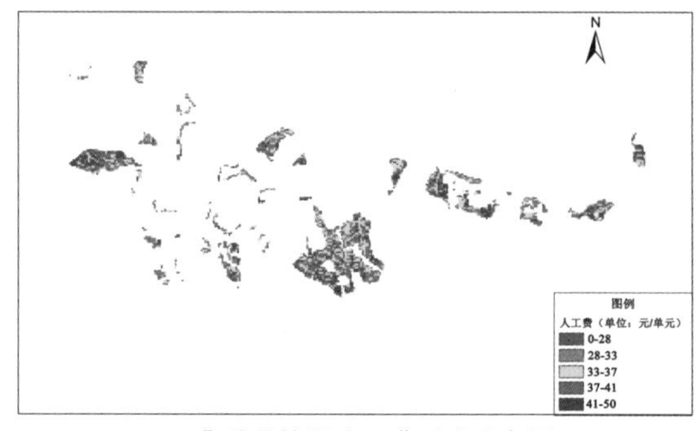

d. 集约化施肥人工费需求分布图

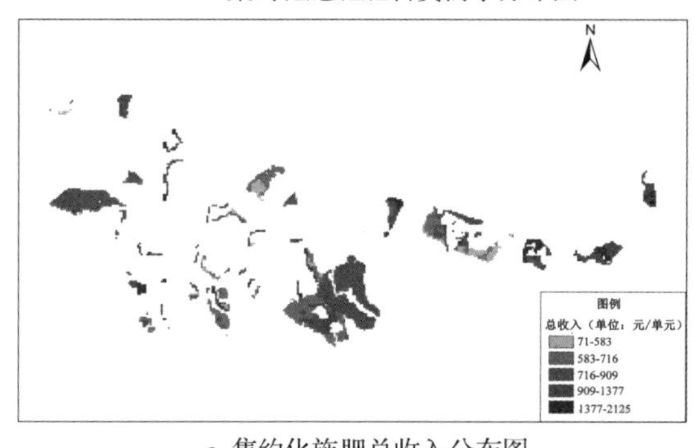

e. 集约化施肥总收入分布图

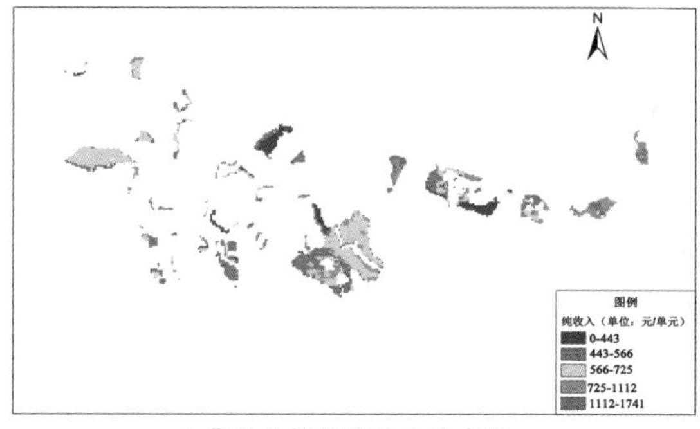

f. 集约化施肥纯收入分布图

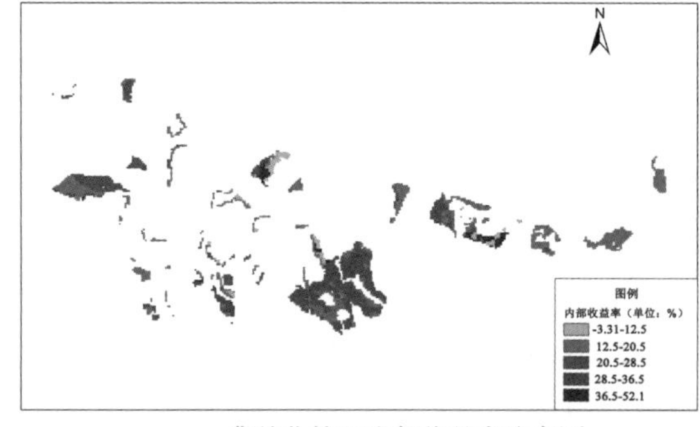

g. 集约化施肥内部收益率分布图

h. 集约化施肥内部收益率大于15%的区域分布图

图 2-11　基于 GIS 的杉木人工林集约化施肥投入、产出效益分布图

表 2-25　杉木幼龄林配方施肥 3 年后的胸径生长量　(cm)

立地指数	理论生长量	集约化施肥区	对照区
14	4. 88	5. 04	3. 99
16	7. 15	7. 49	5. 29

三、结 论

本研究建立了基于 GIS 和测土配方施肥技术，以小班因子立地因子(坡度、破向、高差、立地指数)土壤氮磷钾养分值、林龄为自变量，以林地收益指标为因变量的大岗山杉木 2 代人工林集约化施肥模型，施肥平均内部收益率 22. 98%，对内部收益率大于 15%区域(2723. 8 亩)进行施肥，总投入 65. 39 万元，3 年内可增加 2804. 38m^3 的木材收入，纯收入 214. 22 万元的，每亩增加纯收入 786. 40 元，投入产出比 1∶4. 28。14、16 立地指数集约化施肥区胸径为 5. 04cm 和 7. 49cm，分别比对照区胸径增长量分别提高了 1. 22 倍和 1. 35 倍，建立了示范区 30 亩。

第六节　大型机械带状整地杉木优良无性系生长的影响

整地是我国南方丘陵区杉木人工造林的第一道工序，整地的方式与质量对杉木早期生长和幼林抚育具有重要影响。传统上，炼山整地是杉木主要的造林整地方式，但炼山会引起水土流失，同时又增加林火隐患。近年来，我国推行采用带状堆积采伐剩余物等非炼山造林整地方式，有效保存了土壤养分，但随着人工成本的增加，造林地清理和造林后抚育工作量、工作强度的大幅增加，甚至出现“用工荒”问题。利用大型挖掘机机械带状整地不仅可以促进杉木幼林早期生长，而且可以显著降低营林劳动强度和成本，目前该技术在南方杉木生产中正逐步应用。然而大型机械整地对杉木生长的影响研究和相应的良种选择等配套技术尚缺少理论依据。因此，本研究对机械整地与普通整地后杉木生长情况、不同整地部位上杉木生长表现和主要良种在机械整地后的林地生长情况进行了比较分析，为杉木大型机械整地提供指导。

一、材料与方法

(一) 试验区域概况

试验地位于亚林中心(江西分宜)山下林场，地理位置 114°61′51. 92″E、27°70′89. 88″N，区域属罗霄山脉北端武功山支脉，海拔 150m ，属亚热带季风湿润性气候，年平均气温 16. 8℃，年日照时数 1650 小时，年降水量 1656mm，年蒸发量 1503mm，母岩类型为页岩，土壤类型为黄棕壤，前茬植被为杉木 1 代人工林。

(二) 试验设计与调查

试验于 2015 年 1 月造林。采用大型挖掘机机械带状整地，带宽 4m ，保留坡面 4~5m (图 2-12)。试验采用随机区组设计，共设安福红心杉、洋 060 和洋 021 三个杉木良种机械整地造林，以不炼山整地栽植安福红心杉作为对照。每个处理 3 次重复，12 个样地，样地面积 400m^2(20m×20m)。

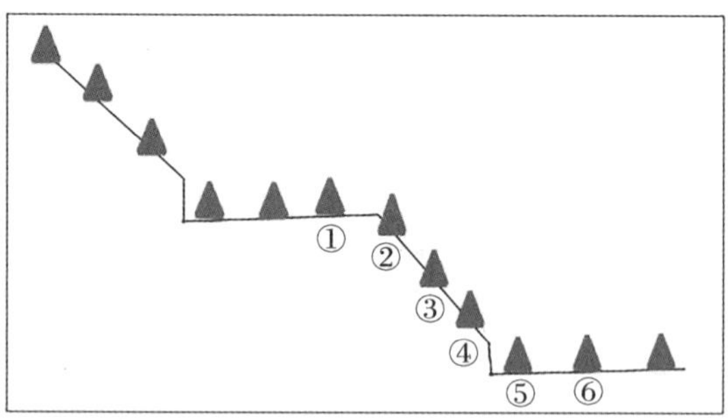

图 2-12　机械造林整地示意图

注：①~⑥分别代表台外、坡上、坡中、坡下、台内和台中立地类型。

造林时机械整地区域采用边打穴边栽植的方式进行造林，株行距 1.5m×1.5m，2016 年 4 月每株追施复合肥 0.1kg。对照参照《杉木速生丰产用材林》(LY/T 1384—2007)林业行业标准进行造林与管护。主要技术措施：不炼山整地，初植株行距 2.0m×2.0m，打穴规格 30cm×30cm×40cm，块状抚育尽量保留植被，不施肥。造林选用生长一致的 1 年生苗木进行造林，苗高 40cm，地径 0.2cm，造林时蘸生根粉泥浆。

(三)数据调查

造林后对样地植株每木挂牌标记，于 2015 年 12 月调查保存率，2016 年 12 月每木调查苗高、地径、冠幅和生物量。林木胸径用胸径尺调查，精确到 0.01cm；树高采用测高杆测量，精确到 0.1m；冠幅用皮尺测量水平和垂直等高线 2 个方向的长度分别作为椭圆的长半轴和短半轴，用椭圆形面积公式计算椭圆形面积，精确到 0.01m^2。

(四) 数据分析处理

用 Excel 软件进行基础数据的整理、统计，运用 SPSS 软件进行方差分析和多重比较、相关分析等统计分析。

二、结果与分析

(一)不同整地方式对杉木早期生长的影响

从表 2-26 可以看出，机械整地条件下杉木幼林的地径、树高、冠幅和生物量分别是对照(CK)的 1.78 倍、1.44 倍、1.83 倍和 2.15 倍。方差分析表明机械整地的幼林生长显著高于普通整地方式。说明机械整地丰产造林模式有利于幼林生长。

表 2-26　不同处理幼林生长特征比较

处　理	地径(cm)	树高(m)	冠幅(m^2)	生物量(kg)			
				总	枝　叶	干	根
CK	2.30± 0.10 b	1.42 ±0.44b	0.82 ±0.47 b	0.62±0.20b	0.28±0.09b	0.27±0.08b	0.07±0.03b
机械整地	4.12 ±0.15 a	2.04 ±0.57a	1.50 ±0.70 a	1.33±0.48a	0.60±0.22a	0.56±0.19a	0.16±0.06a

(二)不同整地部位对杉木幼林生长和生物量的影响

从表 2-27、表 2-28 可以看出，机械整地后不同立地部位对杉木幼林地径、苗高、平均冠径、冠幅面积和生物量的生长差异显著。台外立地生长表现最优，台中、坡上立地次之，而坡上和台外的生长指标最优，而台内、坡中和坡下的生长表现较差。说明杉木适宜定植在台外、台中和坡上立地上。

表 2-27 不同部位机械整地对杉木生长的影响

序号	立地类型	地径(cm)	树高(m)	平均冠径(m)	冠幅面积(m^2)
1	台外	4.53±0.80a	2.50±0.412a	0.74±0.10a	1.74±0.46a
2	坡上	3.93±0.71a	1.99±0.34c	0.67±0.12b	1.44±0.53b
3	坡中	2.96±0.96b	1.85±0.54cd	0.57±0.14c	1.06±0.48c
4	坡下	2.48±1.18b	1.45±0.54d	0.50±0.18d	0.86±0.54d
5	台内	3.15±1.09b	1.95±0.60c	0.57±0.14c	1.07±0.53c
6	台中	4.01±1.09a	2.23±0.54b	0.67±0.12b	1.45±0.48b
平均		3.59±1.18**	2.03±0.59**	0.63±0.15**	1.30±0.58**

表 2-28 机械整地苗木生物量状况比较

序号	立地类型	总生物量(kg)	枝叶生物量(kg)	干生物量(kg)	根生物量(kg)
1	台外	1.14±0.25a	0.51±0.11a	0.49±0.10a	0.13±0.03a
2	坡上	0.96±0.20bc	0.43±0.09bc	0.41±0.08bc	0.11±0.03bc
3	坡中	0.74±0.19d	0.33±0.09d	0.32±0.08d	0.08±0.02d
4	坡下	0.66±0.21d	0.30±0.10d	0.29±0.09d	0.07±0.03d
5	台内	0.79±0.26cd	0.36±0.12cd	0.34±0.11cd	0.09±0.03cd
6	台中	1.01±0.30a	0.45±0.14a	0.43±0.12a	0.11±0.04b
平均		0.90±0.29**	0.41±0.13**	0.39±0.12**	0.10±0.04**

(三)不同杉木良种在机械整地条件下的生长表现

从表 2-29 可以看出，3 种杉木良种中，以洋 061 的胸径、苗高、冠径和冠幅面积最大，红心杉次之，洋 020 的处于最低水平。各器官生物量的指标间的差异均达显著水平。

表 2-29 不同处理幼林生长特征比较

处理	地径(cm)	树高(m)	冠幅(m^2)	生物量(kg)			
				总	枝叶	干	根
洋 020	3.42 ±0.12 c	2.00 ±0.55b	1.19 ±0.63c	0.86±0.29c	0.39±0.13c	0.37±0.12c	0.10±0.04c
洋 061	4.90 ±0.14a	2.53 ±0.61a	1.94 ±0.81a	1.33±0.48a	0.60±0.22a	0.56±0.19a	0.16±0.06a
红心杉	4.13 ±0.15b	2.04 ±0.57b	1.50 ±0.70b	1.07±0.46b	0.48±0.21b	0.46±0.19b	0.12±0.06b
均值	4.12±0.15**	2.19±0.66**	1.54±0.79**	1.09±0.46**	0.49±0.21**	0.46±0.19**	0.13±0.06**

三、结论

本研究表明，大型机械条带整地有利于杉木幼林早期的生长，机械整地后最适宜杉木早期生长的微立地是台外、台中和坡上，杉木优良无性系洋 061 在机械整地上的生长表现最好。

第七节　低密度造林对杉木生长、形质和材种结构的影响

密度管理是杉木人工经营最重要的调控技术措施之一。近年来，国内外学者对 1667~10000 株/hm^2 传统密度条件下，杉木人工林密度效应规律开展了较为系统的研究，揭示了杉木人工林的自然稀疏进程(杨桂娟等，2019)、林木生长与生物量积累(卢立华等，2020)、光合效能(肖文发等，2002)、生产力形成(盛炜彤，2001b)、林分蓄积量与材种结构(郭光智等，2020；郭光智等，2019)、林下植被发育与演替(盛炜彤，2001a；张勇强等，2020)、土壤理化性质和微生物(李智超等，2020；郭佳欢等，2020)等的林分密度效应规律。也对传统初植密度下不同间伐强度、时间和次数对杉木人工林生长发育影响进行了较系统研究(许冠军等，2019；赵朝辉等，2012)，为杉木人工林密度调控提供了科学的依据。

当前，随着林业生产一线中劳动力资源紧张和用工成本的不断增加，杉木人工林间伐作业利润逐步降低，减少或避免间伐作业，成为杉木人工林密度管理的新需求。同时，随着市场上对杉木小径材需求量下降和对大径材供需矛盾的凸显，定向培育杉木优质大径材研究日趋受到重视(惠刚盈等，2000)。低密度造林和不间伐作业的林分密度管理方式，可将有限的光照和营养资源集中于少数目标林木，有利于大径材的培育，也避免了间伐作业收获小径阶材时对劳动力的使用和对林地养分的损耗。而目前对于低密度造林、生长周期内不间伐的林分密度管理方式对杉木人工林生长发育和材种结构规律形成方面的研究相对较少，需要开展较为系统深入的研究。

因此，本研究以设立在亚林中心(江西分宜)年珠实验林场的 25 年生杉木低密度长期试验林为研究对象，对其自然稀疏进程、林木生长、木材形质及林分材种结构和经济效益等特征进行了调查分析，旨在为杉木低密度造林提供科学依据。

一、材料与方法

(一) 试验区域概况

试验地位于亚林中心(江西分宜)年珠实验林场(114°40′E、27°30′N)，区域属罗霄山脉北端武功山支脉，平均海拔 250m，属亚热带季风湿润性气候，年平均气温 16.8℃，年日照时数 1650 小时，年降水量 1656mm，年蒸发量 1503mm，母岩类型为页岩，土壤类型为黄棕壤，立地指数 18。实验林前茬植被是以栲类为主的亚热带常绿阔叶林(惠刚盈等，2000)。

(二)试验设计与调查

1. 试验设计

1992 年开始营建试验林，试验采用随机区组设计，共设 1111 株/hm^2(株行距 3m×3m)、1670 株/hm^2(株行距 2m×3m)和 2500 株/hm^2(株行距 2m×2m)三个造林密度处理，每个处理 3 次重复，共 9 个样地。各处理样地面积大小、定植杉木的行列数及试验样地概况见表 2-30。每个样地外围分别设置 2 行同密度保护行。

试验林造林苗木选用当地起源生长一致的 1 年生杉木实生苗，炼山整地，定植穴规格

40cm×40cm×40cm，造林后前 3 年每年抚育 2 次，生长期内不间伐。

表 2-30　试验样地概况

重　复	坡　位	坡　向	坡度(°)	样地编号	株行距(m)	行　数	列　数	样地面积(m^2)	定植株数
Ⅰ	下坡位	东南坡	36	1	3×3	8	7	504	56
				2	3×2	8	11	528	88
				3	2×2	10	12	480	120
Ⅱ	下坡位	东　坡	34	4	3×3	8	7	504	56
				5	3×2	8	10	480	80
				6	2×2	10	12	480	120
Ⅲ	中下坡	北　坡	39	7	3×3	8	7	504	56
				8	3×2	7	11	462	77
				9	2×2	10	12	480	120

2. 数据调查与分析

(1)林分生长因子调查。造林后对样地内植株进行每木挂牌，分别在 1993 年、1994 年、1999 年、2010 年、2013 年和 2016 年生长季结束后对林分生长因子进行调查，共调查 6 次。调查指标包括保存率、胸径、树高、冠幅、枝下高和林冠重叠度。

活立木株数是样地内存活杉木总数，枯损木株数是样地内枯死林木总数，累积枯损率是样地调查时枯死木数量与初植密度的比值。林木胸径采用胸径尺测量，精确到 0.1cm；树高和枝下高采用测高杆测量，精确到 0.1m；冠幅计算用皮尺测量水平和垂直等高线 2 个方向的长度分别作为椭圆的长轴和短轴，用椭圆形面积公式计算椭圆形面积作为冠幅面积，精确到 0.01m^2。林冠重叠度是以样地内林木冠幅总面积除以样地面积。

(2)林木形质特征调查。2016 年 11 月，分别在每个样地中选择 4 株平均木，测量林木树高、胸径、1/2 树高处直径，计算高径比(树高与胸径之比)和树干胸高形率(1/2 树高处直径与胸径之比)。每木调查样地断梢林木数量，统计断梢率。在林木胸高上坡位用 6mm 直径的生长锥钻取一髓心至树皮的完整木芯，对所取木芯自髓心向外，利用德国 Rinntech 型年轮分析仪，逐年测定年轮宽度，统计心材比例、幼/成龄材比例(刘青华等，2009)。

(3)林分直径结构特征的统计与分析。林分直径结构特征包括不同径阶杉木株数、偏度系数、峰度系数和变动系数。计算时将各样地杉木以 2cm 为径阶进行整化，统计不同径阶杉木株数，计算其偏度系数、峰度系数和变动系数(赵丹丹等，2015)。

(4)林分蓄积量和材种结构的计算。采用部颁杉木二元立木材积表经验式(公式 2-34)，先计算每样地单株材积，再乘以样地林木株数，即为样地材积，换算为单位面积林分总蓄积量(郭光智等，2019)。以杉木规格材原条出材经验公式(刘景芳和童书振，1996)计算单株出材量(公式 2-35)，参照林分蓄积量的统计方法，计算单位面积林分原条总出材量，再依据江西省杉木材种出材率表(蔡学林等，1997)，统计不同密度林分材种结构。

单株材积公式：$V=0.00005877402D^{1.9699831}H^{0.89646157}$；　(2-34)

规格材原条用材出材经验式：$V_{规}=3.60243758\times10^{-5}\times D_i^{1.94752076}\times H_i^{1.00793769}$。　(2-35)

(5)杉木经济效益的计算。收集江西省大岗山地区杉木人工林经营、采伐成本和木材价格等经济指标，分别为清林整地费 525 元/hm^2；苗木费 0.23 元/株；造林费按杉木林分密度由低到高依次为 40~90 元/hm^2；造林后 3 年 6 次抚育费用以 540 元//hm^2 均价计；采伐运输费包括采伐、打枝、造材、归楞、运输等费用，参照当地标准 260 元/m^3 均价计；木材价格按当地现行杉木各类材种计算，其中小条木 1080 元/m^3、小径材 1260 元/m^3、中径材 1440 元/m^3、大径材 2500 元/m^3。

木材总产出计算方式是各类木材材积乘以相应木材单价之和，木材纯收入是以木材销售总产出减成本。投入产出比是木材纯收入与投入比。木材内部收益率(IRR)和净现值(NPV)计算参照施新程等(2009)方法计算，育林投入的各项支出按年利率 10%计息。

3. 数据分析处理

用 Excel 软件进行基础数据的整理、统计，运用 SPSS 软件进行方差分析和多重比较、相关分析等统计分析。

二、结果与分析

(一)对林分自然稀疏过程的影响

从表 2-31 可以看出，在林分整个生长发育过程中，随林龄的增加各密度林分枯损木数量和累积枯损率均呈逐渐增加的趋势。4 年和 8 年生幼龄林期 3 种密度林分累积枯损率差异不明显，19 年生以后林分林木枯损株数量和累积枯损率随林分密度增大而增加。在 25 年生时，2500 株/hm^2 林分累计枯损率达 50.28%，枯损株数 1215 株/hm^2；1667 株/hm^2 林分林木累积枯损率为 39.80%，枯损株数量 663 株/hm^2；而此时 1111 株/hm^2 林分累积枯损率仅为 26.19%，枯损株数 291 株/hm^2，其累积枯损率分别比 2500 株/hm^2 和 1667 株/hm^2 林分降低了 1.92 倍和 1.52 倍。方差分析表明，2500 株/hm^2 和 1667 株/hm^2 的林分累积枯损率显著高于 1111 株/hm^2 林分($P<0.05$)。说明 1111 株/hm^2 林分的自然稀疏过程明显低于 2500 株/hm^2 和 1667 株/hm^2 林分。

表 2-31 不同密度林分自然稀疏过程

林龄(年)	活立木(株)			枯损木(株)			累积枯损率(%)		
	A	B	C	A	B	C	A	B	C
4	1111.00±0.00a	1667.00±0.00a	2500.00±0.00a	0.00±0.00a	0.00±0.00a	0.00±0.00a	0.00±0.00a	0.00±0.00a	0.00±0.00a
8	1038.33±30.01b	1611.67±15.04b	2354.33±54.99a	72.67±30.01b	55.33±15.04ab	145.67±54.99a	6.55±2.73a	3.31±0.90a	5.83±2.20a
19	985.67±69.72b	1365.67±192.17b	1889±229.59b	125.67±69.24b	301.33±192.17ab	611.00±229.59a	11.31±6.27a	18.06±11.54a	24.44±9.18a
22	879.67±11.55c	1093.00±53.70b	1423.67±150.77c	231.33±11.55c	573.67±54.28b	1076.33±150.77a	20.83±1.03a	34.43±3.25a	43.06±6.03a
25	820.33±102.08c	1003.33±83.94b	1257.33±157.87c	291±101.53c	663.00±84.50b	1215.67±168.22a	26.19±9.16b	39.80±5.06a	50.28±6.31a

注：A、B、C 分别为林分密度为 1111 株/hm^2、1667 株/hm^2、2500 株/hm^2。表中数据为平均值±标准差。用 Duncan 检验进行多重比较分析。同列标有不同小写字母表示组间差异显著($P<0.05$)，同指标同列标有相同小写字母表示组间差异不显著($P>0.05$)，＊＊表示差异极显著($P<0.01$)，下同。

从图 2-13 可以看出，在幼龄林阶段，3 种密度林分年均自然稀疏率相似。8～19 年 2500 株/hm^2 和 1667 株/hm^2 林分年均自然稀疏率均呈逐步上升的趋势，而此时 1111 株/hm^2 林分年均自然稀疏率略呈下降趋势。19～22 年是各林分自然稀疏高峰期，该阶段各林分的年均自稀疏率由高到低依次为 2500 株/hm^2>1667 株/hm^2>1111 株/hm^2。22 年时各林分年均自然稀疏率均达最大值，2500 株/hm^2、1667 株/hm^2 和 1111 株/hm^2 林分的年均自然稀疏率分别为 6.20%、5.46%和 3.17%，1667 株/hm^2 和 1111 株/hm^2 林分年均自然稀疏率分别比 2500 株/hm^2 和 1667 株/hm^2 降低了 48.83%和 12.05%。在此之后，各林分自然稀疏率均逐步下降，25 年时各密度林分的年均自然稀疏率重新保持接近。说明低密度造林有利于降低近熟龄期林分内林木竞争强度，减少林木的自然枯损量。

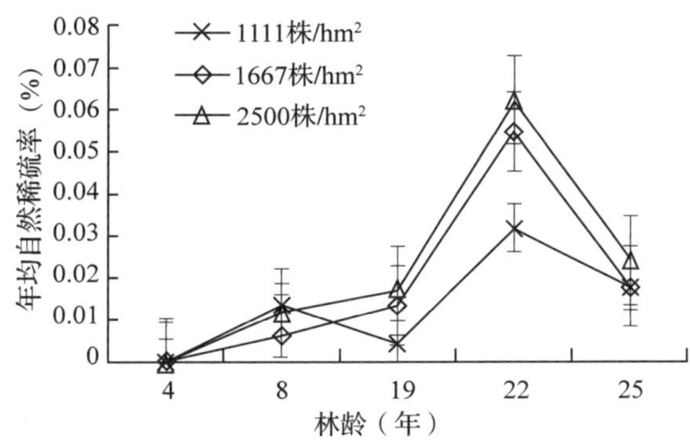

图 2-13　3 种密度杉木林分年均自然稀疏率变化

（二）对林木生长进程的影响

从图 2-14 可以看出，随林龄的增加，不同密度林分平均树高、平均胸径、枝下高和林分蓄积量均呈逐渐增加的趋势；林分平均冠幅长先上升后下降，再缓慢上升的趋势；林冠重叠度呈先快速上升后缓慢下降的趋势。

在 3～4 年生时，造林密度对林木平均树高和胸径影响规律不明显。8 年生以后，林木平均树高和胸径总体上随林分密度的增加而降低。方差分析表明，19 年、22 年和 25 年 3 个林龄阶段，1111 株/hm^2 密度林分平均胸径显著高于 2500 株/hm^2 林分（$P<0.05$），1667 株/hm^2 平均胸径在 19 年和 22 年时显著高于 2500 株/hm^2 林分。树高受密度影响较小，仅 22 年时 1111 株/hm^2 林分的平均树高显著高于 2500 株/hm^2，其余时期不同密度林分平均树高差异均未达显著水平（$P>0.05$）。

不同林龄阶段不同密度林分枝下高差异不明显。各密度林分枝下高增加最快的阶段发生在 8～19 年中龄林时期，该时期 1111 株/hm^2、1667 株/hm^2 和 2500 株/hm^2 林分年均自然整枝高度①平均值为 0.67m，而 1～8 年幼龄林期和 19～25 年近成熟龄期年均自然整枝高度分别为 0.19m 和 0.22m，中龄林时期年均自然整枝高度分别是后者的 3.52 倍和 3.05 倍。说明 8～19 年中龄林时期是各密度林分自然整枝高度最大的时期。

各林分平均冠幅面积和林冠重叠度在 8 年时达到最大，该时期林木平均冠幅随密度的增加而减小，而林冠重叠度随密度的增加而增加。1111 株/hm^2、1667 株/hm^2 和 2500 株/hm^2

① 年均自然整枝高度为该阶段 3 种密度林分枝下高平均值除以该阶段的时间。

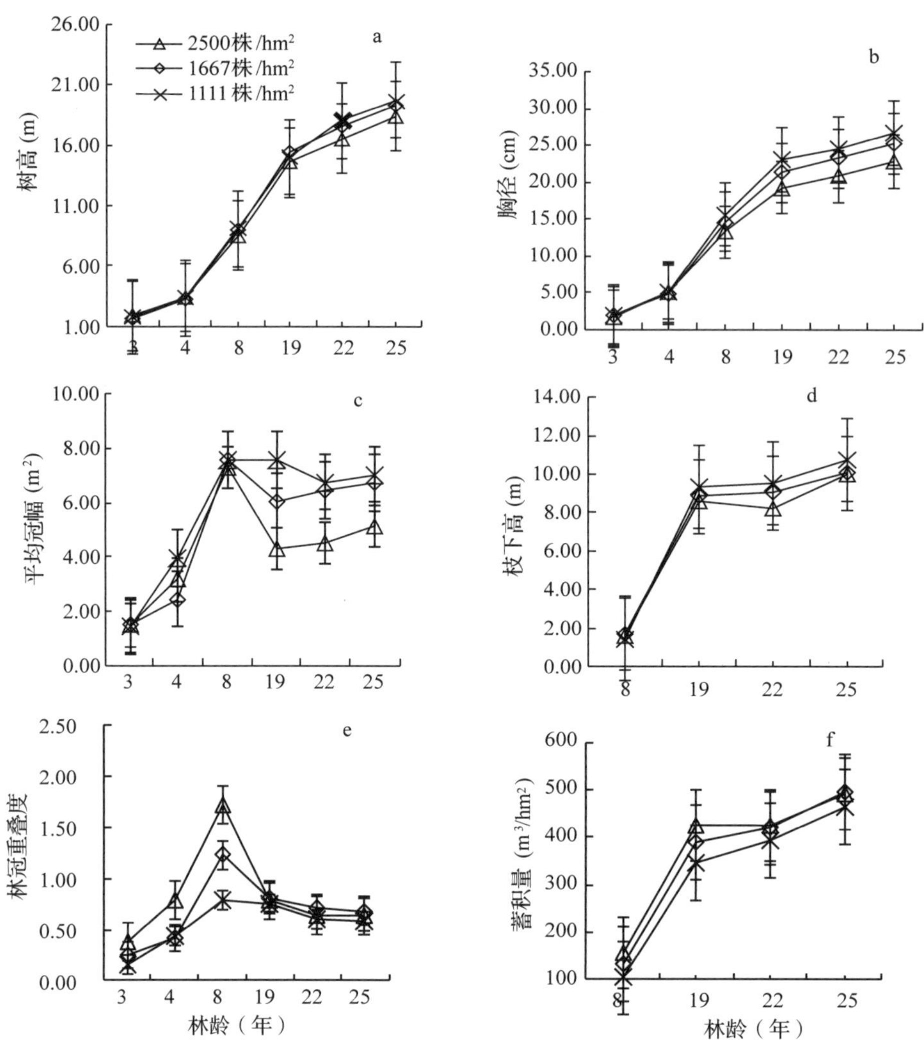

图 2-14　不同密度林分林木生长动态

林木平均冠幅面积分别为 7.59m²、7.60m² 和 7.30m²，林冠平均重叠度分别达 0.74、1.14 和 1.72，1667 株/hm² 和 2500 株/hm²，林冠重叠度均超过了 1.0，这两种密度林分已进入完全郁闭状态。方差分析表明，8 年生时 3 种密度林分的林木平均冠幅面积差异不显著，而林冠重叠度差异均达显著水平。与 8 年生相比，19~25 年生时期各密度林分林冠重叠度和平均冠幅均有所下降，该阶段林木平均冠幅面积随林分密度增加而减小，19 年生时仅 1111 株/hm² 与 2500 株/hm² 林分间平均冠幅面积差异达到显著水平，22 年生和 25 年生时，1111 株/hm² 和 1667 株/hm² 林分平均冠幅面积均显著高于 2500 株/hm²，但二者间差异不显著。林冠重叠度随林分密度增加先上升后下降的趋势，1667 株/hm² 林分为最高，3 种密度林分林冠重叠度差异未达显著水平。

在 8~19 年生时，林分蓄积量随林分密度的增加而增加，此时期 2500 株/hm² 林分蓄积量蓄积量最高、1667 株/hm² 林分次之，1111 株/hm² 林分蓄积量最低，而在 22 年和 25 年生时，1667 株/hm² 密度林分蓄积量超过了 2500 株/hm² 林分，成为蓄积量最高的林分。

方差分析表明，各林龄阶段，不同密度林分的蓄积量差异不显著。说明林分密度对林分单位蓄积量未能产生明显影响。

（三）对林分直径结构的影响

杉木林分密度对胸径生长和径级分布的影响，见表2-32。从表2-32可以看出，随着林龄的增加，1111株/hm^2林分的直径正态分布曲线偏度呈先增大后基本保持不变的趋势，1667株/hm^2和2500株/hm^2林分呈逐渐增大的趋势。说明近成熟龄期1111株/hm^2林分的林木直径分化程度比1667株/hm^2和2500株/hm^2林分低。随林分年龄的增加，不同密度林分峰度值变化动态不同，1111株/hm^2和2500株/hm^2林分峰度值呈先增加后下降的趋势，1667株/hm^2林分呈逐渐下降的趋势。说明8年生时是1111株/hm^2、2500株/hm^2林分直径分布最集中的时期，19年生时是1667株/hm^2林分直径分布最集中的时期，之后随着林龄的增加，林分直径分布逐渐分散，即林分直径分化逐渐加大。3种不同密度林分的变异系数值均随林龄的增加而增大，变异系数随着林分密度的增加而增大。说明随着林龄的增加林分内林木的分化程度逐渐增大，同一林龄时期随着林分密度的增加林分内林木分化程度逐渐加大，即1111株/hm^2林分林木的竞争分化程度最小，其次为1667株/hm^2，而2500株/hm^2林分林木分化最大。

参照国家对建筑材的要求，将林木胸径≥26m为大径木，20~24cm为中径木，20cm以下规定为小径木或非规格材。可以看出，大径木出现的时期低密度林分比高密度林分更提前，1111株/hm^2、1667株/hm^2和2500株/hm^2大径木比例达到10%的林龄分别是19年、22年和25年。在25年时，1111株/hm^2、1667株/hm^2和2500株/hm^2林分形成大径木的比例分别是34.34%、26.11%和14.08%。1111株/hm^2、1667株/hm^2的低密度林分大径木分别比高密度林分提高了2.43倍和1.85倍，说明低密度林分更有利于大径木的积累。

（四）对林木形质特征的影响

胸高形率是指林木树干中央直径与胸径之比，高径比是指树高与胸径的比值。胸高形率和高径比越大说明树干圆满度越高。25年生时林分密度对林木形质特征的影响，见表2-33。1667株/hm^2林分内林木的胸高形率最大，其次为1111株/hm^2，2500株/hm^2密度林分的胸高形率最小，但三者间差异未达显著水平；而2500株/hm^2林分高径比值最大，1667株/hm^2次之，1111株/hm^2林分最低，三者间达显著差异水平，表现出随林分密度降低而显著减小的趋势。

杉木断梢主要是由于生长周期内重大冰雪冻害造成的。断梢率越低，说明林分承受冰雪灾害的能力越强。3种密度林分中1667株/hm^2林分的林木断梢率最低，为8.79%；1111株/hm^2断梢率次之，为11.469%；而2500株/hm^2的断梢率最高，达13.490%。1667株/hm^2和1111株/hm^2的断梢率分别比2500株/hm^2降低了4.70%和2.09%，但三者差异未达显著水平。

心材比率和幼/成龄材与木材物理强度有关，心材比率越大、幼/成龄材越低说明木材具有越高的物理强度。在不同密度林分林木木材心材比例和木材基本密度方面，以1667株/hm^2的心材比例最大，可达83.301%；其次为1111株/hm^2心材比例为79.254%；而2500株/hm^2心材比例最低仅为78.142%，其心材比例为两种低密度林分的98.60%和93.81%。

表 2-32　不同密度林分径阶结构的动态变化

林龄(年)	林分密度	平均胸径(cm)	径级株树占比(%)																							直径分布特征		
			小径木(cm)										中径木(cm)					大径木(cm)										
			2	4	6	8	10	12	14	16	18	合计	20	22	24	26	合计	28	30	32	34	36	38	合计	变异系数	峰度	偏度
8	A	15.43			0.64	3.82	7.01	20.38	26.75	19.11	17.20	94.91	4.46	0.64			5.10							0.00	0.191	-0.336	-0.128
	B	14.27	0.45	0.45	0.45	6.54	13.81	23.27	22.79	24.24	7.14	99.14	0.88				0.88							0.00	0.203	0.127	-0.423
	C	12.93		0.88	3.24	9.73	21.83	23.01	28.32	10.32	2.65	99.98					0.00							0.00	0.216	-0.225	-0.298
19	A	22.66						2.01	2.68	8.72	16.78	30.19	15.44	14.77	16.11	12.08	58.40	7.38	3.36	0.67				11.41	0.189	-0.201	0.118
	B	20.62				0.47	2.00	3.85	8.91	13.42	16.62	45.27	13.99	18.81	9.39	9.59	51.78	2.45	0.51					2.96	0.217	-0.457	0.003
	C	18.74				1.84	2.57	6.62	15.81	17.65	18.38	62.87	14.71	9.93	7.35	2.21	34.20	2.94						2.94	0.224	-0.158	0.239
22	A	24.19						1.48	1.48	4.55	11.26	18.77	15.80	15.04	14.29	13.54	58.67	12.79	5.27	3.76		0.75		22.57	0.193	-0.065	0.110
	B	22.68					0.63	1.24	3.14	10.07	16.57	31.65	14.70	11.16	19.41	6.20	51.47	10.63	4.33	1.92				16.88	0.199	-0.523	0.152
	C	20.32				0.49	1.46	2.93	12.20	16.10	17.07	50.25	13.66	14.63	9.76	5.85	43.90	1.95	3.41	0.49				5.85	0.223	-0.164	0.392
25	A	26.06						0.81	1.53	4.58	8.39	15.31	10.68	16.02	11.45	12.21	50.36	12.21	9.92	8.39	2.29		1.53	34.34	0.202	-0.222	0.103
	B	24.53						1.29	3.77	7.58	11.58	24.22	16.05	11.73	11.20	10.69	49.67	9.25	9.40	4.37	2.43		0.66	26.11	0.211	-0.826	0.178
	C	22.31					1.46	2.91	13.11	11.17	16.50	45.15	12.62	8.74	11.17	8.25	40.78	5.83	1.46	3.88	2.91			14.08	0.231	-0.320	0.496

表 2-33　25 年生林分不同密度林分形质特征

密度(株/hm²)	胸高形率	高径比	断梢率(%)	心材比例(%)	幼/成龄材
2500	0.684±0.049 a	77.869±3.926 a	13.490±2.309 a	78.142±4.51 a	0.797±0.174 a
1667	0.689±0.048 a	73.899±4.312 b	8.787±3.305 a	83.301±3.21 a	0.764±0.131 a
1111	0.687±0.049 a	69.219±4.325 c	11.469±2.433 a	79.254±3.79 a	0.740±0.135 a
均值	0.687±0.048	73.662±5.437**	11.249±3.117	80.330±4.06	0.767±0.145

说明与传统造林密度相比，1667 株/hm² 和 1111 株/hm² 低密度造林方式可在一定程度上降低林分林木断梢率，增加木材强度，但会造成林木干形圆满度降低。

(五)对林分材种结构的影响

不同林分密度与出材量的关系，见表 2-34。各密度林分出材量均随林龄的增加而增加，在 22 年前，总出材量和经济材出材量均以 2500 株/hm² 最大，其次为 1667 株/hm²，1111 株/hm² 最低，即林分总出材量和经济材出材量随着密度的增加而增加。22 年生时，1667 株/hm² 林与 2500 株/hm² 林分经济材和总出材量基本持平。而 25 年生时，1667 株/hm² 密度林分总出材量和经济材出材量均超过了 2500 株/hm² 林分，成为总出材量和经济材出材量最高的林分。尽管 1111 株/hm² 密度林分总出材量和经济材出材量在 3 种密度林分中一直处于最低水平，但在 19~25 年生时期，其大径材出材量是最高的。25 年生时，其大径材出材量为 268.01m³/hm²，分别比 1667 株/hm² 和 2500 株/hm² 增加了 1.06 倍和 1.38 倍。说明 1111 株/hm² 林分密度有利于大径材的形成。

表 2-34　不同林分密度杉木材种结构的动态变化

林龄(年)	密　度	薪　材	小条木(m³/hm²)	经济材出材量(m³/hm²)				总出材量(m³/hm²)
				小径材	中径材	大径材	合　计	
8	A	0.02	3.18	53.38	19.89	0.00	73.27	76.47
	B	0.08	7.74	81.37	9.69	0.00	91.06	98.88
	C	0.33	16.17	94.67	4.06	0.00	98.73	115.23
19	A	0.00	0.13	24.11	121.79	124.08	269.99	270.12
	B	0.00	1.14	51.47	159.28	90.84	301.59	302.74
	C	0.00	2.88	97.31	169.83	58.95	326.09	328.96
22	A	0.00	0.09	14.72	109.70	186.09	310.50	310.60
	B	0.00	0.34	32.83	139.86	158.17	330.86	331.20
	C	0.00	1.15	69.64	160.23	101.44	331.31	332.46
25	A	0.00	0.05	9.75	92.76	268.01	370.52	370.58
	B	0.00	0.06	20.56	122.40	252.90	395.87	395.93
	C	0.00	0.30	47.36	148.55	194.42	390.32	390.62

(六)不同密度杉木经济效益分析

由表 2-35 可以看出，从木材投入、产出和资金利用率角度考虑。不同密度林分的总投入 1667 株/hm^2 最高，2500 株/hm^2 林分次之，而 1111 株/hm^2 投入最低。总产出、纯收入和净现值由高到低分别为 1667 株/hm^2>1111 株/hm^2>2500 株/hm^2。效益成本比以 1111 株/hm^2 最高，1667 株/hm^2 次之，分别比 2500 株/hm^2 提高了 1.16 和 1.09 倍。3 种密度林分的 IRR 均大于 10%，说明同等立地条件下，无论采用 3 种密度中的任何一种造林密度均可盈利，1111 株/hm^2 的内部收益率最高为 30.20%，其次为 1667 株/hm^2 为 29.70%，而 2500 株/hm^2 的内部收益率最低为 28.35%。因此，在该区营建杉木用材林，采用低密度造林方式，收益将高于传统密度造林模式。

表 2-35　25 年生杉木不同密度的经济效益分析

密度	成本(元/hm^2)						总产出(元/hm^2)	纯收入(元/hm^2)	净现值(元/hm^2)	效益成本比	内部收益
	清林整地	苗木	造林	3 年抚育	采伐运输	合计					
A	525	250.05	40	540	96350	97705	815950	718246	65088	7.35	30.20%
B	525	375.08	60	540	102941	104441	834490	730049	66046	6.99	29.70%
C	525	562.5	90	540	101562	103280	759946	656666	59075	6.36	28.35%

三、讨 论

童书振等(2002)研究表明，江西大岗山地区 1667~10000 株/hm^2 高密度杉木人工林中龄期后密度效应明显，林分自然稀疏总强度、林木分化程度、枝下高和高径比随林龄和密度的增加而增加，林分平均高、胸径和冠幅随密度的增加而递减，林分蓄积量随密度的增加而递增，随林龄增加各密度林分蓄积量差异逐渐缩小。本研究表明，同区域范围内 1111 株/hm^2、1667 株/hm^2 和 2500 株/hm^{2}三种密度林分的上述生长、形质指标，表现出与之相似的密度效应规律，但密度效应发生的时期有所不同，如 1667 株/hm^2 与 10000 株/hm^2 密度的胸径在 5 年生时即产生显著差异，而 1111 株/hm^2、1667 株/hm^2 和 2500 株/hm^{2}三种密度林分胸径产生差异是 19 年生时，其原因与低密度林分生长空间大，推迟了林分密度效应发生的时期。

本研究表明，在 25 年时，1667 株/hm^2 林分蓄积量、总出材量和经济材出材量均超过 2500 株/hm^2 林分，其原因与各密度林分整体光合生理状态密切相关，在近、成熟龄林阶段，2500 株/hm^2 密度林分在自然稀疏作用下造成了大量林木枯损，使林分郁闭度下降，整体光合效能下降，而此时 1667 株/hm^2 具有最高的林冠重叠度，保证了充足的光合面积，使该阶段其制造出比其他林分更多的光合产物，促进了林分生产力的快速提高。

大岗山地区杉木人工林主伐林龄一般为 20~25 年，本研究表明，在 19~25 年，1111 株/hm^2、1667 株/hm^2 和 2500 株/hm^2 林分总蓄积量分别提高了 34.29%、27.81% 和 15.93%，大径材出材量比例提升了 9.26%、9.43% 和 5.93%。说明此阶段是蓄积量和大径材形成的关键时期，延迟主伐期至 25 年，将会明显提高林分蓄积量和大径材出材量。

本研究分别在 3~25 年生时，进行了 6 次林分生长调查，平均每次调查间隔期为 3~5 年，但林分 8~19 年生时未能及时开展调查，准确掌握该时期林分自然稀疏规律、生长进程、直径分布规律和材种结构的动态变化规律，是本研究实验设计不足之处，有待于试验林主伐时，开展系统解析木研究，揭示该时期的林分生长发育规律。同时，本研究对不同密度杉木人工林生长进程仅开展了25年的动态监测，进一步长期定位观测仍需持续。

本研究对大岗山地区3种不同密度的林分条件下林分自然稀疏程度、径阶结构、直径分布、形质特征和材种结构特征进行了比较分析，但不同林分密度对林分生产力与生物量，林下植被生长与发育、土壤理化性质和微生物等特征的研究尚未系统开展，此项工作对林地生产力的形成机理具有十分重要的意义，需进一步开展研究。

四、结 论

随林龄增加，3种林分的密度效应逐步增大，19~25年近熟龄期是各林分内部竞争分化最剧烈的阶段，与2500株/hm^2传统密度林分相比，1111株/hm^2低密度林分可明显降低该时期林分自然稀疏强度，增加林分胸径平均值，提高林分大径木比例。25年生时，1111株/hm^2、1667株/hm^2两种低密度林分的林木断梢率均低于2500株/hm^2传统密度林分，心材比例、幼/成龄材比例、大径材出材量、营林纯收入、净现值、效益成本比和内部收益率高于2500株/hm^2林分，但树干高径比显著低于2500株/hm^2。3种密度林分中，以1667株/hm^2低密度林分断梢率最低，心材比例最高，经济材出材量、总出材量、纯收入和净现值达到最大，而1111株/hm^2低密度林分具有最高的投入产出比和内部收益率。

该研究结果说明，与传统造林密度相比，两种低密度造林能明显降低杉木人工林近成熟龄期林分内林木竞争分化，降低枯损率和断梢率，提高大径材和大径木比例，改善木材品质，对林分蓄积量和总出材量影响不明显，提高了营林收益，但显著降低了木材圆满度。因此低密度造林方式可作为一种合理的密度管理方式，依据不同培育目标，在大岗山杉木人工林经营中选择应用。

第八节 杉木低效人工林改培技术研究

抚育间伐、施肥和林下补植等是杉木人工林生长过程中的重要调控技术措施，无论单一技术措施或综合技术措施都能对杉木生长和生态功能产生重要的影响。如有研究表明，杉木胸径和单株材积随间伐强度的增加而增加，间伐虽不能增加林分出材量，但可提高林分出材规格(叶功富等，1995；徐金良等，2014)，适度间伐能促进林下植被的发育，改善土壤理化性质，加快有机物分解，增加土壤微生物种类和数量，提高土壤速效养分含量，有利于林地保持长期生产力(盛炜彤，2001；蔡卫兵，2017)。徐金良等(2014)研究表明，杉木大径材培育以2次间伐，总间伐强度50%左右较为适宜，而中径材培育则以1次间伐约25%为宜。徐清乾和许忠坤(2004)研究表明杉木近成熟林于主伐前进行间伐加施肥，可促进大中径材的形成。孙冬婧等(2015)开展了杉木人工林近自然化改造试验，表明杉木胸径随间伐强度的增大而增加，间伐对其林下大叶栎、红锥的胸径、树高生长量影响显著。以上研究多集中在改培技术措施对杉木成龄期前影响的研究，而对成熟期低质林影响效应研究相对较少。大岗山区杉木低质人工林是典型的亚热带低质低效林分类型。研究此类林分类型的群落结构特征，对仿拟、重构稳定性强、功能性高的植物群落结构具有现实指导意义。

因此，本研究开展了抚育间伐、施肥和补植珍贵树种对大岗山成熟杉木低质林中杉木和林冠下补植闽楠、赤皮青冈等珍贵树种生长效果的研究，旨在为区域成熟杉木低质林改培为珍贵树种林分提供科学依据。

一、研究方法

（一）研究区域概况

研究区域位于亚林中心（江西分宜）长埠实验林场，地理位置 114°35′E、27°57′N，区域属罗霄山脉北端武功山支脉大岗山地区，海拔 314~376m，属亚热带季风湿润性气候，年平均气温 16.8℃，年日照时数 1650 小时，年降水量 1656mm，年蒸发量 1503mm。土壤类型为花岗岩风化的黄棕壤，土层厚度 40~100cm。实验林为 1978 年营造的杉木人工用材林，后由于多次不合理采伐和 2008 年冰雪灾害逐步退化为低质残次林，林分保留平均密度 1350 株/hm^2，林分郁闭度 0.9。

（二）样地设置与调查

1. 样地设置

（1）不同微生境对闽楠和赤皮青冈幼苗生长的影响研究。在林地内，选择上、中、下和沟谷 4 个坡位典型地段林分，通过 50%、30%和 0%三种间伐强度，调整林分郁闭度至高（0.8~1.0）、中（0.6~0.8）和低（0.4~0.6），形成 12 种林冠下生境（表 2-36），每生境重复 3 次，样地面积 400m^2（20m×20m），间隔 15m 以上。在对样地抚育清杂后，补植 2 年生赤皮青冈和闽楠轻基质容器苗，打穴规格 40cm×40cm×30cm，每株施 0.5kg 过磷酸钙作为底肥，株行距 2m×2m，造林后每年林分抚育 2 次。

（2）杉木人工林生长、材积和经济效益的影响研究。在林分内，分别选择与 2 号、5 号处理坡向、坡位、立地一致的地段设置样地，不进行处理作为其对照样地，研究综合技术措施对保留的杉木生长、材积和经济效益的影响。

表 2-36　样地特征因子

处理	经度	纬度（°）	海拔（m）	坡度（°）	坡向	坡位	郁闭度	立地指数
1	114°59′65.72″E	27°57′37.89″N	368.3	39.50	N	上	低	12
2	114°59′66.43″E	27°57′39.36″N	376.3	36.65	W	上	中	12
3	114°59′50.52″E	27°57′36.64″N	374.1	40.10	E	上	高	12
4	114°59′50.52″E	27°57′42.47″N	349.6	18.95	NE	中	低	14
5	114°59′60.53″E	27°57′38.50″N	366.6	33.35	NW	中	中	14
6	114°35′46.93″E	27°34′24.58″N	375.4	—	S	中	高	14
7	114°59′53.10″E	27°57′37.51″N	356.1	36.85	E	下	低	16
8	114°35′40.42″E	27°34′34.58″N	310.4	38.40	W	下	中	16
9	114°35′40.04″E	27°34′32.98″N	314.2	37.20	SW	下	高	16
10	114°59′55.87″E	27°57′38.52″N	349.1	—	—	沟谷	低	18
11	114°35′36.05″E	27°34′36.28″N	288.6	—	—	沟谷	中	18

（续）

处理	经度	纬度(°)	海拔(m)	坡度(°)	坡向	坡位	郁闭度	立地指数
12	114°35′36.05″E	27°34′36.28″N	285.8	—	—	沟谷	高	18
CK12	114°35′45″E	27°34′34″N	340	23.20	W	上	高	12
CK14	114°35′46″E	27°34′34″N	322	23.20	W	中	高	14

2. 样地调查

(1)在亚林中心长埠试验林场12~16典型林地内分别设置3个20m×20m的样地，沿样地的对角线机械布设1个10m×10m的灌木层和5个1m×1m的草本层小样方。调查、统计各样地林下植物的种类和数量，统计分析经济价值。

(2)珍贵树种生长调查。造林后第3年、第6年，对试验林闽楠、木荷、樟、赤皮青冈苗高、胸径和冠幅进行调查，计算珍贵树种幼树的生长情况。

(3)杉木单株径向生长与出材量计算，在12、14立地指数中等间伐强度的2号和5号处理内各选择9株杉木平均木，在每株林木胸高上坡位用6mm直径的生长锥钻取一髓心至树皮的完整木芯，对所取木芯逐年测定年轮宽度。采用部颁杉木一元材积公式，计算各年度单株材积和单位面积材积蓄积量的动态变化。

单株材积蓄积量公式：$V_i = 0.00006547D^{2.681924908}$ （2-36）

每公顷材积蓄积量：$V_{总} = V_i \times \rho$ （2-37）

式中：$V_{总}$为林分单位面积蓄积量(m^3/hm^2)；V_i为单株材积(m^3/株)；D为胸径处直径(mm)；ρ为林分平均密度(株/hm^2)。

3. 数据分析处理

用Excel软件进行基础数据的整理、统计，运用SPSS软件进行方差分析和多重比较等统计分析。

二、结果与分析

(一)综合改培措施对杉木低质林及其林下珍贵树种幼苗生长的影响

从表2-37可以看出，大岗山杉木低质人工林下植物种类十分丰富，共有维管植物92种，分属于66科89属。其中，12、14和16立地指数种类组成数量分别为46科56属61种，28科32属51种和40科50属52种(表2-38)，不同立地种数量由多到少依次为12立地>16立地>14立地。12立地指数条件下的优势群落类型为杜茎山、五节芒、铁芒萁和匍茎榕，14立地指数下优势群落类型为杉木、木荷、杜茎山、狗脊蕨，16立地条件下优势群落类型为铁芒萁、五节芒、狗脊蕨、毛蕨，数量均达到了5%以上。

林分中乡土树种幼苗有16种，其中12立地指数种类最多，主要包括苦槠、马尾松、山桐子、川冬青、樟、构、山乌桕、木油桐、柯、野茉莉、乌柿、枫香树，其中杉木、赤杨叶和木荷幼苗数量最多达到了5%以上，数量达1万株/hm^2以上，其余树种数量在300~4000株/hm^2。14和16立地指数样地中乡土树种种类、数量较少。14立地指数样地主要有杉木、木荷、枫香树、山桐子、构、赤杨叶、木油桐、毛冬青、川冬青、刨花润楠，杉木和木荷幼苗数量最多，达5%以上，其余比例在2%以下，数量在2500株/hm² 以下。16立地指数样地主要有构、柯、赤杨叶、山柿、枫香树、樟、楸、苦槠，其所占比例均在2%以下。说明杉木人工林下更新的乡土树种种类和数量均较少，在阔叶化改造中加强乡土树种幼苗保护同时，需引入高经济价值的珍贵树种。

杉木人工林下具药用价值植物较为丰富，共有32种。但数量较低，不足3500株/hm²，比例基本在1.0%以下。其中，12立地指数样地有12种，主要有淡竹叶、钩藤、地棯、柃木、玉叶金花、紫珠；14立地指数样地主要包括7种，海金沙、多花黄精、络石、草珊瑚、山鸡椒、白背叶、算盘子；16立地指数样地主要包括钩藤、八角枫、山莓、树参、乌蕨、土茯苓、五爪金龙、大青、地棯、盐麸木等10种。因此，尽管杉木低质人工下林源药用植物种类丰富，但数量较少，经济价值相对较低，需要引入优良林源药用植物种类和数量。

表2-37 杉木低质人工林维管植物名录

编号	种	科	属	学名
1	菝葜	百合科	菝葜属	*Smilax china*
2	边缘鳞盖蕨	碗蕨科	鳞盖蕨属	*Microlepia marginata*
3	草珊瑚	金粟兰科	草珊瑚属	*Sarcandra glabra*
4	四川冬青	冬青科	冬青属	*Ilex szechwanensis*
5	光亮山矾	山矾科	山矾属	*Symplocos lucida*
6	淡竹叶	禾本科	淡竹叶属	*Lophatherum gracile*
7	地棯	野牡丹科	野牡丹属	*Melastoma dodecandrum*
8	东方古柯	古柯科	古柯属	*Erythroxylum sinensis*
9	格药柃	茶科	柃木属	*Eurya muricata*
10	牛果藤	葡萄科	牛果藤属	*Ampelopsis cantoniensis*
11	寒莓	蔷薇科	悬钩子属	*Rubus buergeri*
12	华南鳞毛蕨	鳞毛蕨科	鳞毛蕨属	*Dryopteris tenuicula*
13	山葡萄	葡萄科	葡萄属	*Vitis amurensis*
14	柃木	茶科	柃木属	*Eurya japonica*
15	络石	夹竹桃科	络石属	*Trachelospermum jasminoides*
16	马尾松	松科	松属	*Pinus massoniana*
17	毛冬青	冬青科	冬青属	*Ilex pubescens*
18	木荷	山茶科	木荷属	*Schima superba*
19	南五味子	五味子科	南五味子属	*Kadsura longipedunculata*
20	刨花润楠	樟科	润楠属	*Machilus pauhoi*
21	野漆	漆树科	漆树属	*Toxicodendron succedaneum*
22	木油桐	大戟科	油桐属	*Vernicia montana*
23	山鸡椒	樟科	木姜子属	*Litsea cubeba*

（续）

编　号	种	科	属	学　名
24	山桐子	杨柳科	山桐子属	*Idesia polycarpa*
25	杉木	杉科	杉木属	*Cunninghamia lanceolata*
26	蓝果蛇葡萄	葡萄科	蛇葡萄属	*Ampelopsis bodinieri*
27	五节芒	禾本科	芒属	*Miscanthus floridulus*
28	玉叶金花	茜草科	玉叶金花属	*Mussaenda pubescens*
29	小叶栎	壳斗科	栎属	*Quercus chenii*
30	胡颓子	胡颓子科	胡颓子属	*Elaeagnus pungens*
31	杨梅	杨梅科	杨梅属	*Morella rubra*
32	樟	樟科	樟属	*Cinnamomum camphora*
33	野茉莉	安息香科	安息香属	*Styrax japonicus*
34	翼梗五味子	五味子科	五味子属	*Schisandra henryi*
35	玉竹	百合科	黄精属	*Polygonatum odoratum*
36	匍茎榕	桑科	榕属	*Ficus sarmentosa*
37	朱砂根	紫金牛科	紫金牛属	*Ardisia crenata*
38	紫珠	马鞭草科	紫珠属	*Callicarpa bodinieri*
39	鼠刺	虎耳草科	鼠刺属	*Itea chinensis*
40	钩藤	茜草科	钩藤属	*Uncaria rhynchophylla*
41	八角枫	八角枫科	八角枫属	*Alangium chinense*
42	杜茎山	紫金牛科	杜茎山属	*Maesa japonica*
43	树参	五加科	树参属	*Dendropanax dentiger*
44	狗脊蕨	乌毛蕨科	狗脊蕨属	*Pteridium Scopoli*
45	卷柏	卷柏科	卷柏属	*Selaginella tamariscina*
46	欧洲凤尾蕨	凤尾蕨科	凤尾蕨科	*Pteris cretica*
47	鳞毛蕨	鳞毛蕨科	鳞毛蕨	*Dryopteridaceae*
48	穹隆薹草	莎草科	薹草属	*Carex gibba*
49	五爪金龙	旋花科	番薯属	*Ipomoea cairica*
50	构	桑科	构属	*Broussonetia papyrifera*
51	苦槠	壳斗科	锥属	*Castanopsis sclerophylla*
52	石松	石松科	石松属	*Lycopodium japonicum*
53	海金沙	海金沙科	海金沙属	*Lygodium japonicum*
54	菜蕨	蹄盖蕨科	双盖蕨属	*Diplazium s esculentum*
55	土茯苓	百合科	菝葜属	*Smilax glabra*
56	柯	壳斗科	柯属	*Lithocarpus glaber*
57	枫香树	金缕梅科	枫香树属	*Liquidambar formosana*

（续）

编　号	种	科	属	学　名
58	楸	紫葳科	梓属	*Catalpa bungei*
59	杜鹃	杜鹃花科	杜鹃花属	*Rhododendron Simsii*
60	碎米莎草	莎草科	莎草属	*Cyperus iria*
61	毛蕨	金星蕨科	毛蕨属	*Cyclosorus interruptus*
62	赤杨叶	安息香科	赤杨叶属	*Alniphyllum fortunei*
63	毛柄连蕊茶	山茶科	山茶属	*Camellia fraterna*
64	檵木	金缕梅科	檵木属	*Loropetalum chinense*
65	山柿	柿科	柿属	*Diospyros japonica*
66	胡枝子	豆科	胡枝子属	*Lespedeza bicolor*
67	江南越橘	杜鹃花科	越橘属	*Vaccinium mandarinorum*
68	青冈	壳斗科	栎属	*Quercus glauca*
69	杨桐	茶科	杨桐属	*Adinandra millettii*
70	白栎	壳斗科	栎属	*Quercus fabri*
71	白茅	禾本科	白茅属	*Imperata cylindrica*
72	荩草	禾本科	荩草属	*Arthraxon hispidus*
73	铁芒萁	里白科	芒萁属	*Dicranopteris linearis*
74	山乌桕	大戟科	乌桕属	*Triadica cochinchinensis*
75	冬青	冬青科	冬青属	*Ilex chinensis*
76	山莓	蔷薇科	悬钩子属	*Rubus corchorifolius*
77	叶下珠	大戟科	叶下珠属	*Phyllanthus urinaria*
78	大青	马鞭草科	大青属	*Clerodendrum cyrtophyllum*
79	五节芒	禾本科	芒属	*Miscanthus floridulus*
80	乌蕨	鳞蕨科	乌蕨属	*Odontosoria chinensis*
81	乌柿	柿科	柿属	*Diospyros cathayensis*
82	盐麸木	漆树科	盐麸木属	*Rhus chinensis*
83	合欢	豆科	合欢属	*Albizia julibrissin*
84	多穗石栎	壳斗科	柯属	*Lithocarpus polystachyus*
85	黄毛楤木	五加科	楤木属	*Aralia chinensis*
86	南蛇藤	卫矛科	南蛇藤属	*Celastrus orbiculatus*
87	白花泡桐	玄参科	泡桐属	*Paulownia fortunei*
88	白背叶	大戟科	野桐属	*Mallotus apelta*
89	算盘子	大戟科	算盘子属	*Glochidion puberum*
90	野茉莉	安息香科	安息香属	*Styrax japonicus*
91	中华猕猴桃	猕猴桃科	猕猴桃属	*Actinidia chinensis*
92	菥蓂	十字花科	菥蓂属	*Thlaspi arvense*

表 2-38　不同立地指数杉木林下植物种类与比例

编号	12 立地指数			14 立地指数			16 立地指数		
	树种	分布数量（株/hm^2）	比例（%）	树种	分布数量（株/hm^2）	比例（%）	树种	分布数量（株/hm^2）	比例（%）
1	杜茎山	72847	19.69	杉木	18852	15.93	构	1930	2.48
2	杉木	18369	4.96	木荷	9345	7.89	柯	1631	2.10
3	赤杨叶	10908	2.95	枫香树	2215	1.87	赤杨叶	1578	2.03
4	木荷	11264	2.97	山桐子	2215	1.87	山柿	1148	1.48
5	多穗石栎	3859	1.04	构	1674	1.41	枫香树	534	0.69
6	苦槠	3650	0.99	赤杨叶	1344	1.14	樟	327	0.42
7	马尾松	3323	0.90	木油桐	1111	0.94	楸	272	0.35
8	山桐子	2882	0.78	毛冬青	1075	0.91	苦槠	87	0.11
9	川冬青	2824	0.76	川冬青	1066	0.90	大青	2696	3.47
10	樟	2215	0.60	刨花润楠	1082	0.91	檵木	2635	3.39
11	构	2196	0.59	杜茎山	8039	6.79	黄毛楤木	1660	2.13
12	山乌桕	2032	0.55	川山矾	5539	4.68	勾藤	1654	2.13
13	木油桐	1900	0.51	蕨	4135	3.49	朱砂根	1398	1.80
14	柯	1346	0.36	五叶金花	3323	2.81	盐麸木	1373	1.76
15	野茉莉	1126	0.30	白背叶桐	2265	1.91	土茯苓	1352	1.74
16	乌柿	651	0.18	川冬青	2215	1.87	杜茎山	1085	1.40
17	枫香树	347	0.09	山苍子	1701	1.44	紫珠	1045	1.34
18	菝葜	7193	1.94	野漆	1570	1.33	树参	1017	1.31
19	鼠刺	7115	1.92	算盘子	1509	1.27	杨桐	1012	1.30
20	棘木	6768	1.83	中华猕猴桃	1155	0.98	细齿叶柃	998	1.28
21	盐麸木	5439	1.47	翼梗五味子	1124	0.95	江南越橘	959	1.23
22	牛果藤	5308	1.43	库山葡萄	1119	0.94	白栎	930	1.19
23	黄毛楤木	4040	1.09	紫珠	1103	0.93	山莓	837	1.08
24	野茉莉	4039	1.09	东方古柯	1080	0.91	青冈	818	1.05
25	寒莓	3539	0.96	盐麸木	1076	0.91	鼠刺	812	1.04
26	玉叶金花	3366	0.91	钩藤	1075	0.91	胡枝子	804	1.03
27	格药柃	3323	0.90	杨桐	1065	0.90	杨梅	713	0.92
28	勾藤	2925	0.79	柃木	1058	0.89	毛柄连蕊茶	648	0.83
29	合欢	2217	0.60	草珊瑚	823	0.70	五爪金龙	501	0.64
30	南五味子	2215	0.60	黄毛楤木	468	0.40	野漆	458	0.59
31	毛冬青	1850	0.50	油桐	450	0.38	玉叶金花	369	0.47
32	杨桐	1769	0.48	山鸡椒	375	0.32	八角枫	361	0.46

（续）

编号	12立地指数			14立地指数			16立地指数		
	树种	分布数量（株/hm²）	比例（%）	树种	分布数量（株/hm²）	比例（%）	树种	分布数量（株/hm²）	比例（%）
33	中华猕猴桃	1769	0.48	炮桐	244	0.21	海金沙	332	0.43
34	山葡萄	1084	0.29	八角枫	241	0.20	柃木	263	0.34
35	紫珠	988	0.27	胡颓子	44	0.04	杜鹃	238	0.31
36	山莓	3711	1.00	狗脊蕨	15000	12.67	石松	171	0.22
37	大青	905	0.24	五节芒	3451	2.91	菝葜	94	0.12
38	叶下珠	674	0.18	马蓬	3300	2.79	铁芒萁	9248	11.89
39	杨梅	468	0.13	穹隆薹草	2014	1.70	五节芒	4645	5.97
40	罗孚柿	404	0.11	络石	2009	1.70	狗脊蕨	4580	5.89
41	红漆	289	0.08	淡竹叶	1831	1.55	毛蕨	4017	5.16
42	冬青	15	0.00	菥蓂	1699	1.43	乌蕨	3880	4.99
43	柃木	8	0.00	海金沙	1500	1.27	莱蕨	3109	4.00
44	五节芒	50986	13.78	碎米莎草	1500	1.27	卷柏	2843	3.65
45	匍茎榕	21319	5.76	边缘林带蕨	1176	0.99	地棯	2296	2.95
46	铁芒萁	19229	5.20	荩草	1000	0.84	穹隆薹草	2118	2.72
47	芒萁	16592	4.48	满江红	500	0.42	淡竹叶	2000	2.57
48	乌蕨	12138	3.28	地棯	194	0.16	华南鳞毛蕨	1709	2.20
49	地棯	9289	2.51	华南鳞毛蕨	127	0.11	荩草	887	1.14
50	华南鳞毛蕨	6000	1.62	铁芒萁	88	0.07	白茅	697	0.90
51	卷柏	4544	1.23	匍茎榕	14	0.01	凤尾蕨	662	0.85
52	狗脊	3991	1.08				碎米莎草	362	0.47
53	五节芒	3950	1.07						
54	淡竹叶	3000	0.81						
55	荩草	2500	0.68						
56	朱砂根	1527	0.41						
57	茎荩草	1000	0.27						
58	南蛇藤	416	0.11						
69	沙草科	325	0.09						
60	土茯苓	292	0.08						
61	鳞毛蕨	42	0.01						

（二）对杉木生长和经营效益影响的评价

1. 对杉木径向生长的影响

从图 2-15 可以看出，2013—2015 年，各立地指数杉木人工林年均径向生长量保持在

2.20~4.39mm。综合营林措施实施2年后，各立地林木平均径向生长量均明显增加。其中12、14立地指数施肥后两年年均径向生长量为5.40mm和5.57mm，实施前两年均生长量4.31mm、3.85mm增加了1.25倍和1.45倍。而同立地对照样地的年均径向生长与前两年相比变化较小，生长量分别为3.72mm和3.33mm，与2014—2015年生长量仅相差-3.49%和2.00%。说明综合营林措施的实施有利于杉木低质人工林径向生长。

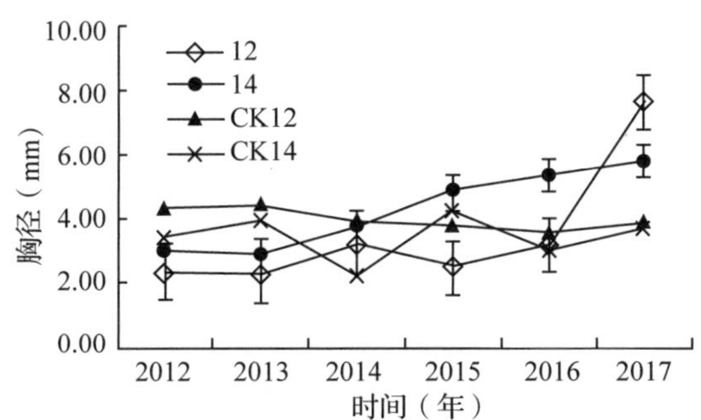

图2-15　综合营林措施对杉木径向生长的影响

2. 对杉木单株材积生长量的影响

从图2-16可以看出，综合处理措施实施两年后，处理样地的单株材积增加明显，与处理前两年的材积生长量相比，12、14立地指数单株材积增长率分别为44.52%、23.30%，单株材积年均增长量为0.0043m^3/株和0.0024m^3/株；而对照样地的材积增长率仅分别为9.27%、8.66%，单株材积年均增加量仅为0.0003m^3/株和0.0004m^3/株。12和14立地指数材积增长率比对照分别提高了35.25%和14.63%。说明采用综合营林措施，有利于杉木低质人工林单株材积的增长。

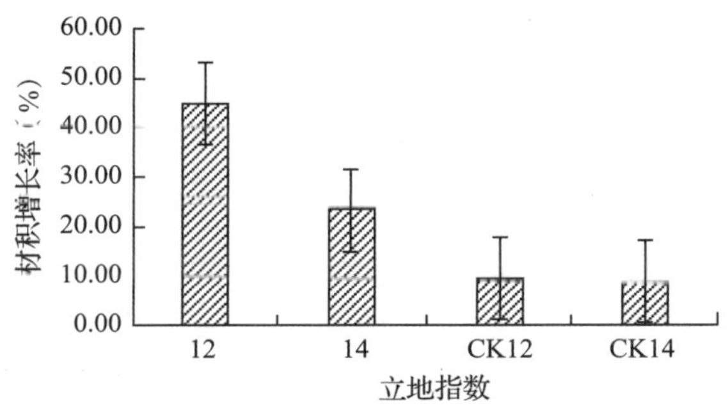

图2-16　综合营林措施实施前后杉木单株材积增长率

3. 综合经营措施的增产效果

从表2-39可以看出，综合营林措施实施后，12、14立地指数未采取综合经营措施的林地，商品材增加量仅为0.86m^3/hm^{2}和1.09m^3/hm^2，而采取综合经营措施林地，每年商品材增加量分别比对照增加了4.36m^3/hm^{2}和1.75m^3/hm^2，投入产出比达1∶1.70和1∶1.10。说明综合措施可以促进杉木低质林的生长，在12立地指数条件下的商品材增加量和经济产出效应明显，应当优先使用。

表 2-39　大岗山杉木低质林综合经营措施实施后经济效益评价

立地指数	比处理前增加量		成本(元/hm²)					投入产出比	总效益(元)
	商品材(m^3/hm^2)	增值(元/hm^2)	抚　育	肥　料	施　肥	采　运	合　计		
12	5. 22	5844	1275	210	750	1200	3435	1 : 1. 70	2409
14	2. 84	3181	1275	210	750	653	2888	1 : 1. 10	293
CK12	0. 86	967	—	—	—	199	199	—	769
CK14	1. 09	1217	—	—	—	250	250	—	967

注：木材采运成本 230 元/m^3，木材单价 1120 元/m^3。

(三) 对林冠下珍贵树种生长的影响

从表 2-40 可以看出，林分 3 年生时，闽楠最佳生长的立地条件(10 号样地)：丘陵下坡位、西北坡向、16 立地指数，平均地径、树高分别为 2. 98cm 和 2. 61m，树高年均生长量 0. 46m，分别比对照(平均水平)提高了 20. 64%、32. 48%。木荷在 9 号样地生长最佳，树高、地径分别比对照提高了 15. 90%、24%。樟在 11 号样地表现最好，树高、地径分别比对照提高了 41. 97%、34. 81%。赤皮青冈在 2 号样地生长表现最好，树高、地径分别比对照(平均水平)提高了 23. 10%、23. 15%。

表 2-40　杉木人工林下不同立地条件对四种珍贵树种幼林生长的影响(3 年生)

样地号	闽　楠		木　荷		樟		赤皮青冈	
	地径(cm)	树高(m)	地径(cm)	树高(m)	地径(cm)	树高(m)	地径(cm)	树高(m)
1	2. 73±0. 63ab	2. 41±0. 63ab	1. 22±0. 52abc	1. 27±0. 66bcd	2. 29±0. 6ab	1. 5±0. 19a	3. 13±0. 95a	2. 34±0. 8ab
2	2. 58±0. 71ab	2. 21±0. 58b	1. 23±0. 56abc	1. 35±0. 54abcd	1. 55±0. 33ab	1. 33±0. 15a	3. 25±1. 16a	2. 5±0. 65a
3(CK)	2. 23±0. 64b	1. 77±0. 49c	1. 3±0. 64ab	1. 25±0. 56cd	1. 43±1. 06ab	1. 19±0. 43a	3. 11±0. 94a	2. 38±0. 54ab
4	2. 32±0. 86b	1. 68±0. 7cd	1. 39±0. 53a	1. 34±0. 47abcd	1. 58±1. 18ab	1. 01±0. 71a	2. 61±0. 81abc	1. 89±0. 59bcd
5	2. 13±0. 75b	1. 74±0. 49c	1. 36±0. 3ab	1. 42±0. 47abc	1. 55±0. 49ab	1. 41±0. 45a	2. 31±0. 85bc	1. 92±0. 51bcd
6	2. 09±0. 63b	1. 78±0. 69c	1. 47±0. 62a	1. 52±0. 68abc	2. 02±1. 08ab	1. 73±0. 45a	2. 47±1. 19abc	1. 82±0. 72abcd
7	2. 08±0. 58b	1. 5±0. 38cd	0. 98±0. 27bc	1. 1±0. 33cd	0. 92±0. 39ab	0. 84±0. 29a	1. 67±0. 66ab	1. 28±0. 51abc
8	3. 84±7. 46a	2. 19±0. 93b	1. 34±0. 89ab	1. 41±1. 01abc	1. 27±0. 49ab	1. 37±0. 12a	2. 88±1. 00ab	2. 33±0. 63ab
9	2. 65±0. 77ab	2. 17±0. 52b	1. 53±0. 64a	1. 7±0. 66a	2. 1±0. 52b	1. 96±0. 38a	2. 36±0. 89ab	2. 05±0. 64ab
10	2. 98±0. 77ab	2. 61±0. 64a	1. 56±0. 66a	1. 69±0. 65ab	2. 04±0. 42ab	1. 82±0. 33a	2. 78±1. 01abc	2. 37±0. 79abcd
11	2. 68±0. 81ab	2. 36±0. 7ab	0. 89±0. 44c	0. 97±0. 5d	2. 3±1. 43a	1. 82±1. 01a	1. 97±1. 08c	1. 66±0. 64d
12	1. 74±0. 43b	1. 33±0. 45d	1. 48±0. 61a	1. 46±0. 55abc	1. 35±0. 49b	1. 17±0. 13a	2. 73±0. 74bc	2. 01±0. 61cd
均值	2. 47±2. 01*	1. 97±0. 7**	1. 32±0. 58**	1. 38±0. 6**	1. 62±0. 8**	1. 35±0. 55*	2. 64±1. 04**	2. 03±0. 74**

林分 6 年生时(2021 年 3 月调查)，11 号样地闽楠、樟生长表现最佳，说明沟谷生境最有利于闽楠和樟的生长。闽楠树高和地径分别达到 2. 97m 和 33. 50mm，平均树高和平均地径分别比照(3 号样地)提高了 23. 36%和 42. 95%。樟树高生长量分别达到 2. 85m 和 40. 00mm，平均树高和平均地径分别比照(3 号样地)提高了 54. 05%和 63. 60%。5 号样地

木荷生长表现最佳，树高和地径分别比对照提高了 28.74%和 9.62%，而赤皮青冈在 1 号样地生长表现最佳，树高和地径分别比对照提高了 7.24%和 25.68%（表 2-41）。

表 2-41　杉木人工林下不同立地条件对四种珍贵树种幼林生长的影响（6 年生）

样地号	闽　楠		樟		木　荷		赤皮青冈	
	树高（m）	胸径（mm）	树高（m）	胸径（mm）	树高（m）	胸径（mm）	树高（m）	胸径（mm）
1	2.85	29.58	1.82	21.17	2.11	18.64	3.20	43.36
2	3.30	30.54	2.10	24.30	2.42	19.94	2.88	31.90
3（CK）	2.41	23.43	1.85	24.45	2.07	19.67	2.99	34.50
4	2.37	28.00	2.15	31.50	1.75	15.81	2.35	34.75
5	2.39	25.73	2.04	21.15	2.66	21.57	2.54	33.16
6	2.38	23.87	2.15	16.50	2.63	20.77	3.10	32.20
7	2.02	18.85	1.56	15.86	1.79	15.30	1.83	19.18
8	2.46	27.09	1.80	26.04	1.90	18.02		
9	3.03	30.73	2.55	29.60	2.36	19.19	2.68	30.18
10	2.63	27.56	2.16	25.25	2.60	22.94	2.91	35.22
11（最优）	2.97	33.50	2.85	40.00	1.42	14.34		
12	2.40	28.76	1.65	16.21	2.03	18.17	2.37	29.75
均值	2.61	27.34	1.95	22.22	2.17	18.85	2.70	32.46

三、结　论

大岗山杉木低质人工林共有维管植物 92 种，分属于 66 科 89 属。不同立地植物种类由多到少依次为 12 立地>14 立地>16 立地。12 立地指数优势群落类型为杜茎山、五节芒和铁芒萁，14 立地指数下为杜茎山、狗脊蕨，16 立地条件为铁芒萁、五节芒和狗脊蕨。杉木林下乡土树种幼苗和药用植物较多分别有 16 种和 32 种，主要包括赤杨叶、木荷、枫香树、草珊瑚、大青、钩藤和淡竹叶等，但数量比例多数仅占 5%以下。大岗山低质人工林植被群落重建过程中，在加强乡土树种幼苗保护同时，还需适地适树引入数量充足的高经济价值树种和优良林源药用植物，充分发挥林地经济、生态效益。

12 和 14 立地指数下，综合改培措施后，杉木成熟低质林内杉木径向生长、单株材积生长量和单位面积蓄积量均明显增加，其中 12 立地指数最为显著，其经济效益可达 2409 元/hm^2，投入产出比 1∶1.70，因此，应当优先在此类立地开展经营改造措施。但由于实施时间相对较短，间伐、抚育和施肥产生的综合措施效应还不能充分表现，其对林冠下珍贵树种生长影响和木材蓄积生长的影响和效益还有待于进一步监测、评估。

第三章

楠木定向培育技术研究

世界各国重视珍贵优质用材的培育，很多林业先进国家把培育珍贵用材林资源作为保护生物多样性，提高林地产值及森林生态功能的重要技术手段。我国是木材资源严重缺乏的国家，对大径阶珍贵用材的年需求量在 3000 万 m^3 以上，然而现有珍贵优质用材资源总量不足，后备资源严重匮乏。我国现有森林资源以中幼林为主，其中包括珍贵用材的硬阔叶林仅占中幼林面积的 9.6%，蓄积量占 10.3%。加强珍贵用材资源培育，不仅是提高林地产出，逐步实现珍贵木材部分自给的重要手段，而且也是实现我国森林双增战略发展目标和林业减缓气候变化的重大举措。我国珍贵用材树种培育研究起步较晚，现有定向培育技术相对薄弱。

楠木是亚热带重要珍贵乡土树种。近年来，虽然楠木人工栽培面积开始不断增加，但栽培技术仍相对落后，生产仍以天然采种育苗和造林为主。相关培育研究多集中楠木的生理生态、造林技术、遗传改良和育苗等方面。为实现速生丰产增效，著者科研团队在开展了苗期试验、营养加载育苗、不同生境造林模式评价等工作，攻克了主要珍贵用材树种轻基质网袋容器育苗关键技术，优化了基质配比、容器规格、缓释肥施用量、空气切根等措施；揭示了主要育林措施对楠木人工林生长和材性的影响，有效推动了楠木等人工林培育产业的发展。

第一节　4 种楠木苗期生长节律的研究

闽楠(*Phoebe bournei*)、浙江楠(*Phoebe chekiangensis*)、紫楠(*Phoebe sheareri*)和华润楠(*Machilus chinensis*)皆属于樟科 Lauraceae 常绿阔叶乔木，海拔 1000m 以下可见，自然分布稀少，主要生长在江西、浙江、湖南、湖北、四川、云南、陕西等省份，均是我国亚热带地区重要的珍贵阔叶用材树种和风景树树种(范辉华等，2020；邓波等，2020；李鑫等，2019；陆云峰等，2018)。闽楠、浙江楠和桢楠均为国家二级保护野生植物，三者树干通直圆满、树冠浓荫繁茂、木材质地坚硬、纹理致密美观、气味芳香怡人、不易开裂变形、抗虫耐腐性强，是建筑、高级家具和雕刻的良好用材(王曦等，2018；王艺等，2013)。紫楠又称金丝楠木，我国特有树种，亦是樟科植物中极为珍贵的用材树种，其木材和闽楠、

浙江楠、桢楠的相似，坚硬致密、纹理直、有光泽、有香味，是高档家具、建筑和雕刻的上等用材(李军等，2019)。随着珍贵用材树种自然分布的不断锐减，人工定向培育珍贵用材林越来越受到人们的关注，闽楠、浙江楠、紫楠和桢楠均是我国亚热带地区重点发展的珍贵阔叶树种，但有关这 4 个珍贵树种的研究前期主要集中在容器苗培育(陈德云等，2017；邱勇斌等，2016；陈献志，2011)、光合特性分析(郭昉晨等，2015；殷国兰等，2014)、种源的遗传变异(吴际友等，2015；朱雁等，2015；刘芳，2008)、人工造林技术(许亮，2017；邓荔生等，2014)和林下套种(刘敏等，2019；侯倩和刁灿林，2018)等方面，但对这 4 个树种苗高和地径生长系统动态变化的研究却罕见报道。因此，本研究以闽楠、浙江楠、紫楠和桢楠 2 年生苗木为研究对象定期观测 4 个树种苗高和地径生长，分析其生长节律的差异，为亚热带地区发展珍贵用材林树种选择和种苗培育提供技术支撑。

一、材料与方法

(一)试验地概况

试验设在亚林中心(江西分宜)育苗基地内，地理位置 114°39′28″E、27°49′09″N，海拔 126m，亚热带季风气候，光热充足，冬寒期短，四季分明，气候温和，年平均气温 17.2℃，7 月的平均气温为 28.8℃，1 月平均气温为 5.5℃，无霜期 270 天，年降水量 1643.6mm，年蒸发量 1503mm，年日照时数 1535.3 小时(表 3-1)。

表 3-1　试验地气候环境因子信息

地　点	经度(E)	纬度(N)	海拔(m)	年平均气温(℃)	1 月平均气温(℃)	7 月平均气温(℃)	无霜期(天)	年日照时数(小时)	年降水量(mm)
江西分宜	114°39′28″	27°49′09″	126	17.2	5.5	28.8	270	1535.3	1643.6

(二)试验材料

2015 年 10~12 月在闽楠、浙江楠、紫楠和桢楠分布区，采集 4 个树种的种子，本研究 4 个树种的种子采集地点详细情况，见表 3-2。

表 3-2　4 个树种种子采集地理位置和气候因子

树　种	地　点	经度(E)	纬度(N)	海拔(m)
闽　楠	江西遂川	114°20′18″	26°20′09″	345
浙江楠	浙江杭州	119°53′02″	30°09′40″	279
紫　楠	江西分宜	114°40′09″	27°39′09″	529
桢　楠	湖南邵阳	110°46′24″	26°43′19″	450

(三) 试验方法

2016 年 4 月上旬，将在苗床催芽后的闽楠、浙江楠、紫楠和桢楠苗，移植到无纺布容器(规格：直径 4.0cm、高度 6.0cm)中，育苗基质为泥炭、稻壳、木屑(体积比为 5∶2.5∶2.5)，培育成 1 年生容器苗。2017 年 3 月底，各树种分别挑选长势一致的 1 年生容器苗，将其移植到 2 年生苗木培育容器(规格：直径 10cm、高度 18cm)中，育苗基质同 1 年生。

每个树种设 3 次重复，每个重复 30 株，共 360 株。从 4 月 10 日开始，每隔 30 天用不锈钢直尺和数显游标卡尺定期测量苗木的苗高和地径，11 月 5 日待苗木生长停止后不再测量，共计 210 天。

（四）数据处理

利用 SPSS 22.0 软件进行方差分析和生长曲线的拟合，有 Excel 2016 软件进行数据简单计算和图表制作。

Logistic 曲线拟合方程(邝雷等，2014)为：

$$Y=\frac{A}{1+Be^{-kt}} \tag{3-1}$$

式中：Y 为苗高和地径生长量；t 为时间(天)；B、k 为待定系数；A 为特定条件下苗高或地径生长可能达到的极限值。

对式(3-1)进行二阶求导，可得到连日生长量变化速率曲线：

$$\frac{\mathrm{d}^2Y}{\mathrm{d}t^2}=\frac{BAk^2e^{-kt}}{(1+Be^{-kt})^3}(1-Be^{-kt}) \tag{3-2}$$

令$\frac{\mathrm{d}^2Y}{\mathrm{d}t^2}=0$，得到 $t_0=\frac{1}{k}\ln B$，它是连日生长速率由快变慢的转折点，即生长拐点(G)。

对式(3-1)进行三阶求导，得到：

$$\frac{\mathrm{d}^3Y}{\mathrm{d}t^3}=\frac{BAk^3e^{-kt}}{(1+Be^{-kt})^4}(B^{2e}e^{-2kt}-4Be^{-kt}+1) \tag{3-3}$$

令$\frac{\mathrm{d}^3Y}{\mathrm{d}t^3}=0$，得 $t=\frac{1}{k}\ln\frac{B}{2\pm\sqrt{3}}$，即 $t_1=\frac{1}{k}\ln\frac{B}{2+\sqrt{3}}$，$t_2=\frac{1}{k}\ln\frac{B}{2-\sqrt{3}}$，$t_1$、$t_2$ 分别是萌动到快速增长、快速增长转慢的分界点，t_1、t_2 两点之间为速生期(董江水，2007)。根据模型拟合所得数据，来划分 4 个树种苗高和地径的生长时期。

二、结果与分析

（一）生长模型的建立

从图 3-1 可以看出，4 个樟科树种苗期的苗高和地径生长情况均呈现“慢-快-慢”的趋势，生长曲线为典型的“S”形曲线，但不同树种的苗高和地径生长存在差异性。从表 3-3 可以看出，4 个樟科树种间苗高和地径生长均存在极显著差异，其中闽楠苗高和地径生长在 4 个树种中最快，其次是浙江楠，紫楠的苗高和地径生长在 4 个树种中最为缓慢。

从表 3-3 可知，4 个樟科树种苗高、地径生长模型与“S”形生长曲线拟合均达到极显著水平。4 个樟科树种苗期苗高生长拟合方程的相关系数最小为 0.987，最大为 0.990，平均为 0.988；地径生长拟合方程的相关系数最小为 0.976，最大为 0.993，平均为 0.986。说明 4 个樟科树种苗期苗高、地径生长均能用 Logistic 生长曲线进行模拟，使用 Logistic 方程估测其生长情况是可靠可行的。

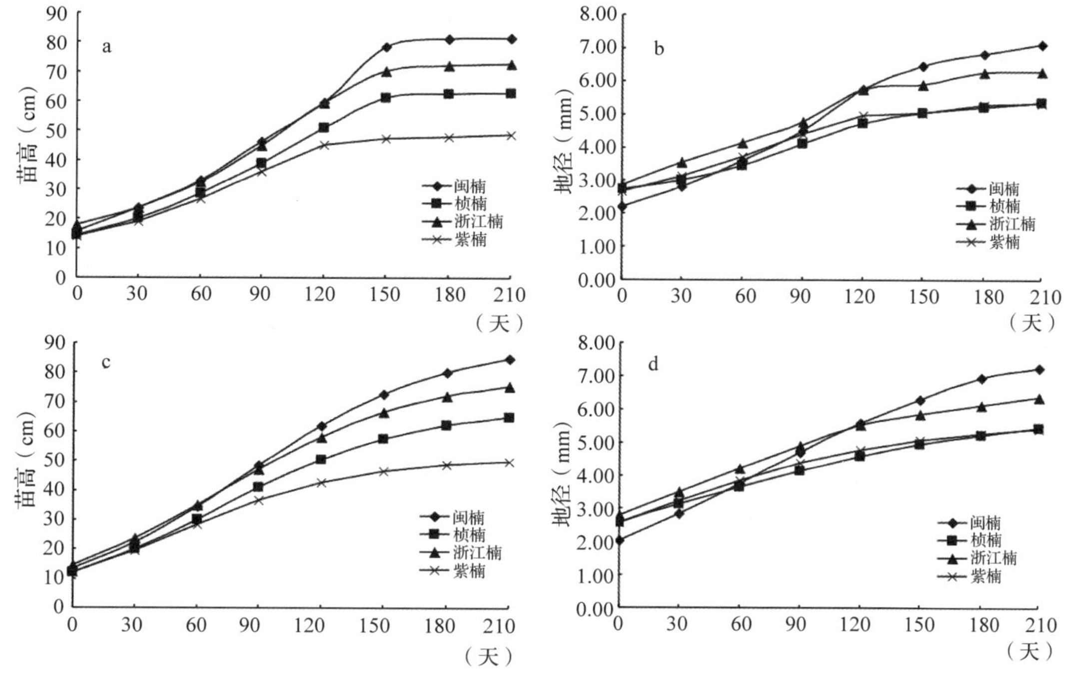

图 3-1　4 个樟科树种生长及 Logistic 拟合曲线

注：a、b 为实测值，c、d 为拟合曲线。

表 3-3　4 个樟科树种 2 年生苗木苗高和地径多重比较

树　种	苗高(cm)	地径（mm）
闽　楠	81. 79±19. 13c	7. 20±1. 58c
浙江楠	72. 76±19. 71b	6. 17±1. 76b
桢　楠	62. 96±20. 80b	5. 56±1. 78ab
紫　楠	46. 96±15. 08a	5. 18±1. 27a
F　值	52. 369**	26. 339
P　值	0. 000	0. 000

（二）4 个樟科树种苗期生长阶段划分和特点

从表 3-4、表 3-5 可以看出，4 个樟科树种苗期苗高生长在生长前期占生长总量的 10. 50%～21. 44%，在速生期的生长量占总生长量的 66. 59%～67. 60%，生长后期的生长量占总生长量的 11. 46%～21. 90%；地径生长在生长前期占总生长量的 5. 70%～10. 69%，在速生期占生长总量的 72. 48%～79. 10%，在生长后期占总生长量的 15. 20%～19. 48%。苗高在生长前期占比最大的是桢楠，其占比为 21. 44%；在速生期和生长后期占比最大的是紫楠，其占比分别为 67. 60%和 21. 90%。地径在生长前期占比最大的是闽楠，其占比为 10. 69%；在速生期占比最大的是浙江楠，其占比为 79. 10%；在生长后期占比最大的是紫楠，其占比为 19. 48%。

4 个樟科树种中，苗高速生期持续时间最长的树种是闽楠，其持续时间为 132 天，持续时间最短的树种是紫楠，仅为 97 天，浙江楠和桢楠持续时间相同为 101 天；地径速生期持续时间最长的树种为浙江楠，持续时间为 146 天，闽楠和紫楠的持续时间均最短，为 125 天，桢楠的持续时间为 138 天；在速生期内，苗高日平均生长量最大的树种是浙江楠，其值为 4. 561mm/天，最小的是紫楠，仅为 3. 303mm/天；地径日平均生长量最大的树种是闽楠，其值为 0. 037mm/天，最小的是紫楠，仅为 0. 026mm/天。

表 3-4　4 个樟科树种苗高、地径生长的 Logistic 回归曲线参数

树　种	指　标	生长极限（A）	待定系数（B）	待定系数（k）	决定系数（R^2）	F	P
闽　楠	苗　高	91. 122	9. 711	0. 026	0. 987	76. 572	P<0. 01
	地　径	7. 978	6. 939	0. 021	0. 993	96. 733	P<0. 01
浙江楠	苗　高	79. 793	8. 423	0. 026	0. 987	68. 685	P<0. 01
	地　径	7. 183	4. 891	0. 018	0. 976	109. 610	P<0. 01
桢　楠	苗　高	68. 317	8. 584	0. 026	0. 990	61. 672	P<0. 01
	地　径	6. 058	5. 346	0. 019	0. 985	98. 669	P<0. 01
紫　楠	苗　高	51. 005	7. 222	0. 027	0. 988	38. 235	P<0. 01
	地　径	5. 640	5. 202	0. 021	0. 989	51. 701	P<0. 01

表 3-5　4 个樟科树种苗期生长节律

树　种	指　标	生长前期		速生期				生长后期	
		生长量（mm）	占比（%）	生长量（mm）	占比（%）	持续时间（d）	日生长量（mm/d）	生长量（mm）	占比（%）
闽　楠	苗　高	107. 49	13. 61	526. 12	66. 59	132	3. 991	156. 40	19. 80
	地　径	0. 68	10. 69	4. 61	72. 48	125	0. 037	1. 07	16. 83
浙江楠	苗　高	83. 950	12. 24	460. 67	67. 19	101	4. 561	141. 03	20. 57
	地　径	0. 30	5. 70	4. 15	79. 10	146	0. 028	0. 80	15. 20
桢　楠	苗　高	73. 10	21. 44	394. 42	67. 10	101	3. 905	120. 31	11. 46
	地　径	0. 33	7. 14	3. 50	76. 73	138	0. 025	0. 735	16. 13
紫　楠	苗　高	45. 75	10. 50	294. 47	67. 60	97	3. 036	95. 40	21. 90
	地　径	0. 28	6. 43	3. 256	74. 09	125	0. 026	0. 86	19. 48

通过对 4 个樟科树种进行方程模拟可知，各树种苗期的苗高、地径生长具有明显的阶段性，模型可推导各生长阶段所对应的时间，具体见表 3-6。结果显示，4 个树种均可分为生长前期、速生期和生长后期 3 个阶段，苗高在这 3 个阶段的持续时间分别为 24~37 天、101~132 天、79~88 天，地径分别为 15~30 天、125~146 天、64~85 天。

4 个樟科树种苗期的生长阶段存在一定的差异，在苗高速生期，紫楠的苗高速生期起始时间最早，为 5 月 5 日，结束时间最早，为 8 月 12 日，且生长拐点也最早，为 6 月 24 日；闽楠的苗高速生期起始时间最晚，为 5 月 17 日，结束时间最晚，为 8 月 27 日，拐点也最晚，为 7 月 8 日。在地径速生期，浙江楠进入地径速生期的时间最早，为 4 月 25 日，结束时间最晚，为 9 月 18 日；闽楠的地径速生期时间最晚，为 5 月 10 日，拐点出现也最晚，为 7 月 10 日。

表 3-6 4 个樟科树种苗高、地径的生长阶段

树 种	指 标	物候期参数		生长前期	速生期	生长后期	生长拐点
闽 楠	苗 高	36.78	138.09	0410~0517	0517~0827	0827 之后	0708
	地 径	29.53	154.96	0410~0510	0510~0912	0912 之后	0713
浙江楠	苗 高	31.31	132.61	0410~0512	0512~0822	0822 之后	0702
	地 径	15.03	161.35	0410~0425	0425~0918	0918 之后	0710
桢 楠	苗 高	32.04	133.34	0410~0512	0512~0823	0823 之后	0704
	地 径	18.92	157.54	0410~0429	0429~0915	0915 之后	0710
紫 楠	苗 高	24.45	122.00	0410~0505	0505~0812	0812 之后	0624
	地 径	15.81	141.24	0410~0426	0426~0830	0830 之后	0629

三、讨 论

在测定的 210 天内，闽楠、浙江楠、桢楠和紫楠 2 年生苗木苗期生长均呈现“慢-快-慢”的生长规律，符合“S”形生长模型，这与韩东花等(2019)对楸、郭欢欢等(2018)对黄连木和付佳秀等(2017)对云南紫薇等树种生长节律的研究结果类似。利用 Logistic 数学模型拟合 4 个樟科树种的苗高、地径数据，4 个树种的苗高生长 Logistic 模型决定系数在 0.987~0.990，地径生长模型的决定系数在 0.976~0.993，都达到了极显著水平，说明利用 Logistic 模型拟合闽楠、浙江楠、桢楠和紫楠苗高和地径的生长节律准确度较高。4 个樟科树种的速生期起始时间、结束时间和持续时间存在差异，且各树种内部苗高和地径的生长节律也存在差异，这些差异可为定向培育闽楠、浙江楠、桢楠和紫楠苗期选择提供参考。

4 个樟科树种的苗高和地径生长具有明显的阶段性，具体可划分为生长前期、速生期和生长后期 3 个生长阶段，不同树种各时期的划分起止时间存在明显差异。就苗高生长进入速生期的时间而言，紫楠进入的时间最早为 5 月 5 日，但持续时间最短为 97 天；闽楠进入的时间最晚为 5 月 17 日，但闽楠速生期持续的时间最长，为 132 大。就地径生长进入速生期的时间而言，浙江楠进入的时间最早为 4 月 25 日，但生长的拐点也最晚为 7 月 10 日；闽楠进入的时间最晚为 5 月 10 日，但持续的时间最长为 146 天。同时，4 个树种在苗高和地径生长方面均差异极显著，说明在珍贵树种培育选择方面具有现实意义。以速生珍贵用材培育为目标时，速生期的持续时间和生长速度可以作为速生选择的基本参考标准(唐继新等，2019；贾晨等，2017；麻文俊等，2012)。闽楠苗高生长速生期持续时间最长，速生期内苗高和地径生长量均最大，综合生长表现最优秀，因而，可作为珍贵用材树种培育的首选树种。此外，浙江楠地径生长速生期持续时间最长，期内苗高和地径生长量在 4 个树种中均排名第 2，也可作为珍贵用材培育树种的选择对象。在江西开展珍贵用材林培育造林时，可以优先考虑闽楠和浙江楠这两个树种，但考虑到生态多样性问题，也可适当选择桢楠和紫楠造林。

树种的选择，是珍贵用材林培育成功与否的关键因素之一，对 4 个樟科珍贵树种苗期生长节律进行研究，可为苗木的树种选择和珍贵用材林营造提供技术支撑和理论依据。为提高珍贵用材林培育效率，在造林苗木树种选择时要有目的地选择树种，在该树种苗木生

长速生期前及速生期中加强水肥管理，以利于该树种的培育。但是，本研究针对的是闽楠、浙江楠、桢楠和紫楠这 4 个珍贵树种苗期阶段，实际造林效果如何，还有待于进一步研究。

四、结 论

闽楠、浙江楠、紫楠和桢楠 4 个樟科树种苗高和地径生长均呈现“S”形生长曲线，苗高生长的决定系数为 0.987~0.990，地径生长的决定系数为 0.976~0.993，均为极显著水平，可以用 Logistic 模型对各树种生长进行动态拟合；4 个树种的苗高和地径生长均可分为生长前期、速生期和生长后期 3 个阶段；闽楠的苗高生长速生期持续时间最长，持续时间为 132 天，期内苗高和地径生长量均最大；浙江楠地径生长速生期持续时间最长，持续时间为 146 天，期内苗高和地径生长量均第 2；紫楠的苗高生长速生期持续时间最短，仅为 97 天；闽楠和紫楠的地径生长速生期最短，均仅为 125 天。4 个樟科树种的苗高和地径生长具有明显的阶段性，不同树种在生长期内的生长量也具有显著差异。综合考虑，以培育珍贵树种大径材为经营目标，早期珍贵用材林培育建议选择闽楠和浙江楠。

第二节　3 种育苗因素对闽楠 1 年生容器苗生长和根系发育的影响

容器育苗技术是当前世界各国林业领域的研究热点，也是运用比较广泛，育苗实践中比较成熟的技术（OLIETJA et al.，2009；MATTSSONA，1997；张鹏等，2019）。然而，当前国内外在闽楠 1 年生容器育苗方面开展了一些研究，但研究的影响因素仅涉及基质比例、缓释肥用量等单一或者两个因素对苗木生长的影响，而综合考虑基质比例、缓释肥施用量和容器大小等多个因素对苗木生长影响的研究还罕见报道（林素娇，2019；李娟等，2016；王艺等，2013；刘军等，2011）。因此，为了进一步优化闽楠 1 年生容器育苗技术，完善育苗方案，提升容器苗育苗质量，在已有研究基础上，本研究运用析因试验设计方法，研究 4 种基质比例、6 个缓释肥施用水平及 4 个容器大小，其交互效应对闽楠容器苗地上和地下生长发育指标的影响，并在此基础上利用隶属函数法对 96 个育苗组合进行综合评价，筛选出最佳育苗组合方案，为指导规模化、产业化培育闽楠优质容器苗提供科技支撑。

一、材料与方法

（一）试验地概况

试验开展地点位于亚林中心（江西分宜）育苗基地内，该基地是由高 2.4m 的钢构大棚组成，装有自动喷灌和遮阳系统设备。试验的地理位置 114°39′28″E、27°49′09″N，海拔 126m。试验所在地为亚热带季风气候，光热充足，冬寒期短，四季分明，气候温和，年平均气温 17.2℃，7 月的平均气温为 28.8℃，1 月平均气温为 5.5℃，无霜期 270 天，年降水量 1643.6mm，年蒸发量 1503mm，年日照时数 1535.3 小时（表 3-7）。

表 3-7　试验地气候环境因子信息

地　点	经度（E）	纬度（N）	海拔（m）	年平均气温（℃）	1月平均气温（℃）	7月平均气温（℃）	无霜期（天）	年日照时数（小时）	年降水量（mm）
江西分宜	114°39′28″	27°49′09″	126	17.2	5.5	28.8	270	1535.3	1643.6

（二）试验材料

闽楠种子于 2018 年 11 月底采自福建省尤溪县国有林场闽楠优树，采集后将种子进行沙藏处理，2019 年 1 月上旬将闽楠种子播至育苗圃地，出苗后于 2019 年 3 月底栽植于各试验处理对应的容器袋内。育苗所用泥炭产自东北，稻壳和木屑来自当地，经发酵腐熟后用于试验。缓释肥产自美国爱贝施（APEX）公司，肥效时间 9 个月，全氮含量为 180g/kg，有效磷含量为 60g/kg，有效钾含量为 120g/kg。育苗容器袋产自广西壮族自治区桂林市花妹公司，选择相应规格用于试验。

（三）试验设计

试验设置基质比例（A）、缓释肥施用量（B）和容器大小（C）三因素的容器育苗析因设计试验。在兼顾考虑闽楠容器苗生长特性和前人同类研究的基础上（周志春，2011），基质比例按 V（泥炭）：V（稻壳）：V（木屑）设置 4 个水平（A_1 为 3：3.5：3.5，A_2 为 4：3：3，A_3 为 5：2.5：2.5，A_4 为 6：2：2）；缓释肥施用量设置 6 个水平（B_1 为 1.5kg/m^3，B_2 为 2.0kg/m^3，B_3 为 2.5kg/m^3，B_4 为 3.0kg/m^3，B_5 为 3.5kg/m^3，B_6 为 4.0kg/m^3）；容器大小按直径和长度设置 4 个水平（C_1 为 3.5cm×4.5cm，C_2 为 4.0cm×6.0cm，C_3 为 4.5cm×10.0cm，C_4 为 5.0cm×12.0cm）。按照析因试验设计，共有 96 个试验处理，每个处理 50 株，重复 3 次，共 14400 株。2019 年 3 月初，按照要求配置好基质并装袋放置在育苗大棚内，当月下旬将闽楠芽苗栽植于基质袋内，做好常规育苗管理工作，注意病虫害防治。

（四）测定指标及方法

2019 年 12 月待闽楠苗生长停止后，每处理随机选择 30 株健康苗木，利用卷尺和游标卡尺分别测定其苗高和地径，并按照公式（高径比＝苗高/地径）计算高径比；利用托普云农 GXY-A 植物根系分析系统其总根长、根体积、根表面积、根尖数和根直径等根系发育指标；将苗木经 105℃杀青 30 分钟后，置于 80℃烘箱中烘至恒重，然后分根、茎、叶三个部分测定其干质量，并按照公式，地上生物量＝茎牛物量+叶生物量、总生物量＝根生物量+茎生物量+叶生物量、根冠比＝地上生物量/根生物量，计算其地上生物量、总生物量和根冠比。

（五）数据处理及分析

隶属函数值按公式计算：

$$U(x_i)=(x_i-x_{min})/(x_{max}-x_{min}) \tag{3-1}$$

式中：x_i 为指标测定值；x_{max} 和 x_{min} 分别为该指标的最大值和最小值。

用 Excel 2016 对数据进行整理，对高径比和根冠反正弦处理，然后用 SPSS 25.0 对数据进行多因素方差分析和 Duncan 检验多重比较分析。

二、结果与分析

(一)基质比例、缓释肥施用量和容器大小对闽楠1年生容器苗生长的影响

1. 各因素及其交互效应对闽楠1年生容器苗生长的影响

多因素方差分析结果表明(表3-8):在3个主因素中,基质比例(A)对闽楠容器苗生长影响最大,除地径不显著外,其他各指标均达到极显著水平($P<0.01$);其次是容器大小(C),除高径比和根冠比为显著水平($P<0.05$)外,其余指标均达到极显著水平;缓释肥施用量(B)的影响最小,仅对苗高有极显著影响,对地径、地上生物量和茎生物量有显著影响,而对其他生长指标影响均不显著。在双因素交互效应中,基质比例、缓释肥施用量(A×B)的交互效应影响最大,除对总生物量的影响为显著水平外,对其他指标的影响均为极显著水平;其次为缓释肥施用量、容器大小(B×C)的交互效应的影响,除对高径比影响未达显著水平外,对苗高和地径影响显著,对其他指标影响均为极显著水平;基质比例、容器大小(A×C)的交互效应的影响最小,对苗高、地径和高径比影响均未达显著水平。在基质比例、缓释肥施用量、容器大小(A×B×C)三因素交互作用中,对所有生长指标的影响均为极显著水平。进一步分析多因素方差分析中的F值可知,基质比例和容器大小是多因素交互效应的主要来源,说明基质比例和育苗容器大小是影响闽楠容器苗生长的主要因素。

表3-8 闽楠1年生苗木生长的多因素方差分析(F值)

变异来源	自由度	苗 高	地 径	高径比	地上生物量	根生物量	茎生物量	叶生物量	总生物量	根冠比
A	3	48.756**	0.625	26.745**	55.685**	9.254**	59.837**	45.582**	8.462**	13.295**
B	5	3.634**	2.321*	2.056	2.600*	0.360	2.799*	2.100	0.387	1.399
C	3	12.412**	7.838**	2.848*	56.296**	68.716**	46.318**	54.581**	14.452**	3.274*
A×B	12	2.889**	2.250**	2.781**	3.284**	2.700**	3.052**	3.173**	2.041*	3.057**
A×C	9	1.558	1.401	0.799	7.027**	5.751**	7.067**	6.067**	5.149*	3.474**
B×C	14	1.711*	1.877*	0.918	2.601**	3.073**	2.278**	2.675**	2.677**	3.255**
A×B×C	26	2.276**	2.508**	1.986**	3.648**	2.962**	4.005**	3.115**	2.610**	1.849**

注:A为基质比例;B为缓释肥施用量;C为容器大小。*和**分别表示在0.05和0.01水平上显著。

2. 基质比例对闽楠1年生容器苗生长的影响

基质比例对闽楠1年生容器苗生长影响显著(表3-9)。随着基质比例中泥炭含量的增加,闽楠容器苗9个生长指标均呈现上升趋势,当基质比例为V(泥炭):V(稻壳):V(木屑)=6:2:2(A_4)处理时,闽楠1年生容器苗9个生长指标均为最大,且均显著大于其他处理基质比例。

3. 缓释肥施用量对闽楠1年生容器苗生长的影响

方差分析结果(表3-9)显示,不同缓释肥施用量对闽楠1年生容器苗生长的影响较为显著。闽楠容器苗所有生长指标均随着施用量的增加呈现先升后降再升的趋势,但差异各异。当施用量为B_6(4.0kg/m^3)时地径、高径比和根冠比最大,均与B_1处理差异显著,与B_2、B_3、B_4、B_5差异不显著;苗高、地上生物量、根生物量、茎生物量、叶生物量和总

表 3-9 基质配比、缓释肥用量和容器规格对闽楠 1 年生容器苗生长指标影响的多重比较

因素	水平	苗高 (cm)	地径 (mm)	高径比	地上生物量 (g)	根生物量 (g)	茎生物量 (g)	叶生物量 (g)	总生物量 (g)	根冠比
A	A_1	11. 15±2. 74a	2. 06±1. 50a	57. 79±13. 00a	0. 46±0. 19a	0. 20±0. 08a	0. 16±0. 07a	0. 30±0. 13a	0. 65±0. 26a	2. 51±1. 82a
	A_2	13. 38±3. 34b	2. 19±0. 84ab	62. 65±14. 16b	0. 60±0. 26b	0. 22±0. 09b	0. 22±0. 11b	0. 38±0. 17b	0. 82±0. 34b	3. 02±2. 28b
	A_3	14. 12±6. 25c	2. 11±0. 41ab	67. 48±37. 94c	0. 65±0. 31c	0. 23±0. 11b	0. 23±0. 12b	0. 42±0. 20c	0. 90±0. 53c	2. 95±0. 87b
	A_4	15. 57±4. 21d	2. 20±0. 49b	71. 56±16. 73d	0. 79±0. 41d	0. 25±0. 13c	0. 30±0. 19c	0. 49±0. 24d	1. 05±0. 52d	3. 30±1. 24c
B	B_1	10. 75±2. 81a	1. 80±0. 32a	59. 77±12. 00a	0. 44±0. 21a	0. 20±0. 09a	0. 15±0. 07a	0. 29±0. 14a	0. 64±0. 28a	2. 29±0. 66a
	B_2	14. 07±3. 84cd	2. 20±1. 03b	66. 04±14. 16b	0. 67±0. 36c	0. 23±0. 11bc	0. 25±0. 18c	0. 42±0. 21c	0. 90±0. 45d	3. 01±1. 06b
	B_3	13. 24±3. 61bc	2. 10±0. 91b	64. 58±15. 19b	0. 58±0. 28b	0. 21±0. 09ab	0. 21±0. 11b	0. 37±0. 18b	0. 79±0. 36b	2. 96±1. 49b
	B_4	13. 60±3. 98bcd	2. 20±0. 96b	63. 30±15. 90b	0. 65±0. 30c	0. 22±0. 10c	0. 24±0. 11c	0. 41±0. 19c	0. 88±0. 39cd	2. 86±0. 96b
	B_5	12. 80±3. 94b	2. 09±1. 00b	63. 14±17. 18b	0. 58±0. 30b	0. 20±0. 09a	0. 21±0. 12b	0. 37±0. 18b	0. 81±0. 56bc	2. 99±1. 27b
	B_6	14. 33±6. 54d	2. 21±0. 90b	67. 21±40. 17b	0. 67±0. 37c	0. 24±0. 12c	0. 25±0. 15c	0. 42±0. 23c	0. 91±0. 48d	3. 02±1. 67b
C	C_1	12. 02±2. 82a	1. 90±1. 04a	66. 21±15. 48a	0. 47±0. 21a	0. 17±0. 07a	0. 17±0. 08a	0. 30±0. 14a	0. 64±0. 26a	2. 78±0. 96a
	C_2	12. 91±6. 00b	2. 03±1. 17b	66. 57±38. 96a	0. 51±0. 23a	0. 18±0. 08a	0. 18±0. 09a	0. 32±0. 15b	0. 68±0. 28a	3. 12±1. 43b
	C_3	14. 19±4. 35e	2. 24±0. 84c	63. 80±14. 66a	0. 73±0. 39c	0. 25±0. 12b	0. 27±0. 18c	0. 45±0. 23d	0. 98±0. 49b	2. 93±1. 11ab
	C_4	13. 88±4. 03c	2. 22±0. 75c	63. 37±15. 85a	0. 68±0. 31b	0. 24±0. 11b	0. 25±0. 12b	0. 43±0. 19c	0. 93±0. 49b	2. 88±1. 71ab

注：同列中不同字母表示在 0. 05 水平上差异显著。

生物量均在施用量为 B_6 处理时最大，B_2 处理其次，B_4 处理第 3，B_6 处理与 B_1、B_3 和 B_5 处理差异极显著，与 B_2 和 B_4 处理差异不显著。

4. 容器大小对闽楠 1 年生容器苗生长的影响

方差分析结果表明(表 3-9)，苗高、地径、地上生物量、根生物量、茎生物量、叶生物量和总生物量 7 个生长指标在不同容器大小间表现一致，均随着容器大小的变大而呈现先升后降的趋势。C_3 处理时，苗高、地径、地上生物量、根生物量、茎生物量、叶生物量和总生物量最大，其值分别为 14.19±4.35cm、2.24±0.84cm、0.73±0.39g、0.25±0.12g、0.27±0.18g、0.45±0.23g 和 0.98±0.49g，均显著高于其他处理，比 C_1 分别提高了 15.29%、15.18%、35.62%、32.00%、37.04%、33.33%和 35.71%，比 C_2 分别提高了 9.02%、9.38%、30.14%、28.00%、33.33%、28.89% 和 30.61%，比 C_4 分别提高了 2.18%、0.89%、6.85%、4.00%、7.41%、4.44%和 5.10%。C_2 处理时，高径比和根冠比最大，其值分别为 66.57±38.96 和 3.12±1.43。综合分析发现，随着容器大小的逐步变大能够增加闽楠容器苗的生长空间，有助于生长发育和干物质积累。

(二)基质比例、缓释肥施用量和容器大小对闽楠 1 年生容器苗根系发育的影响

1. 各因素及其交互效应对闽楠 1 年生容器苗根系发育的影响

多因素方差分析结果表明(表 3-10)，在 3 个主因素中，基质比例(A)对闽楠容器苗根系发育影响最大，对所有根系发育指标均达到极显著水平($P<0.01$)；其次是容器大小(C)，除对根系直径影响不显著外，其他根系发育指标均达到极显著水平；缓释肥施用量(B)的影响最小，对根体积和根尖数的影响均未达显著水平。在双因素交互效应中，基质比例、缓释肥施用量(A×B)的交互效应的影响最大，除对根系直径影响不显著外，其他根系发育指标均达到极显著水平；缓释肥施用量、容器大小(B×C)的交互效应仅对根体积和根尖数影响达极显著水平，对总根长、根表面积和根直径影响均不显著；基质比例、容器大小(A×C)的交互效应仅对总根长和根表面积影响达极显著水平，对根直径、根体积和根尖数影响均未达显著水平。在基质比例、缓释肥施用量、容器大小(A×B×C)三因素交互作用中，对所有根系发育指标的影响均为极显著水平。进一步分析多因素方差分析中的 F 值可知，基质比例和容器大小是多因素交互效应的主要来源，这就说明基质比例中的泥炭含量和根系发育的生长空间是影响闽楠容器苗根系发育的主要因素。

表 3-10 闽楠 1 年生苗木根系发育的多因素方差分析(F 值)

变异来源	自由度	根总长	根表面积	根直径	根体积	根尖数
A	3	164.917**	89.366**	22.318**	13.090**	11.477**
B	5	22.681**	7.746**	4.532**	0.685	1.735
C	3	27.304**	29.109**	2.224	74.046**	58.943**
A×B	12	9.172**	4.216**	0.842	5.541**	3.990**
A×C	9	8.087**	5.180**	1.251	1.757	1.872
B×C	14	1.588	1.230	1.064	3.018**	2.353**
A×B×C	22	3.437**	2.486**	2.179**	2.074**	1.954**

注：A 为基质比例；B 为缓释肥施用量；C 为容器大小。* 和 * * 分别表示在 0.05 和 0.01 水平上显著。

2. 基质比例对闽楠 1 年生容器苗根系发育的影响

基质比例对闽楠 1 年生容器苗根系发育的影响显著(表 3-11)。总根长、根表面积和根体积随着基质比例中泥炭含量的增加呈现下降趋势，当基质比例为 V(泥炭)：V(稻壳)：V(木屑)= 3：3.5：3.5(A_1)处理时根总长、根表面积和根体积最大，其值分别为 221.00±45.32cm、15.83±2.13cm^2 和 54.56±21.95cm^3，均显著高于其他处理，比 A_2 高 17.20%、8.40% 和 0.20%，比 A_3 高 23.75%、13.01% 和 8.65%，比 A_4 高 21.54%、11.51% 和 11.05%；基质比例为 A_4 处理时根直径最大，基质比例为 A_2 处理时根尖数最大。

3. 缓释肥施用量对闽楠 1 年生容器苗根系发育的影响

方差分析结果(表 3-11)显示，缓释肥施用量对闽楠 1 年生容器面根系发育各指标的影响差异各异。当施用量为 B_6(4.0kg/m^3)时总根长和根尖数最大，其值分别为 190.71±49.13cm 和 49.91±20.16cm，与 B_1 和 B_2 处理差异显著，比 B_1 处理大 5.59%和 9.02%，比 B_2 处理大 5.51%和 8.19%，但与 B_3、B_4 和 B_5 处理差异不显著；当施用量为 B_4(3.0kg/m^3)时根表面积值最大为 14.73±2.31cm^2，但与其他处理差异不显著；当施用量为 B_2(2.0kg/m^3)时根直径值最大为 1.65±0.13mm，除与 B_6 处理差异不显著外，与其他各处理差异均显著；当施用量为 B_1(1.5kg/m^3)时根体积值最大为 57.24±21.36cm^3，但与其他各处理差异不显著。

4. 容器大小对闽楠 1 年生容器苗根系发育的影响

经方差分析结果(表 3-11)可知，不同容器大小对闽楠 1 年生容器苗根系发育各指标影响显著。随着容器体积的逐渐增大($C_1 \to C_2 \to C_3 \to C_4$)，闽楠容器苗根系的总根长、根表面积、根体积和根尖数均呈现逐渐上升的趋势，当容器大小为 C_4(5.0cm×12.0cm)时，总根长、根表面积、根体积和根尖数最大，均显著高于其他容器大小；根直径随着育苗容器体积的逐渐增大呈现先上升后下降的趋势，当容器大小为 C_3(4.5cm×10.0cm)时，根直径达到最大值，并显著高于 C_2 和 C_4 处理。从数据分析结果来看，增大育苗容器大小能够提升根系生长的营养空间，有利于容器苗根系的生长发育。

表 3-11　基质配比、缓释肥用量和容器规格对闽楠 1 年生容器苗根系发育指标影响多重比较

因素	水平	根总长(cm)	根表面积(cm^2)	根直径(mm)	根体积(cm^3)	根尖数
A	A_1	221.00±45.32c	15.83±2.13c	1.59±0.10a	54.56±21.95b	48.05±17.77ab
	A_2	182.98±42.95b	14.50±2.16b	1.61±0.14a	54.45±24.20b	50.48±20.81b
	A_3	168.52±43.60a	13.77±2.33a	1.64±0.12b	49.84±21.80a	45.91±18.45a
	A_4	173.40±47.44a	13.99±2.54a	1.66±0.12c	48.53±22.64a	46.58±20.13a
B	B_1	180.05±39.22a	14.62±2.18a	1.62±0.09ab	57.24±21.36b	45.41±16.63a
	B_2	180.20±49.66a	14.31±2.41a	1.65±0.13c	50.31±25.31a	45.82±20.98a
	B_3	189.25±51.55ab	14.59±2.51a	1.62±0.16ab	51.68±22.65a	47.90±19.23ab
	B_4	189.81±47.55ab	14.73±2.31a	1.62±0.11ab	51.63±21.09a	47.59±18.49ab
	B_5	188.51±52.19ab	14.49±2.52a	1.60±0.09a	51.88±22.30a	47.90±18.81ab
	B_6	190.71±49.13b	14.63±2.48a	1.63±0.11bc	52.81±23.46a	49.91±20.16b

（续）

因　素	水　平	根总长(cm)	根表面积(cm^2)	根直径(mm)	根体积(cm^3)	根尖数
C	C_1	173.65±53.68a	13.89±2.55a	1.63±0.12b	39.82±19.64a	37.66±16.08a
	C_2	181.01±51.26b	14.10±2.39a	1.62±0.10a	46.69±20.00b	43.81±17.15b
	C_3	186.46±42.57b	14.70±2.17b	1.64±0.12b	53.53±21.17c	49.25±18.24c
	C_4	198.43±59.88c	15.03±2.49c	1.61±0.14a	58.91±24.21d	53.25±20.70d

注：同列中不同字母表示在0.05水平上差异显著。

（三）闽楠1年生容器苗育苗综合评价及最佳组合筛选

本研究运用隶属函数法对各组合的效果进行了综合评价，筛选出排名前10位的育苗措施组合（表3-12）。由表3-12可知，V(泥炭)：V(稻壳)：V(木屑)=6：2：2(A_4)占了前6个，育苗效果明显要优于其他基质比例处理；5.0cm×12.0cm(C_4)容器在排名前10的育苗组合中占了6个，4.0cm×10.0cm(C_3)容器占了4个，这就进一步说明较大的容器有利于闽楠容器苗的生长和根系发育；4.0kg/m^3(B_6)在排名前10位的育苗效果组合中占了3个，其中还包括了最佳育苗效果组合，这就说明增加缓释肥施用量能够促进闽楠容器苗的生长和根系发育。所有育苗措施组合中，$A_4B_6C_3$组合平均隶属函数值最大(0.7969)，综合排名第1，其生长指标隶属函数平均值为0.8309，在所有组合中排名第1，根系发育指标隶属函数平均值为0.7629，也在所有组合中排名第1。

表3-12　不同育苗措施组合对闽楠1年生容器苗生长和根系发育指标的隶属函数评价

组　合			苗木生长指标隶属函数平均值	苗木根系指标隶属函数平均值	平均隶属函数值	平均隶属函数值排序
基质配比	缓释肥(kg/m^3)	容器规格(cm×cm)				
泥炭：稻壳：木屑=6：2：2	4.0	4.5×10.0	0.8309	0.7629	0.7969	1
泥炭：稻壳：木屑=6：2：2	2.0	5.0×12.0	0.5820	0.6934	0.6377	2
泥炭：稻壳：木屑=6：2：2	2.0	4.5×10.0	0.6844	0.5586	0.6215	3
泥炭：稻壳：木屑=6：2：2	3.5	4.5×10.0	0.6125	0.6037	0.6081	4
泥炭：稻壳：木屑=6：2：2	3.0	5.0×12.0	0.5399	0.6503	0.5951	5
泥炭：稻壳：木屑=6：2：2	4.0	5.0×12.0	0.5903	0.5788	0.5846	6
泥炭：稻壳：木屑=4：3：3	2.0	5.0×12.0	0.4501	0.6601	0.5551	7
泥炭：稻壳：木屑=3：3.5：3.5	4.0	5.0×12.0	0.4293	0.6666	0.5480	8
泥炭：稻壳：木屑=4：3：3	2.5	5.0×12.0	0.3762	0.7128	0.5445	9
泥炭：稻壳：木屑=5：2.5：2.5	3.0	4.5×10.0	0.6300	0.4348	0.5324	10

三、讨　论

容器育苗中的基质比例、缓释肥施用量和容器大小均是容器苗生长和根系发育的重要影响因素（周新华等，2017），本研究开展了这3个因素对闽楠1年生容器苗生长和根系发育影响的析因设计试验。结果表明，三因素均对容器苗生长和根系发育影响显著。基质的组成材料和配制比例决定了苗木的生长发育环境，在育苗过程中往往需要良好的保水性、

透气性和丰富的营养成分(DOLORDE et al.，2009；武捷等，2019)。本试验中，随着泥炭含量的增加，基质中有效营养成分含量也逐渐增加，因而苗高、地径、高径比、地上生物量、根生物量、茎生物量、叶生物量、总生物量和根冠比等9个生长指标均呈现上升趋势；随着泥炭含量的增加，基质的透水、透气性能逐渐变差，因而导致总根长、根表面积、根体积和根尖数等4个根系发育指标呈现下降趋势。因此，在闽楠容器苗的培育过程中，如果以苗木地上部分的生长为培育目标，建议选择 V(泥炭)：V(稻壳)：V(木屑)= 6：2：2为好，如果以苗木地下部分的根系发育为培育目标，建议在实际育苗之中适当降低泥炭的含量，增加基质的透水和透气性能。

容器育苗中缓释肥的施用既能解决培育过程中的养分问题，又能降低长期施肥的人工成本，是现代容器育苗重要的关键技术措施(KYUNGJM et al.，2019；泮樟胜等，2018；周志春等，2011)。闽楠是深根系的喜阴和喜肥阔叶大乔木，本试验对比了不同施用量闽楠容器苗的地上和地下部分生长发育指标发现，地上部分生长指标均随着施用量的增加呈现先升后降再升的趋势，当施用量最大(4.0kg/m^3)时，地上部分生长指标值均达到最大，这与根系发育指标并不同步。究其原因，闽楠虽是喜肥树种，但在缓释肥较低的水平下，苗木的养分更侧重分配给地下部分，这样在有利于根系的生长发育，为后期苗木地上部分的生长奠定好基础，这一研究结果与王艺等(2013)在闽楠养分库构建中的结果类似。鉴于缓释肥能够缓慢释放养分的特性，综合考虑地上部分生长和地下部分根系发育指标后，建议在闽楠1年生容器苗培育时缓释肥的施用水平4.0kg/m^3 为好。

容器大小直接影响苗木地上和地下部分的生长空间，更大的育苗容器能够为苗木的地上形态生长和地下的根系发育提供更多的养分(姚甲宝等，2019；刘士玲等，2019；陈琳等，2017)。本研究结表明，容器大小对闽楠地上和地下部分的影响均极其显著，容器大小为4.5cm×10.0cm的无纺布育苗袋对闽楠容器苗地上部分的生长最有利，容器大小为5.0cm×12.0cm的无纺布育苗袋对闽楠容器苗地下部分的根系发育最有利，说明在开展闽楠容器育苗时，适当提高育苗容器大小有利于提升苗木质量和生长速度。然而，考虑到容器大小直接关系到育苗基质用量和对苗圃的占用空间，因此，建议育苗时采用合适的容器大小，综合考虑后，建议在闽楠1年生容器苗培育时采用4.5cm×10.0cm为好。

育苗中的基质比例、缓释肥施用量和容器大小不仅单独影响容器苗的生长和根系发育，且相互之间还存在着显著的互作效应(张青青等，2019；刘婷岩等，2019；王秀花等，2019；庞圣江等，2018；王金凤等，2017)。本研究发现，基质比例、缓释肥施用量(A×B)交互效应对所有地上形态生长指标和绝大多数根系发育指标均有显著或极显著影响；基质比例、容器大小(A×C)交互效应对地上生物量、根生物量、茎生物量、叶生物量、总生物量、根冠比、总根长和根表面积等指标具有极显著影响；缓释肥施用量、容器大小(B×C)的交互效应对除高径比外的所有地上形态生长指标具有显著或极显著影响，对根体积和根尖数有极显著影响；基质比例、缓释肥施用量、容器大小(A×B×C)三因素交互效应对所有地上形态生长和地下根系发育指标均有显著或极显著影响。因此，在开展闽楠容器育苗基质比例、缓释肥施用量和容器大小选择时，不能单根据各孤立处理的单因素方差分析结果来简单组合。本研究在综合考虑各因素交互效应的基础上，使用隶属函数综合评价法筛选出的最佳育苗组合为 V(泥炭)：V(稻壳)：V(木屑)= 6：2：2(A_4)、缓释肥施用量为 4.0kg/m^3(B_6)、容器大小为 4.0cm×10.0cm(C_3)，以及排序前 10 位的处理组合，这些组合可在规模化培育闽楠 1 年生容器苗时进行利用。

本研究从地上形态生长指标和地下根系发育指标出发，利用隶属函数法对各育苗组合进行评价，虽然可以筛选出效果较好的组合，但其苗木的营养加载情况却未研究，这将在后续研究中进一步完善。

四、结 论

基质比例、缓释肥施用量和容器大小 3 个主因素中，基质比例对苗木生长和根系发育影响最大，对所有生长指标和根系发育指标的影响均达到极显著水平；容器大小其次，对所有生长指标的影响均达到显著或极显著水平，对除根直径外的所有根系发育指标影响均达极显著水平；缓释肥施用量最小，仅对部分生长指标和根系发育指标影响显著。两因素交互效应中，基质比例、缓释肥施用量交互效应最大，对所有生长指标和除根直径外的根系发育指标均有显著影响；缓释肥施用量、容器大小的交互效应其次，对绝大多数生长指标和部分根系发育指标影响显著；基质比例、容器大小交互效应最小，对部分生长指标和根系发育指标显著影响。基质比例、缓释肥施用量、容器大小三因素交互效应对所有生长指标和根系发育指标均有显著影响。所有育苗措施组合中，V(泥炭)：V(稻壳)：V(木屑)= 6：2：2、缓释肥施用量为 4.0kg/m^3、容器大小为 4.0cm×10.0cm 的措施组合育苗效果最佳，平均隶属函数为 0.7969，综合排名第 1，其生长指标隶属函数平均值为 0.8309，根系发育指标隶属函数平均值为 0.7629。各因素不仅单独影响育苗效果，它们之间还存在着显著的交互效应，筛选出的最佳育苗组合方案以及排名前 10 的育苗方案，可更好地指导生产实践。

第三节 3 种不同育苗因素对 2 年生闽楠生长的影响

当前国内外在闽楠 2 年生容器育苗方面开展了一些研究，但所研究的影响因素仅涉及基质比例、缓释肥用量等单一或者两个因素对苗木生长的影响，而综合考虑基质比例、缓释肥施用量和容器大小等多个因素对苗木生长的影响的研究还罕见报道。因此，本研究为进一步优化闽楠 2 年生容器育苗技术，完善育苗方案，提升闽楠 2 年生容器苗育苗质量，在已有研究基础上，运用析因试验设计方法，研究 4 种基质比例、3 个缓释肥施用水平及 3 个容器大小及其交互效应对闽楠 2 年生容器苗地上形态生长指标和幼林生长的影响，并在此基础上利用隶属函数法对 36 个育苗组合进行综合评价，筛选出最佳育苗组合方案，为指导规模化、产业化培育闽楠 2 年生优质容器苗提供科技支撑。

一、材料与方法

(一) 育苗地概况

试验地位于亚林中心(江西分宜)育苗基地，地理位置 114°39′28″E、27°49′09″N，海拔 126m，属亚热带湿润大陆性季风气候，年平均气温 17.2℃，7 月平均气温 28.8℃，1 月平均气温 5.5℃，无霜期 270 天，年降水量 1643.6mm，日照时数 1535.3 小时。育苗基地遮阳棚设施为钢架构大棚，棚高 2.4m，装有喷灌设施，上层遮阳网透光度 70%。

(二)供试材料

试验所用闽楠苗木为本地种源生长表现一致的 1 年生实生苗。育苗基质材料主要包括泥炭、稻壳、木屑混合物、黄心土和缓释肥，其中泥炭为国产东北泥炭，稻壳、木屑为江西本地稻壳、木屑经腐熟和粉碎后等比混合物，缓释肥为美国爱贝斯(APEX)长效控释肥，其全氮、有效磷和有效钾含量分别为 180g/kg、60g/kg 和 120g/kg，肥效 9 个月。育苗容器选用安徽生产相应规格的无纺布育苗网袋。

(三)试验设计

分别设置基质比例(A)、缓释肥水平(B)、容器大小(C)和 3 个因素的容器育苗析因设计试验。泥炭：稻壳、木屑：黄心土的体积比设置了 4 个水平(A_1：2：8：0，A_2：3：6：1，A_3：4：4：2，A_4：5：2：3)，缓释肥水平设置 3 个水平(B_1：2.0kg/m^3，B_2：3.0kg/m^3，B_3：4.0kg/m^3)，容器大小按无纺布网袋的直径和长度设置了 3 个水平(C_1：5cm×10cm，C_2：15.0cm×20.0cm，C_3：10cm×15.0cm)。按析因设计要求，共设置 36 个试验处理，3 次重复，每个重复 30 株。试验苗木类型为 1 年生楠木苗，平均苗高 35cm。

2018 年 3 月下旬，按试验设计要求配制成的基质，经过人工多次混合后再用拌料机搅拌均匀，经孔径为 1cm 筛过滤，然后装入相应规格的无纺布育苗袋中。将装好的容器袋按试验设计编号，按照随机设计放入苗床中，挂牌编号做好标记。4 月上旬，将闽楠 1 年生苗移栽到各容器袋中，移栽后放置在搭有遮阳网的育苗大棚里，直接摆放在苗圃的地面上，及时喷水，保持基质湿润，经常松动育苗基质托盘，防止根系穿透容器壁进入土中。

(四) 生长形态指标测定

2018 年 11 月底，闽楠苗停止生长后，各试验处理随机选择 30 株健康苗木作为重复，利用数显游标卡尺测定其地径，利用卷尺测定苗木的株高，并计算高径比；在苗木生长停止后，各重复试验处理随机选择 10 株健康苗木，用于测定地上和地下部分生物量，计算其根冠比。

$$高径比=\frac{苗高}{地径} \tag{3-8}$$

$$根冠比=\frac{地上干质量}{地下干质量} \tag{3-9}$$

(五)不同育苗基质处理组合对 2 年生闽楠新造林生长的影响

为了明确上述不同处理苗木的造林生长效果，2019 年春季对上述各处理闽楠 2 年生容器苗进行马尾松林下栽培试验，试验每处理设置 4 个重复，每重复 10 株，单行小区。

(六)数据处理

隶属函数的计算公式为：

$$U(x_i)=(x_i-x_{min})/(x_{max}-x_{min}) \tag{3-10}$$

式中：x_i 为指标测定值；x_{max} 为某处理指标最大值；x_{min} 为某处理指标最小值。

试验获得的数据全部采用平均数±标准误(mean±SE)来表示。数据的处理与统计分析采用 Microsoft Office Excel 2003 和 SPSS 18.0 统计分析软件，使用显著性为 0.05 水平上的 Duncan 检验进行多重比较分析，以检验各因素的主效应及互作效应的显著性，根冠比经

表 3-13　基质配比、缓释肥用量和容器规格对 2 年生闽楠容器苗生长指标影响的多重比较

处理	苗高（cm）	地径（mm）	高径比	根生物量（g/株）	茎生物量（g/株）	叶生物量（g/株）	总生物量（g/株）	根冠比
$A_1B_1C_1$	73. 73±3. 31l	5. 22±0. 05hi	141. 24±5. 97abc	2. 61±0. 15i	6. 87±0. 37hi	5. 84±0. 33ghij	15. 33±0. 78j	4. 88±0. 28ab
$A_1B_1C_2$	80. 4±2. 42kl	6. 51±0. 32cdefghi	123. 66±3. 63bc	5. 94±0. 33defghi	11. 74±0. 49defghi	8. 92±0. 6cdefghij	26. 6±1. 38efghij	3. 48±0. 07defg
$A_1B_1C_3$	85. 63±14. 33higkl	7. 16±1. 54abcdef	121. 21±19. 03c	8. 97±4. 8acde	17. 32±9. 72abcdef	14. 86±7. 19abc	41. 16±21. 65abcdef	3. 61±0. 35cdefg
$A_1B_2C_1$	72. 57±1. 37efghigkl	5. 26±0. 37hi	138. 6±11. 98abc	3. 89±0. 18fghi	7. 08±0. 6hi	6. 78±0. 99defghij	17. 76±1. 48ij	3. 57±0. 42cdefg
$A_1B_2C_2$	86. 07±11. 57kl	6. 43±0. 76defghi	133. 64±3. 22abc	5. 65±1. 78defghi	12. 36±4. 46cdefghi	10±3. 41abcdefghij	28±9. 6defghij	3. 93±0. 18abcdefg
$A_1B_2C_3$	95. 37±2. 26efghigkl	7. 36±1. 35abcdef	132. 83±27. 21abc	9. 32±3. 83acd	16. 77±6. 36abcdefg	12. 86±4. 06abcd	38. 96±14. 22abcdefgh	3. 23±0. 2efg
$A_1B_3C_1$	74. 77±20. 66abcdefghi	5. 3±0. 17hi	141. 66±42. 08abc	3. 72±0. 21fghi	6. 05±0. 95i	4. 91±0. 59ij	14. 68±1. 51j	2. 94±0. 35g
$A_1B_3C_2$	103. 57±4. 08gkl	7. 33±0. 52abcdef	141. 45±5. 21abc	6. 8±1. 32acdefghi	18. 38±2. 31abcde	12. 21±2. 44abcdefg	37. 39±5. 49abcdefghi	4. 56±0. 77abcd
$A_1B_3C_3$	89. 2±7. 23abcd	7. 29±0. 41abcdef	122. 73±14. 16bc	8. 32±1. 55acdef	15. 72±1. 25abcdefgh	12. 15±1. 68abcdefg	36. 19±3. 1abcdefghi	3. 42±0. 66defg
$A_2B_1C_1$	81. 27±11. 23cdefghigk	5. 2±0. 51hi	157. 64±28. 22a	3. 39±0. 48ghi	6. 78±0. 77hi	4. 67±0. 42abc	14. 85±1. 64j	3. 39±0. 21defg
$A_2B_1C_2$	110. 5±11. 29higkl	7. 21±1. 31abcdef	154. 96±16. 62ab	8. 98±5. 35acde	20. 28±11. 67abcd	14. 52±6. 84abcd	43. 79±23. 83abcde	3. 96±0. 27abcdefg
$A_2B_1C_3$	101. 33±11. 97a	7. 21±0. 49abcdef	141. 07±19. 71abc	8. 12±2. 12acdef	15. 94±6. 12abcdefgh	12. 9±3. 25hij	36. 96±10. 81abcdefghi	3. 55±0. 42cdefg
A_2B_2C1	71. 13±0. 32abcde	4. 99±0. 18i	142. 56±4. 48abc	2. 93±0. 07i	5. 71±0. 49i	5. 63±0. 52j	14. 27±1. 04j	3. 87±0. 28abcdefg
$A_2B_2C_2$	91. 23±5. 57bcdefghig	6. 19±1. 1defghi	149. 76±21. 13abc	6. 2±2. 14defghi	9. 59±6. 45efghi	9. 04±2. 11cdefghij	24. 83±8. 69efghij	3. 22±1. 47efg
$A_2B_2C_3$	104. 9±10. 65abc	7. 63±1. 52abcd	141. 11±30. 03abc	11. 13±5. 78a	21. 78±10. 58ab	16±7. 5ab	48. 91±22. 66ab	3. 58±0. 59cdefg
$A_2B_3C_1$	74. 87±3. 67gkl	5. 78±0. 76fghi	131. 04±17. 21abc	4±0. 99fghi	9. 2±2. 4efghi	7. 44±2. 01defghij	20. 64±5. 23hij	4. 15±0. 07abcdefg
$A_2B_3C_2$	89. 77±10. 9cdefghigk	6. 35±1. 09defghi	142. 27±8. 22abc	4. 72±1. 51efghi	12. 07±4. 86defghi	8. 97±3. 33cdefghij	25. 76±9. 64efghij	4. 38±0. 34abcde
$A_2B_3C_3$	82±10. 44higkl	6. 93±0. 84bcdefg	119. 42±19. 8c	7. 71±1. 3acdefg	12. 67±3. 12bcdefghi	10. 74±2. 58abcdefghij	31. 12±6. 79bcdefghij	3. 02±0. 2fg
$A_3B_1C_1$	87. 27±10. 4efghigkl	6. 37±0. 52defghi	137. 43±18. 63abc	3. 9±0. 42fghi	9. 69±0. 47efghi	7. 55±1. 09defghij	21. 13±0. 67ghij	4. 47±0. 73abcde
$A_3B_1C_2$	99. 57±7. 07abcdef	7. 18±1. 13abcdef	139. 92±12. 15abc	8. 1±3. 52acdef	18. 31±7. 04abcde	14. 19±4. 98abc	40. 6±15. 44abcdefg	4. 1±0. 31abcdefg
$A_3B_1C_3$	102. 13±11. 23abcde	8. 32±1. 26ab	123. 66±13. 39bc	10. 98±3. 84a	21. 83±7. 88ab	16. 31±6. 06a	49. 12±17. 77ab	3. 46±0. 1defg
$A_3B_2C_1$	80. 17±5. 01igkl	5. 85±0. 32efghi	137. 47±15. 13abc	5. 14±2. 37defghi	7. 59±0. 41ghi	6. 07±0. 11fghij	18. 8±2. 13ij	3. 01±1. 14fg
$A_3B_2C_2$	95. 33±7. 77bcdefghi	7. 44±0. 96abcde	128. 66±6. 62abc	6. 77±0. 94acdefghi	16. 56±2. 75abcdefg	12. 02±1. 79abcdefgh	35. 34±5. 01abcdefghi	4. 22±0. 22abcdefg

（续）

处理	苗高（cm）	地径（mm）	高径比	根生物量（g/株）	茎生物量（g/株）	叶生物量（g/株）	总生物量（g/株）	根冠比
$A_3B_2C_3$	106. 9±4. 24ab	8. 11±0. 8abc	132. 58±12. 99abc	9. 66±2. 96acd	21. 47±4. 46abc	16. 17±3. 29ab	47. 3±10. 71abcd	3. 98±0. 39abcdefg
$A_3B_3C_1$	85. 03±7. 92efghigkl	5. 76±0. 42fghi	147. 52±7. 56abc	3. 19±0. 78ghi	8. 49±1. 87fghi	6. 55±1. 91defghij	18. 24±4. 34ij	4. 77±0. 84abc
$A_3B_3C_2$	88. 47±2. 61defghigkl	6. 96±0. 34bcdefg	127. 13±2. 75abc	6. 37±1. 34cdefghi	13. 47±2. 8bcdefghi	9. 38±1. 98cdefghij	29. 21±6. 07cdefghij	3. 59±0. 09cdefg
$A_3B_3C_3$	109. 37±13. 9a	8. 47±1. 28ab	130. 3±17. 82abc	9. 62±3. 18acd	21. 91±5. 32ab	16. 08±3. 15ab	47. 61±11. 43abc	4. 08±0. 59abcdefg
$A_4B_1C_1$	78. 5±9. 12gkl	5. 45±0. 32ghi	143. 92±12. 03abc	3. 07±0. 43hi	8. 34±0. 96fghi	6. 79±0. 47defghij	18. 2±1. 68ij	4. 95±0. 37ab
$A_4B_1C_2$	88. 57±2. 23cdefghigkl	7. 21±0. 5abcdef	123. 18±9. 21bc	6. 49±1. 02cdefghi	15. 58±2. 7abcdefgh	11. 14±0. 94abcdefghi	33. 21±2. 85abcdefghij	4. 25±1. 25abcdef
$A_4B_1C_3$	98. 93±6. 01abcdefg	7. 07=0. 29abcdef	139. 8±3. 14abc	7. 11±0. 2acdefghi	15. 87±1. 23abcdefgh	12. 53±1. 9abcde	35. 51±2. 89abcdefghi	4±0. 53abcdefg
$A_4B_2C_1$	84. 9±2. 33fghigkl	5. 78±0. 46fghi	147. 29±9. 82abc	4. 14±1. 82fghi	10. 22±1. 73efghi	8. 83±2. 2cdefghij	23. 18±5. 72fghij	5. 1±1. 74a
$A_4B_2C_2$	96. 17±7. 69abcdefgh	6. 68=0. 35cdefgh	143. 96±8. 29abc	6. 55±0. 26cdefghi	15. 4±2. 71abcdefgh	10. 54±2. 11abcdefghij	32. 49±4. 57abcdefghij	3. 97±0. 8abcdefg
$A_4B_2C_3$	104. 47±1. 86abcd	8. 61±0. 3a	121. 43±2. 31c	10. 84±0. 73ac	23. 97±0. 32a	16. 33±1. 32a	51. 14±1. 86a	3. 73±0. 28bcdefg
$A_4B_3C_1$	80. 47±5. 94higkl	6. 09±1. 26defghi	135. 32±23. 36abc	4. 65±1. 97efghi	9. 92±4. 51efghi	6. 43±2efghij	20. 99±8. 39hij	3. 55±0. 24cdefg
$A_4B_3C_2$	83. 5±8. 05ghigkl	6. 49±0. 54defghi	128. 71±6. 02abc	5. 46±0. 5defghi	13. 4±3. 96bcdefghi	9. 91±3. 13bcdefghij	28. 78±7. 51cdefghij	4. 22±0. 91abcdefg
$A_4B_3C_3$	90. 8±13. 65bcdefghig	6. 55±0. 65cdefghi	138. 32±12. 65abc	7. 56±1. 97acdefgh	13. 81±3. 74bcdefghi	12. 35±3. 66abcdef	33. 72±9. 14abcdefghij	3. 45±0. 29defg
均值	89. 69±13. 14**	6. 66±1. 17**	136. 21±16. 45**	6. 44±3. 1t**	13. 67±6. 41t**	10. 49±4. 44t**	30. 6±13. 63t**	3. 88±0. 76t

过反正弦转换处理，其他各组检验数据都确保在同一量纲上进行分析，确保分析的准确性。

二、结果与分析

(一)基质配比、缓释肥和容器规格对闽楠容器苗生长的影响

不同基质配比闽楠容器苗生长与生物量特征(表 3-13)。从表 3-13 可以看出，在幼苗生长方面，闽楠幼苗苗高变异范围为 71.13~110.50cm，$A_2B_1C_2$ 处理苗高最高，达 110.5cm，是苗高最低 $A_2B_2C_1$ 处理的 1.15 倍。地径的变异范围为 4.99~8.61mm，$A_4B_2C_3$ 地径值最高为 8.61，与最低的 $A_2B_2C_1$ 处理间相差了 1.73 倍。不同处理高径比的变异幅度为 19.42~157.64，其中 $A_2B_1C_1$ 处理最高，$A_2B_3C_3$ 处理含量最低，二者相差了 1.32 倍。

在闽楠各器官生物量方面，根生物量的变异范围为 9.66~10.84g/株，茎生物量的变异范围为 9.92~10.22g/株，叶部生物量的变异范围为 4.67~16.33g/株，总生物量的变异范围为 14.27~51.14g/株，根冠比的变异范围为 2.94~5.1，不同处理间分别相差了 1.03 倍、1.12 倍、3.50 倍、3.58 倍和 1.73 倍。方差分析表明，各处理间的生长与生物量性状均达极显著差异水平。说明基质配比、缓释肥和容器规格对闽楠容器苗生长影响明显。

(二) 各因素对闽楠容器苗生长影响的多因素方差分析

从表 3-14 可以看出，基质配比、缓释肥用量和容器规格 3 个主效应中，容器规格对闽楠容器苗生长影响最大，对苗高、地径、高径比、根生物量、茎生物量、叶生物量、总生物量、根冠比($P<0.05$)；基质配比对闽楠容器苗生长影响次之，对苗高和地径生长指标影响达显著差异水平，缓释肥用量对闽楠的影响不显著。双因素或三因素交互效应对容器苗生长指标的影响整体较弱，对其生长指标和生物量指标的影响均不显著。说明容器规格和基质配比是影响闽楠容器苗生长、生物量累积的主要因素。

表 3-14 2 年生闽楠苗木生长指标的多因素方差分析(*F* 值)

	自由度	苗高	地径	高径比	根生物量	茎生物量	叶生物量	总生物量	根冠比
A	3	5.86**	5.239**	1.801	1.018	2.363	1.651	1.88	2.225
B	2	1.373	0.113	0.593	1.279	0.677	1.399	1.055	0.909
C	2	42.21**	54.638**	4.54*	52.43**	44.007**	51.612**	52.31*	4.187*
A×B	6	3.574	0.771	1.247	0.644	0.96	0.478	0.743	1.015
A×C	6	1.528	0.419	0.618	0.198	0.492	0.457	0.414	0.431
B×C	4	1.586	1.348	0.168	1.542	2.065	1.022	1.655	1.139
A×B×C	12	1.450	1.004	0.860	0.631	1.193	1.055	0.964	3.375*

(三) 闽楠容器育苗最佳基质配比、容器规格和缓释肥量组合的筛选

采用隶属函数法对不同基质配比、缓释肥量和容器规格组合育苗指标进行综合评价(表 3-15)。36 个育苗处理中，泥炭：稻壳：木屑=4：4：2(A_3)在隶属函数均值排名前 10 位的组合中占有 5 个，2.0kg/m^3、3.0kg/m^3 施肥量(B_1、B_2)在排名前 10 的组合中各占有 4 个，10.0cm×15.0cm(C_3)规格容器在平均隶属函数值前 10 位组合中占据 6 个。因此，泥炭：稻壳：木屑=4：4：2(A_3)、2.0~3.0kg/m^3 施肥量(B_1、B_2)和 10.0cm×15.0cm

(C_3)规格容器分别是最佳的育苗基质配比、缓释肥用量和容器类型。

各育苗处理组合中泥炭：稻壳：木屑=5：4：3(A_4)、缓释肥施用量为2.0kg/m³(B_2)、容器规格为10cm×15.0cm(C_3)组合的平均隶属函数值最大(0.902)在所有组合中排名第1，为所有组合中育苗效果最好的组合；平均隶属函数值排第2位的育苗组合是泥炭：稻壳：木屑=4：4：2(A_3)、缓释肥施用量为3.0kg/m³(B_3)、容器规格为10cm×15.0cm(C_3)组合。

表3-15　不同因素组合对2年生闽楠容器苗生长和营养指标的隶属函数评价

序号	组合			平均隶属函数值	平均隶属函数值排序
	基质配比	缓释肥施用量	容器规格		
1	A_4	B_2	C_3	0.902	1
2	A_3	B_3	C_3	0.853	2
3	A_3	B_1	C_3	0.842	3
4	A_3	B_2	C_3	0.82	4
5	A_2	B_2	C_3	0.78	5
6	A_2	B_1	C_2	0.684	6
7	A_1	B_1	C_3	0.66	7
8	A_3	B_1	C_2	0.658	8
9	A_1	B_3	C_2	0.64	9
10	A_3	B_2	C_2	0.613	10
11	A_1	B_2	C_3	0.607	11
12	A_1	B_3	C_3	0.585	12
13	A_2	B_1	C_3	0.582	13
14	A_4	B_1	C_3	0.573	14
15	A_4	B_1	C_2	0.573	15
16	A_4	B_2	C_2	0.492	16
17	A_4	B_3	C_3	0.489	17
18	A_2	B_3	C_3	0.47	18
19	A_3	B_3	C_2	0.463	19
20	A_4	B_3	C_2	0.454	20
21	A_1	B_2	C_2	0.422	21
22	A_1	B_1	C_2	0.394	22
23	A_2	B_3	C_2	0.391	23
24	A_4	B_2	C_1	0.349	24
25	A_3	B_1	C_1	0.337	25
26	A_2	B_2	C_2	0.304	26
27	A_2	B_3	C_1	0.279	27
28	A_4	B_3	C_1	0.266	28
29	A_3	B_3	C_1	0.255	29
30	A_4	B_1	C_1	0.247	30
31	A_1	B_1	C_1	0.189	31

（续）

序号	组合			平均隶属函数值	平均隶属函数值排序
	基质配比	缓释肥施用量	容器规格		
32	A_3	B_2	C_1	0.196	31
33	A_1	B_2	C_1	0.166	33
34	A_2	B_2	C_1	0.106	34
35	A_1	B_3	C_1	0.086	35
36	A_2	B_1	C_1	0.079	36

（四）不同育苗基质处理组合对 2 年生闽楠新造林生长的影响

从表 3-16 可以看出，不同育苗基质组合对闽楠幼林生长的影响极显著，闽楠树高生长变异幅度为 0.62~1.19m，地径生长的变异幅度为 0.52~1.07cm，成活率的变异幅度为 56.67%~96.67%，最高与最低处理间相差了 1.92 倍、2.06 倍和 1.71 倍。其中苗高、地径生长表现最好的前 5 个育苗基质分别是 11 号、12 号、15 号、24 号和 30 号，其中苗高最高的是 30 号，排第 2 名的是 12 号，15 号排第 3 位。地径最高的是 12 号，排在第 2 位的是 15 号，30 号处理排第 3 位。方差分析表明三者间差异未达到显著水平。12 号处理 $A_2B_1C_3$（泥炭：谷壳木：黄心土 = 3：6：1、2.0kg/m^3 和 15cm×20cm）、15 号处理

表 3-16 不同育苗处理组合对 2 年生闽楠幼林生长的影响

处理	育苗基质	树高（m）	地径（cm）	成活率（%）	处理	育苗基质	树高（m）	地径（cm）	成活率（%）
1	$A_1B_1C_1$	0.63±0.18m	0.59±0.14opq	63.33%					
2	$A_1B_1C_2$	0.85±0.19ghij	0.79±0.17hijk	86.67%	20	$A_3B_1C_2$	0.96±0.21cdefg	0.81±0.16ghij	90.00%
3	$A_1B_1C_3$	1±0.12bcdef	0.9±0.14efgh	80.00%	21	$A_3B_1C_3$	1.08±0.21abcd	0.93±0.19cdef	86.67%
4	$A_1B_2C_1$	0.66±0.22lm	0.52±0.18q	60.00%	22	$A_3B_2C_1$	0.64±0.15m	0.56±0.13pq	63.33%
5	$A_1B_2C_2$	0.91±0.15efghi	0.79±0.15hijk	93.33%	23	$A_3B_2C_2$	0.92±0.17efgh	0.79±0.16hijk	66.67%
6	$A_1B_2C_3$	1.03±0.13bcde	0.9±0.13efgh	96.67%	24	$A_3B_2C_3$	1.1±0.13abc	1.02±0.16abcd	86.67%
7	$A_1B_3C_1$	0.62±0.17m	0.57±0.14pq	66.67%	25	$A_3B_3C_1$	0.65±0.18m	0.61±0.13mnopq	70.00%
8	$A_1B_3C_2$	1.04±0.16bcde	0.91±0.16defg	86.67%	26	$A_3B_3C_2$	0.88±0.19fghi	0.71±0.18jklmn	76.67%
9	$A_1B_3C_3$	1.08±0.17abcd	0.95±0.2cdef	86.67%	27	$A_3B_3C_3$	1.02±0.21bcde	0.94±0.15cdef	83.33%
10	$A_2B_1C_1$	0.72±0.25jklm	0.69±0.17klmno	73.33%	28	$A_4B_1C_1$	0.69±0.19klm	0.67±0.16lmnop	83.33%
11	$A_2B_1C_2$	1.1±0.24ab	0.96±0.19bcdef	90.00%	29	$A_4B_1C_2$	0.9±0.25efghi	0.85±0.19fghi	83.33%
12	$A_2B_1C_3$	1.19±0.21a	1.07±0.13a	76.67%	30	$A_4B_1C_3$	1.19±0.13a	1.04±0.18abc	83.33%
13	$A_2B_2C_1$	0.67±0.2lm	0.63±0.17mnopq	76.67%	31	$A_4B_2C_1$	0.79±0.18ijkl	0.65±0.16mnop	76.67%
14	$A_2B_2C_2$	0.91±0.26efghi	0.8±0.16hijk	80.00%	32	$A_4B_2C_2$	0.96±0.14defg	0.76±0.14ijkl	80.00%
15	$A_2B_2C_3$	1.11±0.22ab	1.07±0.17ab	96.67%	33	$A_4B_2C_3$	1.08±0.19abcd	0.98±0.21abcde	83.33%
16	$A_2B_3C_1$	0.66±0.14lm	0.61±0.13nopq	60.00%	34	$A_4B_3C_1$	0.71±0.15klm	0.66±0.17lmnop	60.00%
17	$A_2B_3C_2$	0.96±0.19defg	0.86±0.19fghi	90.00%	35	$A_4B_3C_2$	0.81±0.32hijk	0.72±0.23jklm	56.67%
18	$A_2B_3C_3$	1.07±0.17abcd	0.95±0.16cdef	80.00%	36	$A_4B_3C_3$	1.07±0.21abcd	0.95±0.18cdef	86.67%
19	$A_3B_1C_1$	0.73±0.23jklm	0.64±0.14mnop	83.33%	均值		0.92±0.26**	0.81±0.22**	78.98%

$A_2B_2C_3$(泥炭：谷壳木：黄心土＝3：6：1、3.0kg/m^3 和 15cm×20cm)和 30 号处理 $A_4B_1C_3$(泥炭：谷壳木：黄心土＝5：2：3、2.0kg/m^3 和 15cm×20cm)处理组合最有利于幼林的生长。但 12 号和 30 号处理造林成活率仅分别为 76.67%和 83.33%，而 15 号处理的成活率可达 96.67%。

因此，综合来看，15 号处理 $A_2B_2C_3$(泥炭：谷壳木：黄心土＝3：6：1、3.0kg/m^3 和 15cm×20cm)既保持最高的造林成活率，又降低了泥炭的用量，降低了成本，且具有较好的生长表现，是最佳的育苗基质组合。

三、结 论

不同基质配比、缓释肥用量和容器类型及其交互效应对闽楠生长具有显著影响，2 年生闽楠轻基质容器苗最优育苗组合方案是泥炭：谷壳木：黄心土=3：6：1、3.0kg/m^3 缓释肥用量和 15cm×20cm 容器类型。

第四节　不同苗木类型和林地管理方式对闽楠幼林生长的影响

容器苗和大型机械整地在当前我国林业造林中得到广泛应用，但是苗木类型和整地方式多种多样，导致造林后幼林质量良莠不齐。近年来，国内学者开展了闽楠优质容器苗培育(何应会等，2013)、造林立地选择(范辉华等，2020)、林地施肥效应(何厚余，2001；何应会等，2013)、光照调控(贺利中和杨志军，2014；李冬林等，2004)、混交造林(梁庆松等，2004)和林木修枝(刘新亮等，2020)等方面的研究，丰富和发展了闽楠人工林培育理论和技术。其中苗木类型和林地管理方式是造林中最重要的环节之一(龙双红等，2008)，对造林成效影响显著。但有关采用何种造林苗木和林地管理方式最能满足闽楠幼林成活和生长需求的研究尚不系统。

本研究开展了 5 种典型苗木类型和 3 种林地管理方式对闽楠幼林成活和生长的影响，旨在探明不同模式下闽楠幼林的生长规律，为闽楠人工林高效培育提供技术支撑。

一、材料与方法

(一)研究区域概况

研究地位于江西省新余市分宜县大岗山林区，区域属罗霄山脉北端武功山支脉，海拔 250m，属亚热带季风湿润性气候，年降水量 1656mm，年蒸发量 1503mm，年平均气温 16.8℃，年日照时数 1650 小时，母岩类型为页岩，土壤类型为黄棕壤。不同苗木类型试验位于亚林中心山下林场，实验林前茬植被是以白栎等为主的亚热带常绿阔叶人工林，立地指数 16，林地坡度 20°~25°。不同林地管理方式试验位于分宜县钤北生态林场，前茬为樟等为主的亚热带杂灌阔叶林，立地指数 16，林地坡度 5°~10°。

(二)试验设计

1. 不同苗木类型对闽楠幼林生长的影响

2018 年 3 月，在山下林场设置不同闽楠苗木类型试验。不同苗木类型分别为 1 年生容器苗(1P)、2年生容器苗(2P)、大田培育的2年生裸根苗(2R)、1年生容器苗在大田中培育1年后的苗木(P+1)、1年生容器苗在大田中培育3年后形成的苗木(P+3)。将各苗木定植在全日照(样地类型Ⅰ)和郁闭度0.5左右的林冠下(样地类型Ⅱ),苗木类型P+3仅栽植于样地类型Ⅰ。每种立地类型、各类型苗木分别设置3个重复,每个重复样地面积为20m×20m。

2. 不同林地管理方式对闽楠幼林生长的影响

2018年3月,在钤北生态林场设置不同林地管理方式试验。整地方式分别为机械带状整地、全垦整地、抚育除杂。每种整地方式内分别设置不同土壤管理方式。各土壤管理方式分别为不施肥+不种西瓜(CK)、种植西瓜(T_1)、林地施肥(T_2),共9个处理,每个处理重复3次,每个样地大小5m×10m。苗木选用优质2年生闽楠轻基质容器苗,定植穴规格为40cm×40cm×30cm。使用大型机械进行带状整地,将枯枝落叶和根系翻埋入地下,宽度2.5m。全垦整地是清除地表植被后,利用大型挖机将表层翻整。抚育除杂是仅将地表杂草杂灌砍除。种植西瓜时施入有机肥75kg/hm^2,林地施肥处理为施复合肥0.1kg/株。造林后,每年进行3次抚育除草管理。

3. 调查方法

于2019年3月和2020年3月分别对试验林进行苗高、胸径和冠幅的调查,并计算增长率。

4. 数据分析

采用Excel 2020对调查的基础数据进行统计和整理,用SPSS 22软件进行方差分析、多重比较和隶属函数分析。

二、结果与分析

(一)两种光照条件下不同苗木类型对闽楠幼林生长的影响

1. 两种光照条件下不同苗木类型对闽楠造林成活率的影响

闽楠不同苗木类型成活率情况见表3-17。全光照条件下,2P类型苗木成活率最高,可达94.67%,P+1成活率次之,2R最低,仅为65.73%。林冠生境下,闽楠幼林成活率表现为2P>P+1>2R>1P,2P类型苗木成活率最高为90.62%。对比两种样地类型,Ⅱ中1P、2P和P+1苗木成活率均略小于Ⅰ,2R成活率则正好相反。

表3-17 闽楠不同苗木类型对闽楠成活率的影响

样地类型	闽楠幼林成活率(%)				
	1P	2P	2R	P+1	P+3
Ⅰ	80.71	94.67	65.73	88.89	69.95
Ⅱ	77.91	90.62	85.71	88.87	

注:Ⅰ为全光照条件,Ⅱ为林冠下生境。1P为1年生容器苗,2P为2年生容器苗,2R为大田培育的2年生裸根苗,P+1为1年生容器苗在大田中培育1年后的苗木,P+3为1年生容器苗在大田中培育3年后形成的苗木。下同。

2. 两种光照条件下不同苗木类型对闽楠幼林生长量和生长率的影响

不同苗木类型对闽楠胸径、树高和冠幅生长的影响，见表 3-18。样地类型Ⅰ中 2P 类型苗木胸径增长量显著大于其余 4 种苗木，但 1P 增长率显著大于 2P；胸径生长量在Ⅱ中依次表现为 2P>1P>2R>P+1，2P 增长量最大，但增长率与Ⅰ中表现一致。由于闽楠苗木发生断头现象，样地类型Ⅰ中 1P 树高增长量显著大于 2R、P+1、P+3，与 2P 有差异但不显著，1P 增长率显著大于 2P、2R、P+1、P+3；树高增长量和增长率在Ⅱ中均表现 1P>2P>2R>P+1。2P 类型苗木冠幅增长量在Ⅰ中显著大于 2R、P+1、P+3，大于 1P 但不显著，而增长率则表现 1P>2P>2R>P+1>P+3；冠幅增长量在Ⅱ中依次为 2P>2R>P+1>1P，增长率则为 2R>2P>P+1>1P。此外，对比两种样地类型，Ⅰ中 1P 类型闽楠的冠幅增长率最大，而在Ⅱ中则最小。

表 3-18　不同苗木类型对闽楠生长量和生长率的影响

样地类型	苗木类型	胸径生长量（mm）	树高生长量（cm）	冠幅增长量（cm）	胸径增长率（%）	树高增长率（%）	冠幅增长率（%）
Ⅰ	1P	3.35±0.14b	17.53±1.36a	2.57±0.23ab	127.99±6.94a	66.09±6.53a	38.62±3.63a
Ⅰ	2P	7.11±0.15a	15.29±1.35ab	3.40±0.32a	87.96±2.18b	16.46±1.49b	18.89±1.89b
Ⅰ	2R	1.90±0.96d	−5.84±3.13c	0.86±0.30c	34.99±19.16c	−3.28±4.95cd	13.56±3.44b
Ⅰ	P+1	3.00±0.19bc	7.02±2.38b	2.04±0.27b	31.45±2.01cd	7.95±2.61bc	13.04±1.86b
Ⅰ	P+3	2.30±0.22cd	−29.27±6.23d	−1.26±0.72d	14.46±1.44d	−8.72±7.34d	−4.33±3.37c
Ⅱ	1P	1.76±0.18a	11.95±2.04a	0.28±0.38b	67.34±7.53a	34.24±5.08a	3.00±3.66d
Ⅱ	2P	2.25±0.19a	11.34±1.31a	2.59±0.40a	30.43±2.85b	12.80±1.51b	14.73±1.97ab
Ⅱ	2R	0.85±0.25b	−4.5±3.45b	2.08±0.65a	12.44±4.47c	−4.58±5.53c	22.01±6.83a
Ⅱ	P+1	0.82±0.18b	−9.51±3.18c	1.43±0.64ab	8.78±2.02c	−10.70±3.58d	7.93±4.09cd

（二）不同林地管理方式对闽楠幼林生长的影响

1. 不同林地管理方式对闽楠造林成活率的影响

不同整地类型和土壤管理方式对闽楠幼林成活率的影响，见表 3-19。在同一整地类型下，闽楠幼林成活率均表现为 T_2>T_1>CK，其中机械整地中 T_1 和 T_2 处理后闽楠幼林成活率均为 100%。同一土壤管理方式下，闽楠幼林成活率均表现为机械整地>全垦整地>抚育整地。

表 3-19　不同林地管理方式对闽楠造林成活率的影响

整地类型	闽楠幼林成活率（%）		
	CK	T_1	T_2
机械整地	96.67	100	100
全垦整地	80.85	87.50	91.67
抚育整地	76.79	80.77	83.05

2. 不同林地管理方式对闽楠幼林生长量和生长率的影响

不同整地和土壤管理方式对闽楠幼树生长的影响，见表 3-20。2018 年不同整地类型、

表 3-20　不同林地管理方式对闽楠幼树生长的影响

整地类型	土壤管理	2018年			2019年			林分增长率		
		胸径(cm)	树高(cm)	冠幅(cm)	胸径(cm)	树高(cm)	冠幅(cm)	胸径增长率(%)	树高增长率(%)	冠幅增长率(%)
机械整地	CK	5. 70±0. 17a	59. 03±1. 36a	12. 35±0. 46a	7. 79±0. 19a	76. 29±1. 28b	17. 53±0. 46a	38. 34±1. 54ab	30. 94±1. 98a	46. 49±2. 77a
	T_1	5. 44±0. 10a	60. 58±1. 17a	11. 90±0. 46a	7. 66±0. 11a	82. 07±1. 34a	17. 42±0. 49a	41. 66±1. 12a	37. 58±3. 11a	51. 16±2. 57a
	T_2	5. 61±0. 11a	61. 73±1. 37a	12. 76±0. 39a	7. 66±0. 11a	80. 76±1. 28a	18. 58±0. 41a	37. 29±0. 83b	33. 03±2. 55a	48. 47±2. 04a
全垦整地	CK	5. 03±0. 16a	52. 37±2. 11a	10. 91±0. 44a	6. 22±0. 18a	64. 47±2. 16a	15. 41±0. 47a	24. 61±1. 3a	24. 58±1. 17a	43. 67±2. 33a
	T_1	5. 29±0. 17a	55. 21±1. 98a	11. 32±0. 43a	6. 57±0. 18a	67. 07±2. 01a	15. 67±0. 38a	25. 17±1. 25a	22. 68±0. 97ab	42. 59±3. 30a
	T_2	5. 35±0. 16a	57. 59±1. 92a	11. 71±0. 44a	6. 50±0. 17a	68. 86±1. 98a	16. 11±0. 45a	22. 39±1. 39a	20. 50±1. 12b	40. 84±2. 93a
抚育整地	CK	5. 53±0. 18a	58. 58±1. 91a	12. 19±0. 49a	6. 37±0. 18a	66. 19±1. 96a	15. 62±0. 49a	16. 12±1. 12a	14. 04±1. 64a	30. 76±2. 10a
	T_1	5. 75±0. 15a	59. 57±1. 92a	12. 30±0. 37a	6. 46±0. 15a	66. 88±1. 94a	15. 65±0. 37a	12. 99±0. 72b	13. 31±1. 15a	28. 86±1. 66a
	T_2	5. 90±0. 12a	61. 51±1. 63a	13. 17±0. 35a	6. 61±0. 12a	68. 59±1. 65a	16. 65±0. 33a	12. 46±0. 76b	12. 08±0. 67a	27. 94±1. 41a

不同土壤管理方式下闽楠幼树的胸径、树高和冠幅差异均不显著(P>0.05)。表 3-20 还可以得知：2019 年闽楠幼树的树高在全垦整地和抚育整地下不同样地处理间的差异不显著，但在机械整地下 T_1、T_2 显著高于 CK。但总体来说机械整地的胸径、树高和冠幅均大于全垦整地和抚育整地，而全垦整地和抚育整地之间闽楠幼树的胸径、树高和冠幅差异不大。

不同整地方式对闽楠幼树胸径、树高和冠幅增长率的影响均表现为机械整地>全垦整地>抚育整地；不同土壤管理方式的影响则略有差异，在机械整地处理中，T_1 处理的胸径、树高和冠幅增长率均大于 CK 和 T_2；在全垦整地中，T_1 处理胸径增长率最大，CK 的树高和冠幅增长率最大；但在抚育整地中则表现为 CK 大于 T_1、T_2。

三、讨 论

(一)光照对闽楠幼林生长的影响

本研究发现 1 年生容器苗、2 年生容器苗和 1 年生容器苗在大田中培育 1 年后的苗木三种苗木类型在全光照条件下的造林成活率均大于林冠下，而大田培育的 2 年生裸根苗表现则正好相反，其原因可能是闽楠 2 年生裸根苗植株较大，上层树冠的遮蔽防止了下层幼树的暴晒，减少了苗木的蒸腾作用，增加了苗木的成活率，但在全光照条件下蒸腾作用的增强则不利于苗木的成活，但是对拥有发达侧根的苗木类型(1 年生容器苗、2 年生容器苗和 1 年生容器苗在大田中培育 1 年后的苗木)，光照的影响则不大。贺利中和杨志军(2014a)对闽楠在不同立地条件下造林进行了研究，发现光是闽楠幼林生长的制约因素，闽楠幼林在无遮挡物的裸地上造林效果远大于林冠下造林(欧建德，2014)。本研究与之有部分差异。

(二)不同苗木类型对闽楠幼林生长的影响

本研究中 2 年生闽楠容器苗在全光照和林冠下造林的成活率均可达 90%以上，明显优于 1 年生容器苗、2 年生裸根苗、1 年生容器苗在大田中培育 1 年后的苗木以及 1 年生容器苗在大田中培育 3 年后形成的苗木类型。贺利中和杨志军(2014b)分别对 1 年生和 3 年生闽楠苗造林效果分析研究，发现闽楠的生长量与苗龄呈现出正相关趋势，3 年生闽楠容器苗造林有较大的生长优势。楚秀丽等(2015)对 1 年生马尾松和木荷容器苗、裸根苗造林进行研究，发现容器苗造林在存活率和幼苗生长量上的优势远大于裸根苗。本研究结果与之基本一致。此外，本研究还发现闽楠裸根苗造林之后出现断头现象，造林效果不及容器苗，可能原因是容器苗较裸根苗根系更为发达，不易损伤，能最大效率地吸收土壤中的水分和养分，在同样的立地条件下造林成活率更高、生长表现更好(覃世赢等，2005)。

(三)不同林地管理方式对闽楠幼林生长的影响

本研究发现不同林地管理方式对闽楠幼林的成活率和生长量有一定的影响，机械整地处理的苗木成活率和生长量均优于全垦整地和抚育整地，机械整地配合间作西瓜处理后闽楠幼林的成活率和生长速率最优。生产力的下降和土壤的退化是人工林共同面临的问题，合理的林地管理方式对土壤性质有着重要的影响，可以人为改善立地条件、改变根系的分布，从而使林木适应立地环境，进而更好地生长发育(唐星林等，2019)。现有学者对福建柏(唐星林等，2020)、马尾松(王岩，2019)、厚荚相思苗(徐海东等，2021)、杉木(叶自慧等，2016)等进行了相关研究，发现不同整地处理对林木的生长有着显著的差异，且影响长期存在。何厚余(2001)、张先仪(1986)对杉木幼林研究中发现合适的整地方式配合间作经济作物对杉木幼苗的生长具有促进作用。本研究与上述结果基本一致。

四、结论

2 年生容器苗在全光照和林冠下的存活率均最高，达 94.67%和 90.62%，胸径增长量显著大于其余 4 种苗木类型。闽楠幼林在机械整地管理下的胸径、树高、冠幅和造林成活率均最高，机械整地配合间作西瓜处理的闽楠幼林生长速率最高。因此，在今后的闽楠造林中推荐选择全光照条件+2 年生容器苗+机械整地+间作西瓜管理。

第四章

樟定向培育技术研究

樟(*Cinnamomum porrectum*)是南方重要的珍贵用材和生态造林树种，也是樟脑、右旋龙脑和芳樟醇等药用资源的重要原料。国内南方各省份先后对本地区资源进行选择利用，主要研究种实形态、苗期生长地理变异和遗传多样性，选育园林绿化和生态造林用种，造林测定时间较短；除少数龙脑樟、芳樟品系采用组培育苗以外，生产推广仍然以种子育苗为主，良种应用程度低，无配套的栽培技术。本章开展了樟容器苗培育技术与中幼龄林综合改培技术研究，旨在为樟人工林定向培育提供科学指导。

第一节　不同基质比例、缓释肥水平、容器规格对1年生樟幼苗生长的影响

樟是南方重要的珍贵用材和生态造林树种，系统开展樟育苗和造林技术研究，对提高我国樟人工林培育的质量与效益具有重要作用。生产中，樟裸根苗造林成活率低，适宜造林时间短，造林后生长缓慢，是影响造林成效的关键。应用轻基质培育容器苗是国内外林木工厂化育苗的一个发展趋势。轻基质容器袋育苗具有基质透气、透水、透根性能好，可进行空气修根以及容器重量小、苗木运输便利等优点。与常规方法培育的容器苗相比，其根系发达、移栽不需脱容器、造林成活率高。因此，用轻基质容器袋培育樟树苗对樟人工林培育具较大意义。

本研究开展了4种基质配比、4种容器规格及5种缓释肥水平的1年生樟轻基质容器育苗试验，探讨不同因素及其互作效应对樟生长的影响，筛选出了适宜樟生长的最佳处理组合。

一、材料与方法

(一)育苗地选择

试验地位于亚林中心(江西分宜)育苗基地，地理位置114°39′28″E、27°49′09″N，海拔126m，属亚热带湿润大陆性季风气候，年平均气温17.2℃，7月平均气温28.8℃，1月平均气温5.5℃，无霜期270天，年降水量1643.6mm，日照时数1535.3小时。育苗基地

遮阳棚设施为钢架构大棚，棚高 2.4m，装有喷灌设施，上层遮阳网透光度 70%。

(二)供试材料

试验所用樟种子为本地种源发育完好的种子。育苗基质材料主要包括泥炭、稻壳、木屑混合物和缓释肥，其中泥炭为国产东北泥炭，稻壳、木屑为江西本地稻壳、木屑经腐熟和粉碎后等比混合物，缓释肥为美国爱贝斯(APEX)长效控释肥，其全氮、有效磷和有效钾含量分别为 180g/kg、60g/kg 和 120g/kg，肥效 9 个月。育苗容器选用安徽生产的相应规格无纺布育苗网袋。

(三) 试验设计

以生产上常用樟容器苗基质配方(A1：3∶3.5∶3.5，B0：0.0kg/m^3 和 C4：5.0cm×12.0cm)为对照，分别设置基质比例(A)、缓释肥水平(B)、容器规格(C)和 3 个因素的容器育苗析因试验设计。育苗基质按泥炭∶稻壳∶木屑的体积比设置了 4 个水平(A1：3∶3.5∶3.5，A2：4∶3∶3，A3：5∶2.5∶2.5，A4：6∶2∶2)，缓释肥水平设置 5 个水平(B1：2.0kg/m^3，B2：2.5kg/m^3，B3：3.0kg/m^3，B4：3.5kg/m^3，B5：4.0kg/m^3)；容器大小按无纺布网袋的直径和长度设置了 4 个水平(C1：3.5cm×4.5cm，C2：4.0cm×6.0cm，C3：4.5cm×10.0cm，C4：5.0cm×12.0cm)，共设置 81 个试验处理。3 次重复，每个重复 30 株。

2018 年 3 月下旬，按试验设计要求配制成的基质，经过人工多次混合后再用拌料机搅拌均匀，经孔径为 1cm 筛过滤，然后装入相应规格的无纺布育苗袋中。将装好的容器袋试验设计编号，按照随机设计放入苗床中，挂牌编号做好标记。4 月上旬，将樟芽苗移栽到各容器袋中，移栽后放置在搭有遮阳网的育苗大棚里，直接摆放在苗圃的地面上，及时喷水，保持基质湿润，经常松动育苗基质托盘，防止根系穿透容器壁进入土中。

(四)测定项目和方法

1. 生长形态指标测定

2018 年 11 月底，樟树苗停止生长后，每重复各试验处理随机选择 30 株健康苗木，利用数显游标卡尺测定其地径，利用卷尺测定苗木的株高，并计算高径比；在苗木生长停止后，各重复试验处理随机选择 10 株健康苗木，用于测定地上和地下部分生物量，计算其根冠比。

$$高径比=\frac{苗高}{地径} \tag{4-1}$$

$$根冠比=\frac{地上干质量}{地下干质量} \tag{4-2}$$

2. 数据处理

隶属函数的计算公式为：

$$U(x_i)=(x_i-x_{min})/(x_{max}-x_{min}) \tag{4-3}$$

式中：x_i 为指标测定值；x_{max} 为某处理指标最大值；x_{min} 为某处理指标最小值。

试验获得的数据全部采用平均数±标准误(mean±SE)来表示。数据的处理与统计分析采用 Microsoft Office Excel 2003 和 SPSS 18.0 统计分析软件，使用显著性为 0.05 水平上的 Duncan 检验进行多重比较分析，以检验各因素的主效应及互作效应的显著性，根冠比经过反正弦转换处理，其他各组检验数据都确保在同一量纲上进行分析，确保分析的准确性。

二、结果与分析

(一) 基质配比、缓释肥和容器规格对樟容器苗生长的影响

不同基质配比樟容器苗生长与生物量特征，见表4-1。在幼苗生长方面，樟幼苗苗高变异范围为14.67~33.49cm，A4B4C3处理苗高最高，达33.49cm，是苗高最低A1B2C4处理的2.28倍。地径的变异范围为1.91~3.82mm，A4B5C3地径值最高的处理与最低的A2B1C1处理间相差了2.00倍。不同处理高径比的变异幅度为68.02~118.19，其中A4B1C1处理最高，A1B5C2处理含量最低，二者相差了1.74倍。

在樟各器官生物量方面，根生物量的变异范围为0.23~1.91g/株，茎生物量的变异范围为0.24~1.89g/株，叶部生物量的变异范围为0.43~2.56g/株，总生物量的变异范围为0.89~6.36g/株，根冠比的变异范围为2.11~13.41，不同处理间分别相差了8.30倍、7.88倍、5.95倍、7.15倍和6.36倍。

表4-1 基质配比、缓释肥用量和容器规格对1年生樟容器苗生长指标影响

序号	处理号	苗高(cm)	地径(mm)	高径比	地上生物量(g)	根生物量(g)	茎生物量(g)	叶生物量(g)	总生物量(g)	根冠比
1	A1B0C1	17.4±6.57	1.99±0.76	88.02±16.57	0.8±0.67	0.28±0.25	0.28±0.24	0.52±0.44	1.09±0.92	3.04±0.49
2	A1B0C2	19.16±7.2	2.19±0.59	85.75±17.42	0.9±0.68	0.36±0.31	0.36±0.3	0.54±0.39	1.26±0.99	2.67±0.66
3	A1B0C3	16.84±5.54	2.27±0.88	76.53±15.73	0.99±0.8	0.41±0.34	0.36±0.3	0.63±0.51	1.4±1.13	2.48±0.54
4	A1B0C4	17.63±5.77	2.49±0.82	71.45±9.75	1.19±0.84	0.58±0.5	0.39±0.3	0.8±0.55	1.78±1.3	2.33±0.72
5	A1B1C1	16.54±4.85	2.34±0.73	72.04±11.3	1.07±0.82	0.45±0.28	0.38±0.3	0.69±0.53	1.52±1.09	2.31±0.48
6	A1B2C1	20.44±6.97	2.48±1.28	90.18±25.04	1.27±1.36	0.51±0.49	0.51±0.53	0.77±0.84	1.78±1.83	2.81±1.42
7	A1B2C2	15.03±2.63	1.96±0.38	77.52±12.61	0.67±0.29	0.23±0.14	0.24±0.09	0.43±0.2	0.89±0.42	3.48±1.26
8	A1B2C3	17.8±5.84	2.14±0.5	85.6±25.14	0.87±0.45	0.4±0.2	0.31±0.16	0.56±0.3	1.27±0.64	2.26±0.55
9	A1B2C4	14.67±5.61	2.15±0.5	68.02±19.23	0.8±0.51	0.4±0.27	0.27±0.18	0.53±0.33	1.19±0.76	2.22±0.7
10	A1B3C1	21.03±4.08	2.24±0.59	97.12±19.12	1.06±0.5	0.38±0.25	0.4±0.21	0.66±0.3	1.44±0.73	3.08±0.63
11	A1B3C2	23.42±8.5	2.56±1	92.05±12.87	1.74±1.35	0.65±0.56	0.65±0.51	1.09±0.85	2.38±1.9	2.91±0.73

（续）

序号	处理号	苗高(cm)	地径(mm)	高径比	地上生物量(g)	根生物量(g)	茎生物量(g)	叶生物量(g)	总生物量(g)	根冠比
12	A1B3C3	15.46±8.7	2.21±0.75	68.17±33.75	1.12±1.1	0.54±0.49	0.41±0.4	0.72±0.71	1.66±1.58	2.21±0.71
13	A1B3C4	25.19±10.94	2.76±1.43	98.06±23.57	2.09±1.86	0.88±0.89	0.85±0.84	1.24±1.05	2.97±2.7	2.66±0.69
14	A1B4C1	18.77±8.56	2.41±0.84	81.03±31.78	1.18±0.85	0.45±0.31	0.46±0.37	0.72±0.49	1.63±1.14	2.62±0.86
15	A1B4C2	19.31±3.53	1.94±0.58	103.66±19.25	0.76±0.45	0.34±0.25	0.29±0.16	0.47±0.3	1.1±0.68	2.75±1.07
16	A1B4C4	15.46±7.13	1.96±0.73	76.13±14.81	0.88±0.68	0.31±0.23	0.28±0.24	0.6±0.44	1.19±0.91	2.9±0.49
17	A1B5C1	19±4.82	2.3±0.85	87.45±21.75	1.09±0.87	0.4±0.34	0.4±0.32	0.68±0.55	1.49±1.21	2.91±0.61
18	A1B5C2	22.94±5.43	2.48±1.1	99.55±23.82	1.48±1.29	0.47±0.51	0.58±0.54	0.9±0.75	1.95±1.78	3.8±1.24
19	A1B5C3	16.31±4.29	2.24±0.52	73.02±12.74	0.91±0.47	0.36±0.25	0.31±0.18	0.6±0.3	1.27±0.71	2.82±0.91
20	A1B5C4	16.43±5.28	2.2±0.94	80.11±19.63	0.91±0.79	0.35±0.41	0.36±0.32	0.56±0.48	1.27±1.18	3.07±0.96
21	A2B1C1	17.16±4.49	1.91±0.42	90.46±20.09	0.8±0.42	0.25±0.15	0.28±0.15	0.53±0.28	1.06±0.56	3.29±0.59
22	A2B1C2	19.96±5.01	2.03±0.53	99.43±12.18	0.79±0.44	0.29±0.2	0.31±0.18	0.48±0.27	1.08±0.62	2.93±0.85
23	A2B1C3	22.7±8.32	2.94±1.3	80.41±21.94	1.83±1.52	0.63±0.54	0.76±0.61	1.07±0.94	2.45±2.04	3.11±0.97
24	A2B1C4	17.75±6.32	2.34±1.04	79.18±15.17	1.21±1.29	0.56±0.62	0.46±0.53	0.74±0.77	1.77±1.9	2.43±0.65
25	A2B2C1	20.24±7.19	2.39±1.07	89.08±12.65	1.32±1.14	0.44±0.42	0.49±0.41	0.83±0.73	1.76±1.54	3.22±0.82
26	A2B2C2	23.97±8.99	2.72±1.4	95.56±20.18	1.94±2.28	0.84±1.28	0.8±0.95	1.14±1.34	2.78±3.55	3.78±1.68
27	A2B2C3	24.37±5.11	2.68±0.76	93.88±15.2	1.56±0.93	0.74±0.62	0.61±0.42	0.95±0.54	2.29±1.5	2.56±0.75
28	A2B2C4	28.21±11.64	3.14±1.2	90.27±21.94	2.44±2.03	0.78±0.67	1.14±1.03	1.31±1.07	3.22±2.62	3.5±1.26
29	A2B3C1	23.1±2.73	2.74±0.69	87.64±19.06	1.43±0.94	0.57±0.5	0.57±0.42	0.85±0.53	2±1.37	3.25±1.54
30	A2B3C2	25.5±6.53	2.74±0.92	97.87±29.48	2.11±1.31	0.94±0.58	0.87±0.57	1.24±0.76	3.05±1.86	2.32±0.43
31	A2B3C3	21.63±8.65	2.72±1.03	78.58±19.74	1.78±1.21	1.07±1.1	0.78±0.59	1±0.63	2.84±2.22	2.11±0.73

（续）

序号	处理号	苗高（cm）	地径（mm）	高径比	地上生物量(g)	根生物量（g）	茎生物量（g）	叶生物量（g）	总生物量（g）	根冠比
32	A2B3C4	23. 12±6. 97	2. 56±0. 89	91. 99±14. 37	1. 61±0. 83	0. 59±0. 33	0. 59±0. 31	1. 02±0. 55	2. 2±1. 15	2. 78±0. 4
33	A2B4C1	19. 56±10. 33	2. 27±0. 34	90. 52±49. 67	1. 22±0. 32	0. 42±0. 19	0. 44±0. 13	0. 78±0. 21	1. 65±0. 49	3. 16±0. 84
34	A2B4C2	26. 32±16. 62	2. 41±1. 72	116. 65±27. 07	2. 1±2. 86	0. 47±0. 6	0. 93±1. 37	1. 17±1. 56	2. 56±3. 35	4. 4±2. 94
35	A2B4C3	16. 23±3. 71	2. 16±0. 81	80. 12±19. 44	0. 91±0. 61	0. 49±0. 4	0. 32±0. 23	0. 59±0. 38	1. 4±0. 88	2. 75±1. 51
36	A2B5C1	24. 66±11. 29	2. 57±1. 55	103. 79±22. 69	1. 85±2. 11	0. 56±0. 81	0. 81±0. 94	1. 04±1. 18	2. 41±2. 88	5. 42±6. 74
37	A2B5C2	21. 93±8. 04	2. 4±0. 89	93. 18±16. 73	1. 3±0. 91	0. 41±0. 26	0. 48±0. 34	0. 82±0. 57	1. 71±1. 15	3. 37±0. 95
38	A2B5C3	31. 64±8. 95	2. 9±1. 23	118. 19±30. 94	2. 38±1. 56	0. 67±0. 52	0. 93±0. 66	1. 44±0. 9	3. 05±2. 05	4. 54±2. 3
39	A2B5C4	29. 62±10. 54	3. 28±1. 41	94. 46±14. 04	2. 85±2. 15	0. 98±0. 76	1. 22±0. 96	1. 63±1. 22	3. 83±2. 9	3. 31±1. 21
40	A3B1C1	20. 49±7. 42	2. 06±0. 84	103. 45±22. 5	0. 89±0. 77	0. 27±0. 22	0. 36±0. 29	0. 53±0. 48	1. 16±0. 98	3. 68±1. 57
41	A3B1C3	25. 08±6. 15	3. 05±0. 77	83. 27±10. 58	1. 98±1. 07	0. 95±0. 46	0. 78±0. 47	1. 2±0. 63	2. 92±1. 27	2. 31±1. 16
42	A3B1C4	28. 84±10. 33	3. 62±1. 47	81. 95±14. 77	2. 9±2. 2	1. 13±0. 77	1. 27±0. 97	1. 62±1. 24	4. 02±2. 94	2. 94±1. 04
43	A3B2C1	20. 12±4. 63	1. 98±0. 41	101. 74±12. 12	0. 77±0. 3	0. 29±0. 09	0. 29±0. 13	0. 48±0. 18	1. 06±0. 37	2. 69±0. 62
44	A3B2C2	16. 23±7. 33	1. 97±0. 94	83. 64±16. 79	0. 9±1. 14	0. 32±0. 37	0. 34±0. 4	0. 56±0. 74	1. 22±1. 5	4. 26±4. 82
45	A3B2C3	26. 29±6. 36	2. 79±0. 75	95. 86±10. 67	2. 46±1. 83	0. 45±0. 28	0. 95±0. 64	1. 51±1. 21	2. 9±2. 09	5. 33±1. 38
46	A3B2C4	20. 35±7. 01	2. 48±0. 89	84. 79±22. 36	1. 57±1. 31	0. 49±0. 38	0. 58±0. 5	0. 99±0. 83	2. 06±1. 67	3. 28±1. 21
47	A3B3C1	23. 1±7. 56	2. 43±1. 14	103. 79±24. 34	1. 67±1. 42	0. 6±0. 55	0. 65±0. 58	1. 02±0. 85	2. 27±1. 97	3. 18±0. 82
48	A3B3C2	25. 76±9. 13	2. 99±1	86. 82±17. 35	2. 21±1. 83	0. 54±0. 41	0. 99±0. 77	1. 22±1. 07	2. 74±2. 22	3. 85±1. 18
49	A3B3C3	24. 99±9. 08	3. 01±1. 39	86. 64±17. 36	2. 27±2. 2	0. 87±0. 85	0. 99±1. 02	1. 28±1. 19	3. 14±3. 05	3±1. 07
50	A3B3C4	24. 24±7. 49	2. 59±1. 06	99. 06±26. 63	1. 77±1. 69	0. 57±0. 58	0. 69±0. 73	1. 08±0. 98	2. 35±2. 26	3. 78±2. 31
51	A3B4C1	23. 41±7. 56	2. 76±0. 95	85. 19±22. 28	1. 64±1	0. 66±0. 48	0. 64±0. 38	1±0. 63	2. 3±1. 16	3. 32±1. 6

（续）

序号	处理号	苗高(cm)	地径(mm)	高径比	地上生物量(g)	根生物量(g)	茎生物量(g)	叶生物量(g)	总生物量(g)	根冠比
52	A3B4C2	24. 56±9. 07	2. 78±1. 08	91. 39±21. 87	1. 89±1. 54	0. 55±0. 43	0. 71±0. 67	1. 18±0. 89	2. 44±1. 94	3. 54±0. 9
53	A3B4C3	21. 1±3. 22	2. 48±0. 46	87. 8±20. 69	1. 21±0. 4	0. 54±0. 21	0. 42±0. 14	0. 79±0. 28	1. 75±0. 57	2. 5±0. 83
54	A3B4C4	24. 77±7. 55	2. 97±0. 87	85. 05±20. 23	1. 86±1. 38	0. 83±0. 58	0. 82±0. 6	1. 04±0. 82	2. 69±1. 81	3. 34±5. 26
55	A3B5C1	24. 4±7. 46	3. 18±1. 15	78. 6±8. 44	2. 14±1. 51	0. 79±0. 64	0. 94±0. 71	1. 2±0. 81	2. 93±2. 11	3. 14±1. 27
56	A3B5C2	22. 55±9. 64	2. 56±0. 98	87. 5±17. 03	1. 39±1. 19	0. 49±0. 35	0. 56±0. 51	0. 82±0. 69	1. 87±1. 53	2. 7±0. 72
57	A3B5C3	19. 3±6. 77	2. 46±1	81. 77±13. 37	1. 36±1. 19	0. 6±0. 66	0. 49±0. 43	0. 86±0. 77	1. 95±1. 84	2. 77±0. 91
58	A3B5C4	29. 93±10. 3	3. 16±1. 22	96. 4±15. 66	3±3. 31	0. 68±0. 71	1. 3±1. 36	1. 7±1. 95	3. 68±4	4. 04±1. 01
59	A4B1C1	19. 82±7. 8	2. 09±1. 03	101. 21±21. 1	1. 09±1. 03	0. 29±0. 31	0. 44±0. 46	0. 64±0. 57	1. 38±1. 33	3. 9±1
60	A4B1C2	29. 28±5. 96	2. 85±0. 84	107. 43±25. 98	2. 08±1. 36	0. 48±0. 29	0. 9±0. 55	1. 18±0. 83	2. 56±1. 6	4. 5±1. 5
61	A4B1C3	25. 9±5. 7	3. 16±0. 69	82. 46±9. 98	2. 4±1. 2	1. 04±0. 37	0. 98±0. 52	1. 42±0. 73	3. 44±1. 48	2. 32±0. 7
62	A4B1C4	27. 86±10. 61	3. 09±1. 55	97. 81±21. 66	2. 88±2. 56	1. 18±1. 25	1. 22±1. 11	1. 65±1. 49	4. 06±3. 77	2. 76±0. 89
63	A4B2C1	26. 74±7. 31	2. 59±0. 85	107. 13±29. 14	1. 67±1. 16	0. 52±0. 33	0. 75±0. 59	0. 93±0. 58	2. 19±1. 47	3. 45±1. 24
64	A4B2C2	25. 61±6. 73	2. 6±1. 03	106. 81±27. 34	1. 72±1. 31	0. 61±0. 55	0. 78±0. 8	0. 94±0. 76	2. 33±1. 85	3. 59±1. 96
65	A4B2C3	28. 75±8. 35	3. 26±1. 5	95. 95±24. 18	2. 58±2. 06	1. 16±1. 09	1. 09±0. 85	1. 48±1. 23	3. 74±3. 1	2. 55±1. 01
66	A4B2C4	26. 29±9. 19	2. 69±0. 96	102. 09±28. 7	1. 92±1. 17	0. 76±0. 64	0. 79±0. 49	1. 13±0. 68	2. 68±1. 73	3. 24±1. 41
67	A4B3C1	19. 96±5. 72	1. 97±0. 53	103. 02±17. 46	0. 79±0. 46	0. 27±0. 2	0. 31±0. 17	0. 48±0. 29	1. 06±0. 65	3. 38±1. 46
68	A4B3C3	26. 67±5. 83	2. 97±1. 16	94. 9±18. 51	2. 08±1. 57	0. 43±0. 17	0. 89±0. 74	1. 18±0. 87	2. 51±1. 64	4. 88±2. 82
69	A4B3C4	26. 18±12. 19	3. 19±2. 03	89. 5±23. 08	3. 2±4. 31	1. 55±2. 16	1. 34±1. 86	1. 85±2. 45	4. 75±6. 31	2. 67±1. 3
70	A4B4C1	28. 41±3. 53	2. 91±1. 06	105. 44±26. 41	1. 83±1. 06	0. 73±0. 61	0. 81±0. 54	1. 02±0. 54	2. 56±1. 63	2. 9±0. 84
71	A4B4C3	33. 49±12. 85	3. 81±1. 49	89. 36±18. 57	4. 45±3. 62	1. 91±1. 75	1. 89±1. 53	2. 56±2. 13	6. 36±5. 15	3. 09±1. 58

（续）

序号	处理号	苗高（cm）	地径（mm）	高径比	地上生物量(g)	根生物量（g）	茎生物量（g）	叶生物量（g）	总生物量（g）	根冠比
72	A4B4C4	28.44±7.65	2.94±0.98	102.18±30.67	2.15±1.66	0.94±0.97	0.86±0.68	1.29±0.99	3.09±2.55	2.79±0.88
73	A4B5C1	26.18±6.34	2.57±1.57	113.59±24.17	0.84±0.54	0.84±1.48	0.34±0.2	0.5±0.34	1.67±1.92	2.46±1.86
74	A4B5C2	22.54±12.15	2.24±1.54	106.87±31.18	2.76±3.7	0.5±1.01	1.3±1.78	1.46±1.92	3.27±4.45	13.41±15.95
75	A4B5C3	33.08±5.88	3.82±0.76	89.59±23.33	3.18±1.09	1.31±0.7	1.42±0.49	1.76±0.62	4.49±1.75	2.78±0.96
76	A4B5C4	27.91±10.48	3.14±1.5	93.31±12.57	2.86±2.94	1.35±1.5	1.16±1.28	1.7±1.73	4.21±4.26	2.67±1.05
77	均值	22.72±8.97	2.59±1.1	91.12±23.64	1.67±1.7	0.64±0.73	0.68±0.75	0.99±0.97	2.31±2.35	3.22±2.62

各因素从表 4-2 可以看出，基质配比、缓释肥用量和容器规格 3 个主效应中，基质配比和容器规格对樟容器苗生长影响最大，对苗高、地径、高径比、根生物量、茎生物量、叶生物量、总生物量和根冠比的影响均达显著($P<0.05$)；缓释肥用量对樟容器苗生长影响较小，对苗木所有生长指标影响均未达到显著差异水平。双因素或三因素交互效应对容器苗生长指标的影响整体较弱。基质配比、缓释肥量、容器规格(A×B×C)的交互效应对樟容器苗苗高、茎生物量和根冠比影响达显著差异水平；基质配比、缓释肥量(A×B)对苗高和高径比的影响达显著差异水平；基质配比、容器规格(A×C)对容器苗茎生物量影响达显著差异水平，缓释肥量、容器规格(B×C)对高径比的影响达显著差异水平。基质配比、缓释肥用量和容器规格 3 个主效应及其交互效应对其他生长指标的影响不显著。说明基质配比和容器规格是影响樟容器苗生长、生物量累积的主要因素。

表 4-2　樟容器苗生长指标的多因素方差分析(*F* 值)

	自由度	苗　高	地　径	高径比	根生物量	茎生物量	叶生物量	总生物量	根冠比
A	3	32.436**	8.591**	22.097**	9.107**	18.659**	12.145**	14.106**	10.499**
B	5	1.776	0.774	1.949	0.719	1.502	1.199	1.205	3.735
C	3	2.792*	6.867**	10.676**	9.793**	7.448**	8.192**	8.954**	7.881**
A×B	12	3.007**	1.529	2.079*	1.708	1.297	1.21	1.363	1.757
A×C	9	1.889	1.379	1.595	1.684	2.017*	1.742	1.659	6.367
B×C	15	1.38	0.96	1.919*	0.975	0.862	0.858	0.866	1.29
A×B×C	28	1.637*	1.027	1.473	1.422	1.733*	1.204	1.361	3.368**

（二）各因素对樟容器苗生长指标的影响

从表 4-3 可以看出，基质配比对樟容器苗生长具较明显的影响，其苗高、地径、高径比、根生物量、茎生物量、叶生物量、总生物量和根冠比指标随基质中泥炭比例增加而增加。泥炭：稻壳：木屑 = 6：2：2(A4)基质配比的与泥炭：泥炭：稻壳：木屑 = 4：3：3

(A2)，泥炭：稻壳：木屑=5：2.5：2.5(A3)基质配比间根冠比差异不显著外，其余各生长指标除显著高于其他基质配比。

除根冠比外，添加缓释肥的育苗基质各生长指标几乎均高于未添加缓释肥的处理，但添加缓释肥的不同处理间苗木生长指标相差较小，仅有B5苗高显著高于B1，根冠比显著高于其他缓释肥添加量处理，其他缓释肥用量对樟生长指标的影响不明显。

容器规格对樟容器苗生长指标的影响规律与基质配比相似，各生长指标均随容器规格的增加而增加，不同处理间的差异达显著水平。说明就单因素而言，在一定范围内，增加泥炭比例和育苗容器规格，有利于促进苗木营养生长和生物量的积累，但也促进了苗木地上部的生长。

表 4-3　基质配比、缓释肥用量和容器规格对樟容器苗生长指标的影响

因素	水平	苗高(cm)	地径(mm)	高径比	地上生物量(g)	根生物量(g)	茎生物量(g)	叶生物量(g)	总生物量(g)	根冠比
A	A1	18.44±0.54c	2.27±0.07c	83.57±1.46c	1.09±0.11c	0.44±0.05b	0.4±0.05c	0.69±0.06c	1.53±0.15c	2.77±0.16b
	A2	23.04±0.59b	2.57±0.08b	93.22±1.58b	1.65±0.12b	0.62±0.05b	0.67±0.05b	0.98±0.07b	2.27±0.16b	3.28±0.17a
	A3	23.45±0.61b	2.7±0.08b	89.72±1.65b	1.78±0.12b	0.61±0.05b	0.73±0.05b	1.06±0.07b	2.39±0.17b	3.35±0.18a
	A4	26.84±0.59a	2.88±0.08a	99.37±1.6a	2.25±0.12a	0.88±0.05a	0.96±0.05a	1.29±0.07a	3.13±0.16a	3.74±0.18a
B	B0	17.76±1.17c	2.23±0.15b	80.44±3.16b	0.97±0.23b	0.41±0.1b	0.35±0.1b	0.62±0.14b	1.38±0.32b	2.63±0.35b
	B1	22.61±0.71b	2.62±0.09a	89.92±1.91a	1.66±0.14a	0.63±0.06ab	0.68±0.06a	0.98±0.08a	2.28±0.2a	3.04±0.21b
	B2	22.19±0.63ab	2.5±0.08a	91.76±1.69a	1.53±0.13a	0.56±0.05a	0.62±0.05a	0.91±0.07a	2.09±0.17a	3.26±0.19b
	B3	23.29±0.68ab	2.65±0.09a	91.68±1.84a	1.79±0.14a	0.7±0.06a	0.73±0.06a	1.06±0.08a	2.49±0.19a	3.07±0.2b
	B4	23.07±0.71ab	2.6±0.09a	91.89±1.91a	1.7±0.14a	0.67±0.06a	0.68±0.06a	1.02±0.08a	2.36±0.19a	3.08±0.21b
	B5	24.28±0.64a	2.72±0.08a	93.59±1.73a	1.89±0.13a	0.67±0.06a	0.79±0.06a	1.1±0.07a	2.56±0.18a	3.95±0.19a
C	C1	21.45±0.56b	2.39±0.07b	94.31±1.5c	1.26±0.11c	0.48±0.05b	0.50±0.05b	0.76±0.06c	1.73±0.15b	3.2±0.17b
	C2	22.59±0.66a	2.44±0.09b	95.98±1.79bc	1.57±0.13b	0.5±0.06b	0.65±0.06a	0.92±0.08b	2.07±0.18b	4.02±0.2b
	C3	23.56±0.62a	2.79±0.08a	86.43±1.68b	1.91±0.12ab	0.77±0.05a	0.77±0.05a	1.14±0.07ab	2.68±0.17a	2.97±0.19b
	C4	23.84±0.49a	2.78±0.06a	88.52±1.31a	2±0.1a	0.79±0.04a	0.82±0.04a	1.18±0.06a	2.79±0.13a	2.98±0.15a

（三）樟容器育苗最佳基质配比、容器规格和缓释肥量组合的筛选

采用隶属函数法对不同基质配比、缓释肥量和容器规格组合育苗指标进行综合评价。从表 4-4 可以看出，80 个育苗处理中，泥炭：稻壳：木屑=6：2：2(A4)在隶属函数均值排名前 10 位的组合中占有 7 个，4.0kg/m^3 施肥量(B5)在排名前 10 的组合中占有 4 个，10.0cm×15.0cm(C4)规格容器在平均隶属函数值前 10 位组合中占据 6 个。因此，泥炭：稻壳：木屑=6：2：2(A4)、4.0kg/m^3 施肥量(B5)和 5.0cm×12.0cm(C4)规格容器分别是最佳的育苗基质配比、缓释肥用量和容器类型。

表 4-4　不同因素组合对樟 1 年生容器苗生长和营养指标的隶属函数评价

组　合			平均隶属函数值	平均隶属函数值排序
基质配比	缓释肥施用量	容器规格		
A4	B4	C3	0.8526	1
A4	B5	C3	0.705	2
A3	B1	C4	0.6423	3
A4	B3	C4	0.6052	4
A2	B5	C4	0.5665	5
A4	B5	C4	0.5619	6
A3	B5	C4	0.551	7
A4	B2	C3	0.5365	8
A4	B1	C4	0.5348	9
A4	B1	C3	0.5226	10

各育苗处理组合中泥炭：稻壳：木屑=6：2：2(A4)、缓释肥施用量为 3.5kg/m^3(B4)、容器规格为 4.5cm×10.0cm(C3)组合的平均隶属函数值最大(0.8526)在所有组合中排名第 1，为所有组合中育苗效果最好的组合；平均隶属函数值排第 2 位的育苗组合是泥炭：稻壳：木屑=6：2：2(A4)、缓释肥施用量为 4.0kg/m^3(B5)、容器规格为 4.5cm×10.0cm(C3)组合。

（四）不同类型樟 1 年生轻基质容器苗培育 2 年生容器大苗的生长表现

从表 4-5 可以看出，用樟 1 年生轻基质容器苗培育 2 年生樟容器大苗时，苗高的变异范围是 33.33～70.17cm，苗高最高与最低处理间相差了 2.11 倍，各处理中苗高排名列前 5 位的分别是 A4B5C3、A3B3C3、A4B5C1、A2B1C4、A3B4C2，地径的变异范围是 2.59～6.23mm，地径最高与最低处理间相差了 2.41 倍，地径值列前 5 位的分别是 A4B5C1、A3B4C2、A2B1C4、A4B5C3、A3B3C3。

综合樟 1 年生和 2 年生幼苗的生长表现，泥炭：稻壳：木屑=6：2：2(A4)、缓释肥施用量为 4.0kg/m^3(B5)、容器规格为 4.5cm×10.0cm(C3)是樟容器育苗最佳组合。

表 4-5　不同类型樟 1 年生轻基质容器苗造林后的生长表现

序号	基质配比	苗高（cm）	地径（mm）	序号	基质配比	苗高（cm）	地径（mm）
1(CK)	A1B0C4	43. 33±5. 25	3. 57±0. 30	33	A2B5C4	50. 96±5. 91	4. 96±0. 43
2	A1B4C4	33. 33±1. 33	3. 59±0. 63	34	A3B1C1	51. 70±2. 5	4. 16±0. 24
3	A1B1C1	40. 03±1. 90	3. 58±0. 17	35	A3B1C3	56. 53±2. 21	4. 50±0. 28
4	A1B2C2	47. 25±9. 98	4. 12±1. 02	36	A3B1C4	60. 43±7. 00	5. 23±0. 5
5	A1B2C3	45. 00±3. 31	3. 78±0. 24	37	A3B2C1	35. 89±2. 38	3. 06±0. 2
6	A1B2C4	42. 1±2. 97	3. 18±0. 15	38	A3B2C3	37. 5±10. 2	4. 15±0. 84
7	A1B3C1	47. 15±3. 45	3. 52±0. 26	39	A3B2C4	56. 45±5. 37	4. 66±0. 49
8	A1B3C2	53. 75±9. 20	4. 01±0. 9	40	A3B3C1	55. 25±5. 83	4. 65±0. 61
9	A1B3C3	47. 83±5. 99	3. 93±0. 62	41	A3B3C2	41. 50±6. 01	3. 61±0. 46
10	A1B3C4	50. 6±6. 01	4. 46±0. 47	42	A3B3C3	69. 9±3. 77	5. 52±0. 69
11	A1B4C1	37. 83±4. 24	3. 60±0. 35	43	A3B3C4	50. 67±3. 48	4. 29±0. 41
12	A1B4C2	36. 8±4. 91	3. 50±0. 45	44	A3B4C1	44. 20±3. 65	4. 05±0. 28
13	A1B5C1	41. 61±5. 45	3. 44±0. 33	45	A3B4C2	65. 67±6. 58	6. 00±0. 89
14	A1B5C2	39. 25±11. 4	2. 85±0. 46	46	A3B4C3	58. 3±3. 35	5. 39±0. 35
15	A1B5C3	41. 85±3. 40	3. 5±0. 29	47	A3B4C4	61. 58±5. 52	4. 27±0. 6
16	A1B5C4	50. 71±4. 54	4. 08±0. 35	48	A3B5C4	48. 25±9. 23	4. 27±0. 83
17	A2B1C1	27. 86±5. 49	3. 37±0. 46	49	A4B1C1	51. 41±4. 00	3. 95±0. 26
18	A2B1C2	43. 51±2. 99	3. 69±0. 20	50	A4B1C2	46. 5±14. 45	3. 99±1. 07
19	A2B1C3	55. 28±2. 79	5. 10±0. 23	51	A4B1C3	57. 61±4. 02	4. 39±0. 47
20	A2B1C4	65. 79±5. 38	5. 92±0. 72	52	A4B1C4	56. 93±4. 99	5. 21±0. 47
21	A2B2C1	42. 00±0. 00	3. 03±0	53	A4B2C1	49. 13±8. 14	3. 74±0. 38
22	A2B2C2	58. 5±9. 39	5. 11±0. 80	54	A4B2C2	54. 00±4. 87	4. 19±0. 47
23	A2B2C3	49. 00±4. 36	3. 99±0. 39	55	A4B2C3	51. 4±10. 43	4. 23±0. 68
24	A2B2C4	52. 54±4. 87	4. 21±0. 34	56	A4B2C4	47. 26±5. 3	4. 24±0. 49
25	A2B3C2	42. 6±3. 85	3. 64±0. 41	57	A4B3C1	54. 5±4. 42	4. 21±0. 43
26	A2B3C4	56. 05±7. 02	4. 66±0. 52	58	A4B3C4	56. 2±9. 82	4. 46±0. 83
27	A2B4C1	35. 50±3. 76	3. 89±0. 28	59	A4B4C1	44±11. 47	3. 63±0. 68
28	A2B4C3	45. 40±4. 26	4. 53±0. 42	60	A4B4C3	59. 93±4. 42	5. 23±0. 49
29	A2B4C4	53. 38±3. 94	4. 64±0. 41	61	A4B4C4	59. 79±2. 63	4. 96±0. 25
30	A2B5C1	44. 5±7. 78	4. 62±0. 85	62	A4B5C1	67. 00±0. 00	6. 23±0
31	A2B5C2	49. 67±9. 91	3. 94±0. 57	63	A4B5C3	70. 17±5. 57	5. 80±0. 72
32	A2B5C3	51. 67±5. 35	4. 51±0. 54	64	A4B5C4	56. 94±4. 67	4. 71±0. 46

三、结 论

不同基质配比、缓释肥用量和容器类型及其交互效应对樟生长具有显著影响。樟 1 年

生容器苗最佳育苗措施包括 V(泥炭)∶V(稻壳)∶V(木屑)= 6∶2∶2、缓释肥施用量为 4.0kg/m^3、容器大小为 4.5cm×10.0cm。

第二节　综合改培处理对樟中幼龄林生长、蓄积量和经济效益的影响

樟为樟科樟属植物，主要分布在我国长江以南亚热带各省份。樟材质优良是我国南方重要的珍贵用材之一，也是樟脑、右旋龙脑和芳樟醇等药用资源的重要原料(曾令海等，2012；郑永杰等，2017)。由于禁止采伐天然樟，开展樟用材林的人工培育是满足生产需求的主要方式，但亚热带山地樟造林后林分生长慢、单位蓄积量低，降低了樟造林成效，因此开展樟高效培育技术研究对保障资源的可持续性具有十分重要的意义。目前，国内外关于樟高效培育技术方面的研究主要集中在良种选择(任华东等，2000)、无性繁殖(叶润燕等，2016)、优质苗木培育(陈一群等，2015)、造林立地选择(张章秀，2010)、密度调控(刘新亮等，2019)、修枝(陈水秀和刘作群，2020)和养分添加(林婉奇等，2019)等对樟苗期或幼林期生长的影响方面，中龄林期是樟材积速生阶段，而在该阶段营林措施对樟生长的影响研究相对不足。本研究在分宜县钤北林场和安福县明月山林场泰山分场设置试验林，开展了施肥、抚育和间伐等不同改培措施，对江西大岗山地区樟中龄低质林生长、蓄积量和经济效益的影响比较分析，旨在摸索出不同经营措施条件下对樟中龄低质林生长、单位蓄积量和经济效益特征。

一、研究方法

(一)研究区域概况

幼龄林研究区域位于分宜县钤北林场，6 年生樟纯林内进行，林分密度 167 株/亩。中龄林研究区域位于安福县明月山林场泰山分场。1988 年造林，目前林分 745 株/hm^2，平均胸径 14.26cm，主要伴生树种包括赤杨叶、木荷、枫香树、油桐、闽楠和青冈等。

(二)实验设计与调查

1. 实验设计

(1)樟幼龄林综合改培技术集成技术措施。实验采用完全随机区组试验设计，以不采取管理措施作为对照，设立 6 个长期固定监测样地，3 个处理组、3 个对照组，样地面积 5m×20m，处理间设置隔离行，防止相互干扰，在植株胸径处做好标记，处理措施为①整形修枝：生长季结束后去除林冠下 1/5 枝条(2m 高)；②林地施肥：采用测土配方施肥；③抚育管理：连续抚育 3 年，第 1 年抚育 2 次，第 2 年抚育 2 次，第 3 年抚育 1 次。

(2)樟中龄林综合改培技术集成技术措施。实验采用随机区组设计，分别在各样地林分内设置 6 个 20m×30m 的样地，样地间隔 10m 以上。对其中 3 个样地进行改培处理，具体措施为①密度调控：间伐掉林分内被压和干形不良的植株，保留密度 600~800 株/hm^2；②林地施肥：采用测土配方施肥措施，提高林地养分含量，配方施肥的种类与施肥量(亚林中心提供)，施肥方法采用环状沟施肥，施肥深度 10~20cm，施肥量(尿素 250g/株，过磷酸钙 250g/ 株，氯化钾 100g/ 株)；③抚育除杂、修枝，清除林地杂草杂灌和藤本，保

留林分内的优良乡土树种幼苗。

2. 样地调查

(1)每年对样地每木调查胸径，并从每个处理中选择30株平均木调查胸径、树高等生长情况，参照阔叶树一元材积公式计算单位面积材积。计算胸径、树高和材积增长量。

(2)在各样地内，分别选择3株樟平均木，在每株林木胸高上坡位用6mm直径的生长锥钻取一髓心至树皮的完整木芯，对所取木芯逐年测定年轮宽度。采用部颁樟一元材积公式，计算各年度单株材积和单位面积材积的动态变化。

单株材积蓄积量计算公式：

$$V_i = 0.000083056D^{2.582627} \tag{4-4}$$

式中：V为单株材积(m^3/hm^2)；D为胸径处直径(cm)。

3. 数据分析处理

用Excel软件进行基础数据的整理、统计，运用SPSS软件进行方差分析和多重比较等统计分析。

二、结果与分析

(一)樟幼龄林高效栽培技术模式

从表4-6可以看出，采用该技术树高年平均生长量2.08m，胸径生长量2.17cm，材积增长量0.000178m^3/hm^2，照生长量分别1.87cm，2.09cm和0.000134m^3/hm^2，分别比对照提高了11.49%、4.14%和32.56%。

表4-6　樟幼林年均增长量统计

指　标	胸径增长量(cm)	树高增长量(m)	材积增长量(m^3/hm^2)
处　理	2.17	2.08	0.000178
对　照	2.09	1.87	0.000134
增加量	4.14%	11.49%	32.56%

(一)对樟径向生长的影响

综合改培措施处理对樟径向生长的影响，如图4-1所示，综合改培措施处理前4年间(2015—2018年)，综合处理样地和对照样地樟人工林年均径向生长量为2.55mm和2.57mm，生长量基本保持一致。综合改培措施处理1年后(2019年)，处理后样地林木径

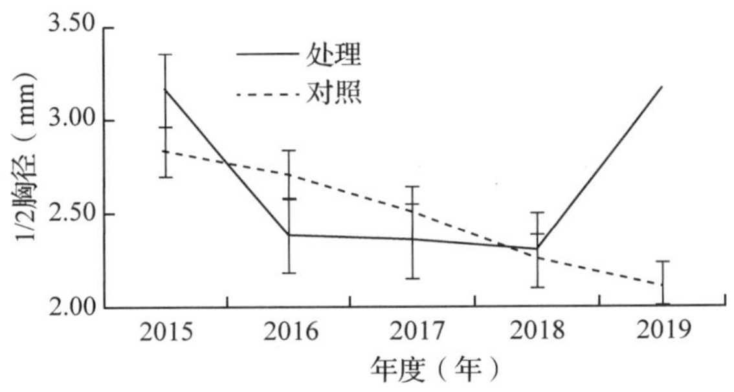

图4-1　综合营林措施对樟径向生长的影响

向生长量明显增加，年径向生长量为 3.15mm，比对照年均生长量 2.10mm 提高了 33.33%。说明综合营林措施有利于樟径向增长。

（二）对樟单株材积生长量的影响

综合改培措施对樟单株材积生长量的影响，如图 4-2、图 4-3 所示，综合处理措施实施前，处理与对照样地，二者单株材积年均生长量分别为 0.0081m^3/株和 0.0086m^3/株；综合处理后，材积增长量增加较为明显，年均增长量为 0.0119m^3/株，而对照样地年均增长量为 0.0081m^3/株。综合处理材积年增长量比对照提高了 31.71%。说明采用综合营林措施，对促进樟低质人工林单株材积增长效应显著。

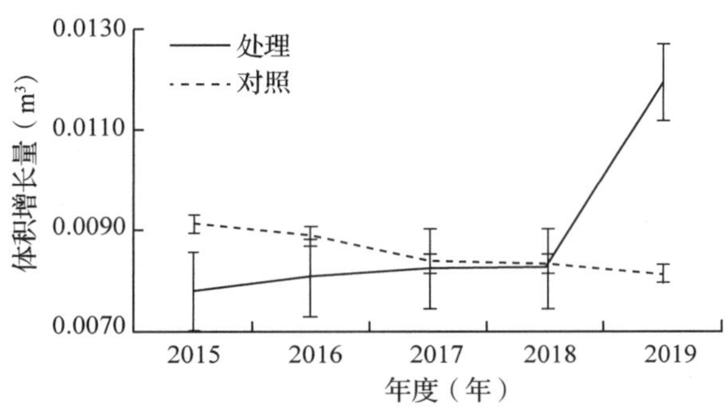

图 4-2　综合营林措施实施前后樟单株材积增长率

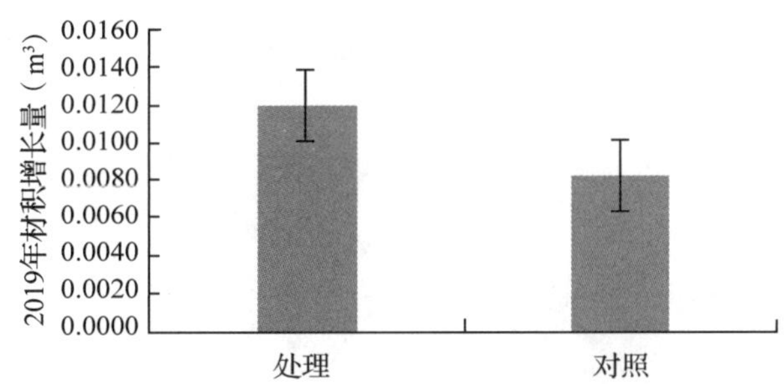

图 4-3　2019 年综合营林措施实施单株材积增长量

（三）综合改培措施的增产效果

综合改培措施对樟单株材积生长量的影响，见表 4-7。综合改培措施实施 1 年后，对照样地，商品材增加量仅为 3.66m^3/hm^2，而综合经营措施处理后的样地，年均商品材增加量为 5.36m^3/hm^2，单位面积蓄积量比对照提高了 31.71%。按投入 1 次，连续发挥效益 3 年计算，投入产出比达 1：4.81，3 年净效益比对照提高了 7932 元/hm^2。

表 4-7　樟低质林综合经营措施实施后经济效益评价（3 年）

立地指数	单位面积材积增加量		投入（元/hm^2）					投入产出比	净效益（元/hm^2）
	商品材（m^3/hm^2）	增值（元/hm^2）	抚育、间伐和修枝	肥料	施肥	采运	合计		
处理	16.08	48240	4200	1500	675	3698	10073	1：4.81	38347
对照	10.98	32940	—	—	—	2525	2525	—	30415

注：木材采运成本 230 元/m^3，综合处理费 325 元/亩，优质大径材单价 3000 元/m^3。

三、结 论

综合改培措施实施1年后，采用精准施肥、精细抚育管理、林木修枝技术处理后，樟幼龄林树高年平均生长量2.08m，胸径生长量2.17cm，材积增长量0.000178m^3，分别比比照（对照生长量分别1.87cm，2.09cm和0.000134m^3）提高了11.49%、4.14%和32.56%。

樟中龄林径向生长量比对照提高了33.33%，单位面积蓄积生长量比对照提高了31.71%。年均净效益分别为12782元/(hm^2·年)，比对照提高了2644元/(hm^2·年)，投入产出比1∶4.81。樟低质人工林采用综合改培措施在近期可获得较高的经济效益，在生产中应优先使用。樟综合改培示范基地效果如图4-4所示。

a. 对照样地（林分）

b. 处理样地（林分）

c. 对照样地（林貌）

d. 处理样地（林貌）

图4-4　樟综合改培示范基地效果

第五章

脱毒白花泡桐组培苗轻基质网袋苗工厂化育苗及栽培技术

白花泡桐为玄参科泡桐属植物，是我国重要的速生用材树种之一。木材材质轻韧、纹理通直、结构均匀、不翘不裂、隔音性好、易加工，是家具、建筑和乐器等的重要用材。泡桐丛枝病是危害泡桐枝干的主要病害，由泡桐丛枝支原体引起，植株染病后常造成丛枝、黄化、生长减缓、材质下降，给白花泡桐产业带来了巨大损失(宋传生等，2014)。利用白花泡桐茎尖脱毒组织培养技术可以脱去组织中的丛枝病病菌，无菌苗造林后可有效降低苗期丛枝病发病率(田国忠等，2009)。白花泡桐轻基质容器苗是将白花泡桐优良无性系脱丛枝病病毒进行组培，将组培苗移植在轻基质容器中形成的苗木。具有不携带丛枝病菌、根系发达、便于运输、移植成活率高、抗逆性强等特点，对推动白花泡桐良种无病毒苗在生产中应用具有重要意义(李峰卿等，2000)。

第一节　不同育苗方式对脱毒白花泡桐轻基质容器苗生长和育苗效益的影响

林木轻基质容器育苗技术是近年来国内外林业育苗中快速发展的手段之一，该技术已在桉树(许洋和许传森，2006)、油茶(谭柏韬等，2011)、美国落叶松(Matthew M. Aghai et al.，2014)、冬青栎(Marianthi Tsakaldimi et al.，2012)、挪威云杉(Juha Heiskanen，2013)等树种上广泛开展研究和应用，但所培育的轻基质容器苗主要用于直接造林。北方平原农田防护林和四旁地是白花泡桐的主要造林区域，白花泡桐生长初期，因茎秆木质化程度低，易受机械、人畜的伤害，不适宜直接造林，需培育成木质化程度高的大苗，再进行植苗造林，在此方面研究尚未系统开展。本研究以常规插根育苗为对照，开展了利用3种脱毒白花泡桐轻基质网袋容器苗培育2年生大苗方式对苗木质量和育苗效益的对比、分析，旨在为北方平原区优质白花泡桐大苗培育提供参考依据。

一、材料与方法

(一)试验地概况

试验地设在河南省鹿邑县赵村乡邱营村，地理坐标115°18′55″E、33°52′03″N。区域属暖温带半湿润季风气候区，年平均气温22.4℃，年降水量900mm，年日照时数2252.5小时，无霜期222天，土壤类型为潮土。试验地前茬作物为玉米，周围1km内无白花泡桐植株。

(二)试验材料

试验所用脱毒白花泡桐轻基质容器苗是选用白花泡桐优良无性系C125健康植株茎尖经脱丛枝病病原菌、增殖、生根后，移栽入规格为直径4cm、高7cm轻基质容器中培育形成，苗高0.15±0.04cm，地径为0.23±0.03cm，由亚林中心提供，对照(CK)为白花泡桐优良无性系C125母树采集的种根，由河南省林业技术推广站提供。

(三)试验方法

1. 试验设计与日常管理

(1)试验设计。于2014年3月15日开展试验布设，采用完全随机区组设计，设3个试验处理，每处理4次重复，长方形小区，小区面积20m×30m，具体试验设计见表5-1。

表5-1　3个育苗处理的试验设置

处　理	苗木类型	覆　膜	栽植密度(株/hm²)	株行距(m×m)
A	脱毒白花泡桐轻基质容器苗	否	8340	1.5×0.8
B	脱毒白花泡桐轻基质容器苗	是	8340	1.5×0.8
C	脱毒白花泡桐轻基质容器苗	是	10000	1.0×1.0
CK	种根苗	是	10000	1.0×1.0

(2)整地、施肥与日常管理。采用机械整地，翻耕深度40cm，结合翻耕每小区施入腐熟土杂肥4500kg，过磷酸钙25~50kg，为防治蝼蛄、金针虫等地下害虫的危害，每试验小区施入5%辛硫磷颗粒剂3~5kg。生长期追肥2次，第1次在5月25日每小区施尿素12kg，第2次在6月30日每小区施磷酸二胺15kg/亩，生长期定期除草和灌溉。

2. 测定指标及方法

病株率与保存率调查，于2014年10月下旬苗木停止生长后，调查苗木的泡桐丛枝病发病率、保存率、苗高和地径。采用5点法，每小区设置5个5m×5m的样方，在样方内进行调查。其中，泡桐丛枝病发病率、保存率采用计数法进行调查，苗高和地径分别用测高尺和游标卡尺测定，分别精确到0.1m和0.01cm。

3. 苗木等级划分与效益计算

参照司景宪等(1989)苗木等级划分方法，将各处理白花泡桐苗木依据苗高、地径生长情况分为4个等级。具体为苗高大于4.5m、地径高于6cm以上的苗木为特级苗；苗高4~4.5cm、地径5~6cm的苗木为Ⅰ级苗；苗高3.5~4m、地径4~4.5cm的苗木为Ⅱ级苗；苗高低于3.5m、地径低于4cm的苗木为等外苗。不同等级苗木市场价格依据当地市场价格确定，特级苗价格 15 元/株，Ⅰ级苗 12 元/株，Ⅱ级苗 5 元/株，等外苗不作为商品苗出售。

4. 数据处理

利用 Excel 软件进行试验数据的整理、统计，运用 SPSS 17.0 软件进行方差分析和多重比较等分析。

二、结果与分析

(一) 丛枝病发病率与田间保存率比较

对不同处理小区泡桐丛枝病发病率和田间保存率调查表明，脱毒白花泡桐轻基质网袋容器苗的各试验小区，均未发现丛泡桐枝病病株，而插根育苗小区的丛枝病发病率为 5.90%。从白花泡桐苗木田间保存率来看，A、B 和 C 脱毒白花泡桐轻基质网袋容器苗育苗方式的苗木田间保存率分别为 98.69%、92.71%、85.71%(表 5-2)，分别比插根育苗的田间保存率 69.94%提高了 1.41 倍、1.33 倍和 1.23 倍。说明利用脱毒白花泡桐轻基质组培苗进行 2 年生大苗的培育，可有效预防泡桐苗期丛枝病发生，提高苗期田间保存率。

表 5-2　不同育苗方式下产优质苗的比例和数量

分　级	A		B		C		CK	
	比例(%)	产苗数(株/hm²)	比例(%)	产苗数(株/hm²)	比例(%)	产苗数(株/hm²)	比例(%)	产苗数(株/hm²)
特　级	0.33	27	54.17	4518	21.71	2172	18.40	1841
Ⅰ　级	57.05	4758	22.92	1911	29.50	2951	23.93	2394
Ⅱ　级	40.33	3363	10.42	869	13.17	1318	11.25	1125
等　外	0.98	82	5.21	434	21.34	2135	16.36	1637
合计(田间保存率)	98.69	8231	92.71	7732	85.71	8576	69.94	6997

(二) 苗高、地径生长比较

不同育苗方式条件下，各处理白花泡桐苗高、地径生长情况，见表 5-3。不同育苗方式苗木平均地径、苗高和高径比均存在显著差异($P<0.05$)，如 C 育苗方式苗木苗高显著高于 CK。说明脱毒白花泡桐轻基质网袋容器苗可以明显改变苗木整体的株形结构。

表 5-3　不同育苗方式白花泡桐苗高、地径生长比较

育苗方式	地径		苗高		高径比	
	均值(cm)	变异系数(%)	均值(cm)	变异系数(%)	苗高/地径	变异系数(%)
A	6.39±0.63b	9.91	4.02±0.19c	4.9	0.63±0.05c	8.45
B	6.99±0.86a	12.32	4.46±0.52b	11.62	0.64±0.06c	10.03
C	5.19±0.94c	18.19	4.88±0.52a	10.7	0.96±0.13a	14.03
CK	5.53±1.15c	20.85	4.52±0.55b	12.06	0.87±0.44ab	50.84

注：表中数据为平均值±标准差。用 Duncan 检验进行多重比较分析。同列标有不同小写字母表示组间差异显著($P<0.05$)，同列标有相同小写字母表示组间差异不显著($P>0.05$)。

依据苗木地径粗细程度，分别将各处理白花泡桐苗木分为5个组别，并统计各组别中苗木所占的比例。从图5-1可知，在划分的5个组别中，低密度育苗条件下，A方式苗木中>6cm径阶苗木所占比例最大，占苗木总株数的78.83%；B育苗方式以7cm以上径阶所占比例最大，所占比例达其苗木总数量的86.73%；而高密度C方式和CK苗木在各径阶中所占比例分布比较平均，>6cm的分别占25.81%和39.70%。说明低密度育苗条件下，有助于增加高地径植株的比例。

从苗木苗高、地径和高径比的变异系数来看，CK的变异系数最大，分别为20.85%、12.06%和50.84%，而A育苗方式变异系数最小，分别为9.91、4.90和8.45，B和C的变异系数介于中间。说明普通插根育苗培育的苗木苗高、地径和高径比性状特征均一性低于脱毒白花泡桐轻基质网袋苗，而A育苗方式是3种轻基质容器育苗方式中苗木整体均匀性最高的育苗方式。

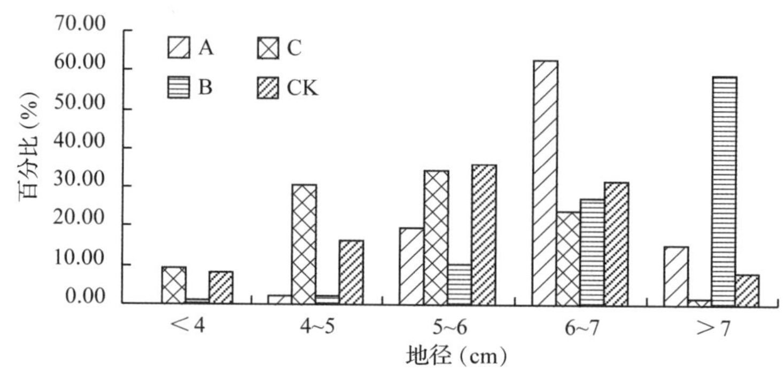

图5-1　不同径阶苗占全部苗木的百分比

（三）不同育苗方式下苗木等级比较

生产中一般采用特级、Ⅰ级和Ⅱ级苗进行造林，为合格苗，等外苗不用于造林。不同育苗方式下培育的各类苗木所占比例及数量，见表5-2。4种育苗方式培育形成的苗木质量差异很大，A、B、C三种脱毒白花泡桐轻基质网袋育苗方式，单位面积合格苗产出数量为8148株/hm^2、7298株/hm^2、6441株/hm^2，分别比对照插根育苗5360株/hm^{2}提高了1.52倍、1.36倍和1.20倍。各育苗方式产特级、一级优质苗数由高到低依次为，B>C>A>CK，其产出数量分别为6429株/hm^2、5123株/hm^2、4785株/hm^{2}和4235株/hm^2。

（四）不同育苗方式经济效益比较

不同育苗方式的投入、产出和经济效益，见表5-4。4种育苗方式的投入、产出和经济效益间具有很大差异。投入最高的是C育苗方式为3.82万元/hm^2；B育苗方式C次之为3.65万元/hm^2；A育苗方式为3.59万元/hm^2，位于第3位；对照的育苗投入最低为3.06万元/hm^2。在育苗产出方面，B方式育苗产出最高为9.50万元/hm^2；A、C次之，分别为7.43万元/hm^{2}和7.46万元/hm^2；对照产出最低，仅为6.20万元/hm^2。A、B、C 3种育苗方式经济效益分别为3.84万元/hm^2、5.85万元/hm^{2}和3.64万元/hm^2，比传统种根育苗方式经济效益3.14万元/hm^2，分别提高了1.22倍、1.86倍和1.15倍。说明脱毒白花泡桐轻基质容器育苗的投入高于插根育苗方式，产出和经济效益要高于插根育苗方式。

从脱毒白花泡桐轻基质容器苗采用的不同育苗措施和效果来看，同等密度条件下，地膜覆盖B的育苗处理，效益高于未进行地膜覆盖A育苗方式。而均采用地膜覆盖育苗处理时，B模式(8340株/hm^2)育苗方式经济效益要高于C(10000株/hm^2)的育苗效益。综合来看，育苗方式B是脱毒白花泡桐轻基质苗培育2年生大苗的最佳育苗方式。

表5-4　不同育苗模式下育苗经济效益比较

培育方式	投入(万元/hm^2)						产出(万元/hm^2)				效益
	地租	农膜	除草	种苗	其他	合计	特级	一级	二级	合计	
A	1.50	0.00	0.36	0.83	0.90	3.59	0.04	5.71	1.68	7.43	3.84
B	1.50	0.30	0.12	0.83	0.90	3.65	6.78	2.29	0.43	9.50	5.85
C	1.50	0.30	0.12	1.00	0.90	3.82	3.26	3.54	0.66	7.46	3.64
CK	1.50	0.00	0.36	0.30	0.90	3.06	2.76	2.87	0.56	6.20	3.14

三、讨 论

在北方平原区，泡桐丛枝病隔离育苗环境下，利用脱毒白花泡桐轻基质容器苗所培育的2年生白花泡桐大苗均未发现病株，而在隔离环境条件下，插根育苗丛枝病发病率为5.90%。而调查表明，同期种植在河南省友谊苗圃脱毒白花泡桐轻基质容器苗的泡桐丛枝病发病率为3.4%。其原因可能是种根、土壤和传毒昆虫的传毒，使在插根和病原区育苗的脱毒白花泡桐苗重新遭受侵染，引起苗木的发病，而脱毒白花泡桐苗在隔离环境中育苗，避开了病原菌的传播途径，免受泡桐丛枝病的危害。因此，利用脱毒白花泡桐轻基质容器苗，选择非疫区苗圃地、农田培育2年生造林大苗，是北方平原区避免白花泡桐苗期丛枝病发生的有效措施。

A、B和C育苗模式的苗木田间保存率分别为98.69%、92.71%和85.71%，插根育苗的保存率为69.94%，因此，脱毒白花泡桐轻基质容器苗的田间保存率明显高于插根育苗。其原因可能是脱毒白花泡桐轻基质容器苗是完整植株，移栽育苗时其根系相对发达、根部营养丰富及隐芽数量较多，而种根育苗受种根的采集部位、健壮程度、隐芽数量、发芽能力等各方面因素的影响，是一个重建植株的过程。同时，不同脱毒白花泡桐轻基质容器苗育苗方式的田间保存率不同，B、C育苗方式的田间保存率低于A育苗方式，其原因可能是采用了地膜覆盖的B、C育苗方式提高了早期地温，使白花泡桐苗木迅速生长，但在苗木定植20天左右时，育苗地经历了较严重的晚霜过程，部分幼苗地上部受冻而死亡，旺盛的生长使储存于根部的营养耗尽，不能维持根部隐芽的萌发需求，使整株死亡，而A模式条件下，由于早期低温较低地上部发育较慢，即使地上部受冻死亡，储存于根部的营养，能够维持根部隐芽的萌发，再次形成植株。因此，采用低温窖藏等方式，推迟栽植期，可能是提高地膜覆盖育苗田间保存率的有效措施，需进一步探讨。

良种和配套育苗技术是优质种苗形成的基础。研究表明，不同育苗方式对各处理苗木的苗高、地径和高径比、径阶结构、苗木质量和育苗效益等指标均具明显的影响。不同育苗方式条件下，苗木苗高、地径和高径比均存在显著差异，脱毒白花泡桐轻基质容器苗培育的苗木均匀度高于种根育苗。3种脱毒白花泡桐轻基质网袋育苗方式中，低密度育苗方式能使群体中大径阶和低高径比苗木比例的增加，地膜覆盖有助于苗高和地径的增加，与插根育苗相比，脱毒轻基质网袋苗均不仅可以增加优质苗、商品苗的单位面积产出数量，而且可以提高单位面积育苗经济效益，其中 B 育苗模式经济效益最高，效益可达 5.85 万元/hm^2，是插根育苗效益(3.14 万元/hm^2)的 1.86 倍。因此，B 育苗模式应替代传统插根育苗方式，在生产中推广应用。

四、结 论

与传统插根育苗相比，在丛枝病隔离环境中，利用脱毒白花泡桐轻基质容器苗培育大苗，可避免苗期丛枝病的发生，增加苗木田间保存率，减少苗木间苗高、地径和高径比性状的分化程度，提高优质苗和商品苗比例。A、B 和 C 3 种隔离条件下的育苗经济效益分别为 3.84 万元/hm^2、5.85 万元/hm^2 和 3.64 万元/hm^2，分别比对照普通插根育苗效益 3.14 万元/hm^2 提高了 1.86 倍、1.22 倍和 1.15 倍。因此，在北方平原区，选择白花泡桐丛枝病隔离区，利用地膜覆盖和 8340 株/hm^2 的低密度育苗措施是脱毒白花泡桐轻基质容器苗大苗培育的最适方式，可在生产中推广应用。

第二节　不同等级白花泡桐容器苗大田移栽后生长表现对比

林木轻基质容器育苗是近年来被广泛采用的育苗技术措施，对保障造林后苗木保存率、促进幼苗生长等方面具良好促进作用(乌丽雅斯等，2004；刘勇，2000)。目前，该技术在国内外许多树种，如桉树(Christina L. Borzak et al.，2016)、杉木(周新华等，2017)、云杉(Clémentine Pernot et al.，2019；Juha Heiskanen，2013)、栎类(Marianthi Tsakaldimi et al.，2012；Chirino E et al.，2008；孙巧玉和刘勇，2018)、油松(王苗苗等，2019)、落叶松(万芳芳等，2017；Bao Di et al.，2019)中得到广泛应用。白花泡桐轻基质容器苗是将白花泡桐良种脱毒组培苗栽入轻基质容器中培育形成的苗木。用该种苗木造林或培育 2 年生大田苗，具有便于规模化繁育、幼苗根系发达、调运方便、移植保存率高、造林生长速度快等特点。近年来，白花泡桐容器育苗正成为白花泡桐优质丰产栽培技术体系中的重要技术环节(苗作云等，2015)。由于林木轻基质容器苗培育过程中微生境的异质性，同批组培苗生长和苗木质量会产生较大影响，最终形成生长势强弱不同等级的苗木。不同等级轻基质容器苗移栽至大田环境中是否会给苗木的生长和质量造成影响，弱苗是否可以用于造林或培育大田苗，此方面的研究相对较少，而这对白花泡桐轻基质容器苗工厂化育苗具有重要的指导意义。

本研究以不同等级脱毒白花泡桐轻基质容器苗为材料，对其大田移栽后苗木的生长、碳氮磷钾矿质浓度和优质苗的产量进行了比较分析，旨在为白花泡桐轻基质容器苗工厂化育苗提供理论依据。

一、材料与方法

(一) 试验地概况

试验地设在河南省开封市通许县产业聚集区苗岗村，地理坐标 114°29′E、34°30′N。

区域属暖温带半湿润季风气候区，年平均气温 14.6℃，年降水量 657.9mm，年日照时数 2141 小时，无霜期 221 天，土壤类型为潮土，质地为沙壤土。试验地前茬作物为小麦、玉米一年二熟制农作物。

(二)试验材料

试验材料为亚林中心提供的脱毒白花泡桐轻基质容器苗。该苗木的培育是将白花泡桐优良品种 C125 脱毒组培苗，在 2017 年 7 月移栽至直径 5.5cm、高 8cm 无纺布轻基质容器中。经苗圃地培育 90 天后，将苗木按照生长状况分为壮苗和普通苗 2 个等级。壮苗和弱苗的平均苗高分别是 42.38cm 和 27.93cm，地径分别是 4.06cm 和 3.16cm。

(三)试验方法

1. 试验设计

2018 年 3 月 8 日开始在试验地布置试验，采用随机区组设计，壮苗和弱苗分别设 4 组重复，正方形小区，小区面积 20m×20m，株行距 1.0m×1.0m。实验开始前，施入生物有机肥 450kg/亩作底肥，5%辛硫磷颗粒剂 3~5kg/亩防治蝼蛄和金针虫等地下害虫，浇灌底墒水，机械翻耕，平整土地。追肥 2 次，第 1 次 5 月下旬每小区施尿素 12.5kg，第 2 次在 6 月下旬施磷酸二胺 15kg/亩，生长期定期除草和灌溉。

2. 测定指标及方法

(1)苗木保存率和生长指标调查。于 2018 年 11 月初苗木生长停止后，对各试验处理苗木保存率、苗高、地径和根幅进行统计、调查，苗高、地径和根幅分别精确到 0.1m、0.01cm 和 0.01cm。

(2)苗木组织全氮、磷、钾和碳元素含量测定。将上述测定苗高、地径和根幅的植株，分根、茎和叶三个器官取 150g 以上样品带回实验室，110℃杀青 30 分钟后，测定其全氮、全磷、全钾和有机碳元素含量。全氮用凯式定氮仪测定，全磷用钼锑抗比色法测定，全钾用火焰光度法进行测定(鲍士旦，2005)，有机碳采用重铬酸钾容量法进行测定(中国科学院南京土壤所，1978)。

3. 苗木等级划分

参照司景宪等(1989)对白花泡桐苗木级别划分方法，将白花泡桐苗依据苗木苗高、地径大小分为特等苗、Ⅰ级苗、Ⅱ级苗和等外苗 4 个等级。特级苗标准为苗高大于 4.5m、地径大于 6.0cm，Ⅰ级苗标准为苗高 4~4.5cm、地径 5~6cm，Ⅱ级苗标准为苗高 3.5~4m、地径 4~4.5cm，苗高低于 3.5m、地径低于 4cm 的苗木为等外苗。

(二) 数据处理

利用 WPS Excel 软件进行试验数据的整理、统计，运用 SPSS 软件进行实验数据的方差分析和多重比较分析。

二、结果与分析

(一) 对保存率和苗木生长的影响

不同处理白花泡桐苗田间保存率和生长情况，见表 5-5。壮苗的保存率、苗高、地径和根幅分别是弱苗的 1.18 倍、1.41 倍、1.19 倍和 2.03 倍。方差分析表明，各生长指标均达到极显著差异水平(P<0.01)。说明白花泡桐轻基质容器苗壮苗移栽后的保存率和生长势均明显优于弱苗。

表 5-5　不同等级泡桐轻基质容器苗保存率和生长情况对比

苗木等级	苗高(m)	地径(cm)	根幅(cm)	保存率(%)
壮　苗	3.96±0.49**	5.77±0.81**	1.34±0.11**	92.22
弱　苗	2.82±0.69	4.84±1.18	0.66±0.16	77.88

注：表中数据为平均值±标准差，用 T 检验法进行多重比较。同列标有 ** 表示组间存在极显著差异(P<0.01)，下同。

(二)对白花泡桐组织内矿质元素含量和比例的影响

不同等级白花泡桐轻基质容器苗器官养分浓度和碳氮磷比例特征，见表 5-6。壮苗根中全氮、全磷、有机碳和总氮磷钾浓度均低于弱苗，仅全钾浓度略高于弱苗。壮苗的茎组织中，各元素浓度均高于弱苗，叶组织中壮苗培育的大苗除全氮浓度低于弱苗外，其余矿质元素浓度均高于弱苗。方差分析表明，壮苗茎中磷、钾元素浓度极显著高于弱苗，分别是弱苗的 1.29 倍和 1.35 倍。说明利用壮苗培育白花泡桐大田苗有利于改善苗木茎器官内的磷和钾元素含量。

表 5-6　不同等级白花泡桐容器苗器官养分含量比较

苗木类型	根					茎		
	氮(g/kg)	磷(g/kg)	钾(g/kg)	总氮、磷、钾(g/kg)	有机碳(%)	氮(g/kg)	磷(g/kg)	钾(g/kg)
壮　苗	7.98±0.25	1.44±0.23	8.84±3.84	14.87±4.32	42.97±0.85	4.21±0.62	0.49±0.05**	2.56±0.26**
弱　苗	8.18±1.21	1.47±0.15	8.61±3.55	15.85±4.90	43.38±1.16	3.53±0.34	0.38±0.02	

苗木类型	茎		叶				
	总氮、磷、钾(g/kg)	有机碳(%)	氮(g/kg)	磷(g/kg)	钾(g/kg)	总氮、磷、钾(g/kg)	有机碳(%)
壮　苗	7.26±0.93	46.47±1.04	29.8±1.49	2.37±0.13	16.6±3.85	48.77±5.47	44.33±2.08
弱　苗	5.81±0.56	45.70±1.70	31.28±4.92	2.20±0.34	15.73±5.55	49.20±10.81	44.10±1.06

不同等级苗木培育的各类苗木所占比例及数量，见表 5-7。脱毒白花泡桐轻基质网袋培育 2 年生大田苗壮苗可产苗 6403 株/hm^2，弱苗产苗 5469 株/hm^2，壮苗产苗数是弱苗的 1.17 倍。不同等级培育形成的苗木质量也有很大差异。壮苗培育的 2 年生大田苗中特等苗和 1 级苗优质苗比例可达 58.24%，而普通种根苗仅为 6.67%，壮苗是弱苗的 8.73 倍。说明脱毒白花泡桐轻基质网袋壮苗培育 2 年生大田苗可明显提高优质大田苗的产出率。

表 5-7　不同等级白花泡桐容器苗产优质大苗的比例和数量

分　级	壮　苗		弱　苗	
	比例(%)	产苗数(株/hm²)	比例(%)	产苗数(株/hm²)
特　等	8.79	563	0.00	0
1　级	49.45	3166	6.67	365
2　级	21.98	1407	10.00	547
3　级	19.78	1267	83.33	4558
合　计	100.00	6403	100.00	5469

三、结论及展望

本研究表明，白花泡桐轻基质容器苗壮苗移栽 1 个生长季后，苗木的田间保存率、苗高、地径、根幅、产苗数和优质苗比例均明显优于弱苗培育的大田苗。另外，在温带地区，组织内矿质营养浓度越高，越有利于提高细胞质浓度，从而改善冬季苗木抗寒性和抗旱性。林木茎部是最易遭受冻害损害的器官。本研究利用白花泡桐轻基质容器苗壮苗培育的大田苗，茎器官内的 4 种大量矿质元素和总元素含量均高于弱苗培育的大苗。因此，今后白花泡桐轻基质容器苗培育工厂化育苗中，注重采用壮苗培育技术措施如苗期营养加载技术、分级育苗技术等，提高壮苗的比例，有助于提高苗木质量，提高育苗经济效益。

白花泡桐容器苗壮苗培育的大田苗茎部磷、钾浓度均极显著高于弱苗培育的大田苗。因此，磷、钾浓度的增加可能是提高白花泡桐组织中细胞质浓度的关键矿质元素，即提高苗木茎部抗寒性的重要生理基础。但关于不同等级白花泡桐轻基质容器苗培育的大田苗冬季抗逆性研究还有待于进一步开展。

第六章

南方红豆杉人工促进天然更新技术研究

南方红豆杉 *Taxus wallichiana* var. *mairei* 属红豆杉科 Taxaceae 红豆杉属 *Taxus* 常绿乔木，是国家一级重点保护的白垩纪孑遗植物(王磊等，2010)，主要分布于黄河以南广大地区，而长江流域是南方红豆杉分布的中心(姚晓等，2014)。南方红豆杉木质坚硬、心材红褐色，可用于制作高档家具。其根、皮和叶组织内含紫杉醇，是抗癌药剂提取的重要原料树种(文亚峰等，2012)。由于人为乱砍滥伐和自然更新困难，南方红豆杉天然种群数量不断减少，许多地区处于濒临灭绝状态(岳红娟等，2010；刘彤等，2009)。因此，开展南方红豆杉天然种群恢复研究工作迫在眉睫。本章展示了南方红豆杉人工促进天然更新技术研究，旨在为大岗山地区南方红豆杉种群恢复提供科学依据。

第一节　江西天然南方红豆杉群落及种群结构特征

掌握树种的群落、种群结构和更新规律特征对其种群恢复至关重要(杨青等，2017；ABELI T et al.，2016；谢春平等，2019；庞圣江等，2018)。目前，国内许多学者对南方红豆杉天然分布区群落、种群和更新特征进行了调查。调查地点主要设在南方红豆杉集中分布区的外围，如浙江、福建、湖南、广东、陕西和湖北等地(高润梅等，2016；李先琨等，2000；廖文波等，2002；文亚峰等，2012)。南方红豆杉群落和种群结构上，高润梅等(2016)对山西南方红豆杉群落划分、物种多样性、结构特征和竞争特性进行了研究，表明野生南方红豆杉分布相对集中，多数是小径级个体，导致其种内竞争激烈。汤晓辛等(2017)研究表明贵州施秉县云台山地区南方红豆杉种群年龄结构属于倒壶形，种群属于衰退型。胡忠俊等(2018)对江西三清山保护区南方红豆杉的种群结构和分布格局进行拟合分析，表明南方红豆杉的径级和年龄结构都呈现出橄榄型的特点，而高度结构则呈现为金字塔型的特点，幼苗具有逐步衰退的趋势特征(刘海燕等，2016)。江西省位于亚热带中部，也是南方红豆杉天然种群集中分布区的中部，是种群生境由高温、湿润气候区向低温、干旱气候过渡的典型区域。对于该区域较全面的南方红豆杉种群、群落特征和更新策略的研

究相对较少。

通过分析江西主要天然南方红豆杉群落中的物种组成和群落结构特征，探究江西南方红豆杉天然种群的生存环境和自然更新特征，为天然种群的保护和恢复提供科学依据。

一、研究区域概况与研究方法

(一)研究区域概况

江西位于我国东南部(113°34′36″~118°28′58″E、24°29′14″~30°04′41″N)，地形以江南丘陵、山地为主，海拔16~2157m。属中亚热带温暖湿润季风气候，四季比较分明，年平均气温16.3~19.5℃，年降水量1600mm左右(张鹏霞等，2017)。主要的土壤类型为红壤和黄壤，红壤占总土地面积的56%，占江西省森林面积的91.99%(宋满珍等，2009)。江西森林资源丰富，森林覆盖率为63.1%，主要森林类型有针叶林、针阔混交林、常绿阔叶林、常绿落叶阔叶混交林、竹林、矮林和灌丛(王丽丽，1994；张信坚，2016；潘海军，2013)。

(二)研究方法

1. 样地设置及调查

分别于江西省东、中、西和南部选取南方红豆杉较集中的区域各一个，分别为亚林中心(江西分宜)上村实验林场、赣州市信丰县金盆山林场、宜春市铜鼓县高桥乡和上饶市婺源县沱川乡。

采用样地调查的方式，每个集中区选取典型样地3块，即3个重复，样地为30m×20m，共计12个，对样地内所有胸径(或地径)≥4cm的乔木和灌木进行调查，记录物种名称、植株高度、胸径(或地径)、东西和南北冠幅、坐标，同时对样地内的南方红豆杉幼苗进行全面调查，记录植株高度和地径。在每个样地内按“S”形设置5个面积为1m×1m的小样方，共计60个小样方，记录每个小样方内所有草本植物的种名、盖度及株(丛)数。并在每个30m×20m的样地内设置一个5m×5m的样地，共计12个，对样地内胸径(或地径)<4cm的乔木和灌木进行调查，记录种名、高度、地径。此外，调查过程中记录每个样地的地理位置、乔木层盖度、灌木层盖度、海拔、坡向、坡度等因子。调查样地的基本特征见表6-1。

表6-1　江西南方红豆杉调查样地基本特征

地　点	经纬度	坡度(°)	海拔(m)	郁闭度	盖度(%)		
					乔木层	灌木层	草木层
信　丰	115°11′28.40″E 25°16′10.33″N	16	619	0.95	95	70	32
分　宜	114°32′55.14″E 27°36′49.71″N	30	596	0.91	91	86	56
铜　鼓	114°12′48.69″E 28°36′14.95″N	26	471	0.96	96	66	45
婺　源	117°49′16.02″E 29°30′58.80″N	26	211	0.96	96	66	31

2. 分析方法

调查数据按乔木、灌木和草本层分别统计样地物种组成情况，利用香农多样性指数、辛普森多样性指数、玛格列夫(Margalef)指数统计并比较分析各个样地的生物多样性特征。利用公式6-1计算物种的重要值(杨扬等，2019)，比较分析群落中各物种的地位与作用。利用点格局分析法(公式6-2、公式6-3)对样地中南方红豆杉的空间分布格局进行研究分析(胡璇等，2019)。

$$重要值=(相对多度+相对频度+相对显著度)/3 \tag{6-1}$$

$$K(r)=\frac{A}{n^2}\sum_{i=1}^{n}\sum_{j=1}^{n}\frac{1}{W_{ij}}I_r(u_{ij})\quad(i\neq j) \tag{6-2}$$

$$L(r)=\sqrt{K(r)/\pi}-r \tag{6-3}$$

式中：n 为样地中植株总数(株)；i 和 j 代表样地中各个植株，取值为1，2，3，……，n；r 为空间尺度，取值为1、2、3，……；u_{ij} 为树 i 与树 j 的距离(m)；$I_r(u)$ 值为0或者1，当植株 i 和 j 的距离 $u_{ij}\leq r$ 时，$I_r(u)=1$，否则 $I_r(u)=0$；W_{ij} 是以植株 i 为圆心，u_{ij} 为半径的圆其周长落在样地内的长度与该圆周长的比值，无量纲；A 为样地面积(m^2)；$K(r)$ 样方内以某棵植株为圆心，以一定长度 r 为半径的圆内的植株个体数目的函数，其本身为一种点格局分析方法，但其为累积分布函数，随着尺度的增大，大尺度的分析结果就包含了小尺度的信息，受到小尺度上累积效应影响，因此用修正式 $L(r)$ 替换 $K(r)$ 来分析植物分布格局。

当 $L(r)>0$ 时，表示为聚集分布，$L(r)=0$ 时为随机分布，$L(r)<0$ 时为均匀分布。为评价 $L(r)$ 偏离随机分布的显著程度，采用 Monte Carlo 方法进行100次随机模拟计算 $L(r)$ 的99%置信区间。当样地 $L(r)$ 大于上包迹线时为聚集分布，上下包迹线间为随机分布，小于下包迹线为均匀分布。

用大小结构分析法替代年龄结构，胸径结构按上限排外法共划分为5级(刘万德等，2012)，见表6-2所示，依不同年龄级分别统计各群落中乔木层各径级树种的数量、多度和丰富度。

表6-2　胸径级结构划分

年龄级	胸径范围
Ⅰ	4cm≤DBH<9cm
Ⅱ	9cm≤DBH<14cm
Ⅲ	14cm≤DBH<24cm
Ⅳ	24cm≤DBH<34cm
Ⅴ	34cm≤DBH

3. 数据处理

采用 Excel 2013 软件统计分析样地群落多样性指数和物种重要值，再利用 MATLAB 2015 软件完成点群落空间格局分析，空间尺度为0~20m，步长为1m。

二、结果与分析

(一)江西天然南方红豆杉群落的结构特征

1. 南方红豆杉群落的物种组成

在南方红豆杉群落样地中，共调查到物种 207 种，其中乔木层共有物种 72 种，灌木层 59 种，草本层 76 种。不同样地中，信丰县金盆山自然保护区南方红豆杉群落样地中共调查到 99 种，乔木层有 37 种，灌木层 27 种，草本层 35 种；分宜县上村实验林场南方红豆杉群落样地中共调查到 94 种，乔木层有 19 种，灌木层 34 种，草本层 41 种；铜鼓县高桥乡南方红豆杉群落样地中共调查到 49 种，乔木层有 14 种，灌木层 26 种，草本层 9 种；婺源县沱川乡-中云镇-赋春镇南方红豆杉群落样地中共调查到 76 种，乔木层有 27 种，灌木层 19 种，草本层 30 种。样地中调查到的总种数、乔木层种数、灌木层种数和草本层种数的相关性分析结果，见表 6-3，总种数与灌木层种数和草本层种数存在显著正相关，而与乔木层种数不存在显著相关性，表明灌木层种数和草本层种数的多少决定群落中总种数。分宜群落乔木层物种数量小于灌木层和草本层；从调查数据看，可能因乔木层物种和数量较少，郁闭度较小，草本层拥有足够生存空间和生态条件。

表 6-3　总种数和各层种数量之间相关性分析

指　标	总种数	乔木层种数	灌木层种数	草本层种数
总种数	1	0.831	0.881*	0.936*
乔木层		1	0.570	0.755
灌木层			1	0.715
草本层				1

南方红豆杉群落样地中乔木层物种重要值，见表 6-4。在各样地中，除婺源(WY1)中南方红豆杉的重要值以较低的 6.37%位于第 6 位，其他样地中均位于第 1 或者第 2，而且在 12 个样地中，南方红豆杉重要值最大的 3 个样地均位于铜鼓。4 个样地中，重要值大于 4%物种数量以信丰和婺源居多，铜鼓和分宜少，反映铜鼓和分宜群落中多数种群的扩展受到限制，但即使在铜鼓和分宜群落中南方红豆杉占很大优势，林下也很少调查到南方红豆杉幼苗，这可能与种子成苗过程受阻有关。

表 6-4　不同样地乔木层物种重要值

样地编号	树　种	科	属	主要植被(重要值大于 4%)(%)
XF1 信丰 1	南酸枣 *Choerospondias axillaris*	漆树科	南酸枣属	16.34
	南方红豆杉 *Taxus wallichiana* var. *mairei*	红豆杉科	红豆杉属	15.21
	栲 *Castanopsis fargesii*	壳斗科	锥栗属	9.47
	八角枫 *Alangium chinense*	八角枫科	八角枫	8.70
	黄樟 *Cinnamomum parthenoxylon*	樟科	樟属	6.19
	金桂 *Osmanthus fragrans* var. *thunbergii*	木樨科	木樨属	5.18
	猴欢喜 *Sloanea sinensis*	杜英科	猴欢喜属	5.16
	米槠 *Castanopsis carlesii*	壳斗科	锥属	4.07

（续）

样地编号	树　种	科	属	主要植被（重要值大于4%）（%）
信丰2	黧蒴锥 *Castanopsis fissa*	壳斗科	栲　属	48.66
	南方红豆杉 *Taxus wallichiana* var. *mairei*	红豆杉科	红豆杉属	22.50
	鹿角锥 *Castanopsis lamontii*	壳斗科	锥　属	5.88
	山乌桕 *Triadica cochinchinensis*	大戟科	乌桕属	5.81
信丰3	油桐 *Vernicia fordii*	大戟科	油桐属	15.62
	南方红豆杉 *Taxus wallichiana* var. *mairei*	红豆杉科	红豆杉属	10.94
	山矾 *Symplocos sumuntia*	山矾科	山矾属	9.90
	四照花 *Cornus kousa* subsp. *chinensis*	山茱萸科	山茱萸属	6.79
	鸭公树 *Neolitsea chui*	樟　科	新木姜子属	6.37
	南酸枣 *Choerospondias axillaris*	漆树科	南酸枣属	6.09
	金桂 *Osmanthus fragrans* var. *thunbergii*	木樨科	木樨属	5.10
	冬青 *Ilex chinensis*	冬青科	冬青属	4.45
	罗浮柿 *Diospyros morrisiana*	柿　科	柿　属	4.33
分宜1	毛竹 *Phyllostachys edulis*	禾本科	刚竹属	61.02
	南方红豆杉 *Taxus wallichiana* var. *mairei*	红豆杉科	红豆杉属	27.35
	瘿椒树 *Tapiscia sinensis*	瘿椒树科	瘿椒树属	4.47
分宜2	毛竹 *Phyllostachys edulis*	禾本科	刚竹属	67.65
	南方红豆杉 *Taxus wallichiana* var. *mairei*	红豆杉科	红豆杉属	21.54
分宜3	毛竹 *Phyllostachys edulis*	禾本科	刚竹属	89.07
	南方红豆杉 *Taxus wallichiana* var. *mairei*	红豆杉科	红豆杉属	6.90
铜鼓1	赤杨叶 *Alniphyllum fortunei*	安息香科	赤杨叶属	40.44
	南方红豆杉 *Taxus wallichiana* var. *mairei*	红豆杉科	红豆杉属	35.80
	贵州石楠 *Photinia bodinieri*	蔷薇科	石楠属	6.23
铜鼓2	南方红豆杉 *Taxus wallichiana* var. *mairei*	红豆杉科	红豆杉属	69.77
	贵州石楠 *Photinia bodinieri*	蔷薇科	石楠属	9.82
	杉木 *Cunninghamia lanceolata*	杉　科	杉木属	4.58
	马尾松 *Pinus massoniana*	松　科	松　属	4.53
	半枫荷 *Semiliquidambar cathayensis*	蕈树科	半枫荷属	4.05
铜鼓3	南方红豆杉 *Taxus wallichiana* var. *mairei*	红豆杉科	红豆杉属	72.99
	灯台树 *Cornus controversa*	山茱萸科	山茱萸属	7.14
	赤杨叶 *Alniphyllum fortunei*	安息香科	赤杨叶属	6.87
	贵州石楠 *Photinia bodinieri*	蔷薇科	石楠属	6.42

（续）

样地编号	树　种	科	属	主要植被(重要值大于4%)(%)
婺源 1	枫香树 *Liquidambar formosana*	蕈树科	枫香树属	21.00
	红楠 *Machilus thunbergii*	樟　科	润楠属	16.99
	樟 *Cinnamomum camphora*	樟　科	樟　属	10.62
	甜槠 *Castanopsis eyrei*	壳斗科	锥　属	8.00
	豹皮樟 *Litsea coreana* var. *sinensis*	樟　科	木姜子属	7.33
	南方红豆杉 *Taxus wallichiana* var. *mairei*	红豆杉科	红豆杉属	6.37
	大叶青冈 *Quercus jenseniana*	壳斗科	栎　属	5.66
	黄连木 *Pistacia chinensis*	漆树科	黄连木属	5.16
	苦槠 *Castanopsis sclerophylla*	壳斗科	锥　属	4.61
	栲 *Castanopsis fargesii*	壳斗科	锥　属	4.52
	灯台树 *Cornus controversa*	山茱萸科	山茱萸属	4.32
婺源 2	枫香树 *Liquidambar formosana*	蕈树科	枫香树属	27.49
	南方红豆杉 *Taxus wallichiana* var. *mairei*	红豆杉科	红豆杉属	11.79
	青冈 *Quercus glauca*	壳斗科	栎　属	9.41
	豹皮樟 *Litsea coreana* var. *sinensis*	樟　科	木姜子属	5.31
	薄叶润楠 *Machilus leptophylla*	樟　科	润楠属	4.27
	樟 *Cinnamomum camphora*	樟　科	樟　属	4.17
	红楠 *Machilus thunbergii*	樟　科	润楠属	4.04
婺源 3	南方红豆杉 *Taxus wallichiana* var. *mairei*	红豆杉科	红豆杉属	27.62
	甜槠 *Castanopsis eyrei*	壳斗科	锥　属	20.33
	栲 *Castanopsis fargesii*	壳斗科	锥　属	15.89
	枫香树 *Liquidambar formosana*	蕈树科	枫香树属	9.03
	杜英 *Elaeocarpus decipiens*	杜英科	杜英属	8.82
	白栎 *Quercus fabri*	壳斗科	栎　属	5.33

2. 南方红豆杉群落的物种多样性特征

不同样地的物种多样性特征指标，见表 6-5。从香农多样性指数(Shannon-Wiener)和辛普森多样性指数(Simpson)看，不同地点间样地的 Shannon-Wiener 指数和 Simpson 指数存在显著差异(SPSS 进行 T 检验)，均以信丰和婺源南方红豆杉群落较高，铜鼓次之，分宜的指数值最小。从 Simpson 指数看分宜种群最小，物种单一，多数种群扩展受到限制。Pielou 指数中不仅分宜种群低，铜鼓也较低，其种群中南方红豆杉和赤杨盖度较大，郁闭度高，导致光照强度弱，不利于幼树生长，以致影响其他物种的分布。

表 6-5 样地物种多样性特征

样 地	C4 集中度	Pielou 均匀性指数	香农多样性指数	辛普森多样性指数
信 丰	0. 547±0. 214	0. 657±0. 160	2. 448±0. 739	0. 848±0. 145
分 宜	0. 946±0. 028	0. 153±0. 082	0. 693±0. 317	0. 273±0. 142
铜 鼓	0. 894±0. 037	0. 430±0. 044	1. 352±0. 301	0. 601±0. 132
婺 源	0. 612±0. 102	0. 725±0. 092	2. 382±0. 284	0. 890±0. 045

3. 南方红豆杉群落的物种龄级结构特征

不同径级物种多度，如图 6-1 所示，信丰表现为随径级增大呈先下降后上升再下降的变化趋势；铜鼓表现为先随径级增大逐渐升高趋势，而后从Ⅲ径级开始逐渐降低趋势；分宜南方红豆杉群落在Ⅱ径级存在明显峰值，其他径级都较小；婺源则表现出随径级增大多度起伏变化不定。分宜和铜鼓均表现出第Ⅰ径级树苗缺失，种群衰退趋势。不同径级物种丰富度上，信丰在各个径级中物种丰富度均最大。分宜和婺源则随径级增大物种丰富度呈先下降后上升趋势，这一现象的主要原因是群落中优势物种明显，仅少数几个种占明显优势，如毛竹、枫香树、南方红豆杉等。

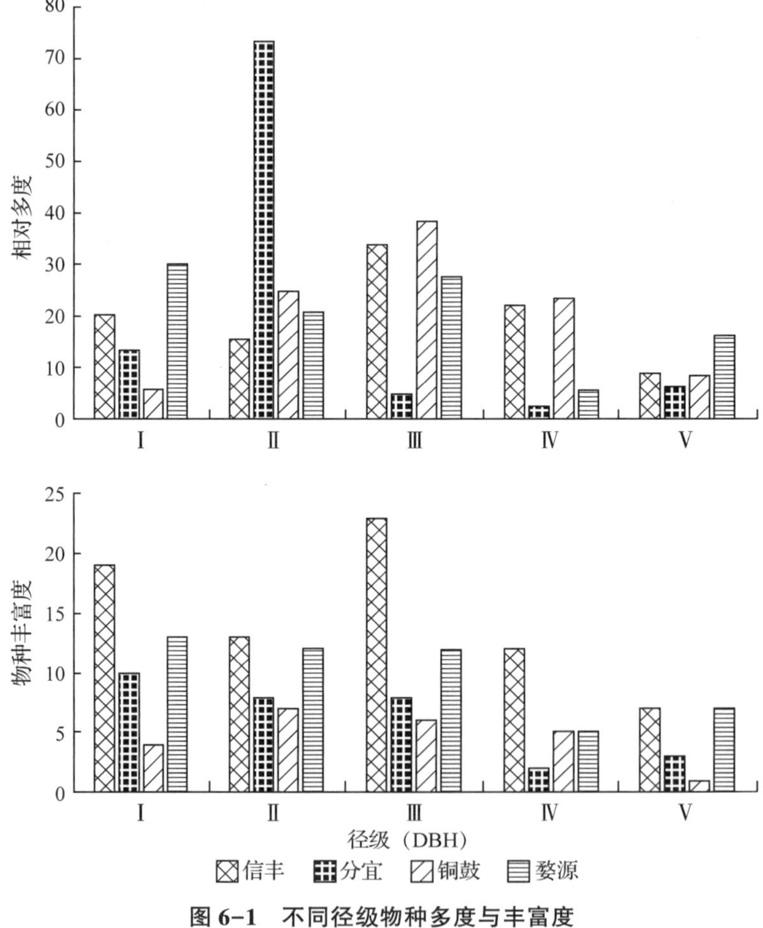

图 6-1 不同径级物种多度与丰富度

（二）江西天然南方红豆杉种群结构特征

1. 南方红豆杉种群的结构特征

4个调查地共随机调查南方红豆杉植株181株，调查胸径、树高、东西南北冠幅以及经纬度，并采集叶样和结实株种子，统计结果见表6-6。结实植株比例最高为铜鼓，达到38.8%，比例最低为分宜，仅为12%。这个比例一定程度上反映南方红豆杉种群中雌雄植株比例，虽然铜鼓种群中结实株多，比例高，但样地中基本未调查到自然更新的1~2年生南方红豆杉苗。

表6-6　2018年各样地结实植株统计

样　地	胸径均值（cm）	最小胸径（cm）	最大胸径（cm）	树高均值（m）	最小树高（m）	最大树高（m）	调查总株数（株）	结实植株数（株）	结实植株占比（%）
信　丰	25.20	8.00	55.00	9.95	4.00	25.00	50	8	16.00
分　宜	32.10	10.00	81.80	10.70	4.00	22.00	50	6	12.00
铜　鼓	31.00	15.60	55.70	11.60	4.80	20.20	49	19	38.80
婺　源	41.10	10.00	136.70	9.50	4.30	18.50	32	8	25.00

江西分宜、信丰、铜鼓和婺源调查的181株南方红豆杉植株龄级结构特征，如图6-2所示，第Ⅰ龄级仅分宜有两株，幼苗、幼树极少，其他地区未发现幼苗、幼树，种群呈衰退趋势。

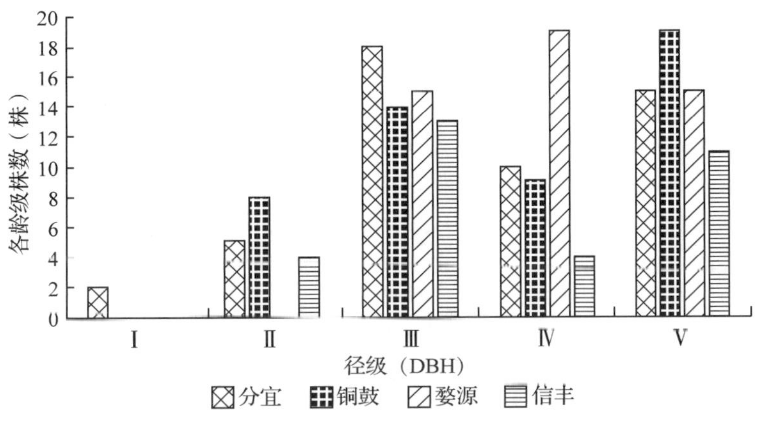

图6-2　江西南方红豆杉龄级结构特征

2. 南方红豆杉种群的空间分布特征

江西信丰、分宜和铜鼓南方红豆杉种群的点格局分析结果如图6-3所示，图中上下包迹线为拟合的99%置信区间。分宜南方红豆杉种群在<3m的尺度上均呈均匀分布，在较大尺度上均呈聚集分布，并且仅第3块样地在>10m的尺度上才呈聚集分布。反观其样地调查数据，该样地中仅存在3株南方红豆杉，可能因数据量少，致使计算误差较大，使该组数据与其他数据存在较大差异。信丰和铜鼓南方红豆杉种群均在小尺度（<2m或<3m）下表现为均匀分布，而在其他尺度均呈现聚集分布。

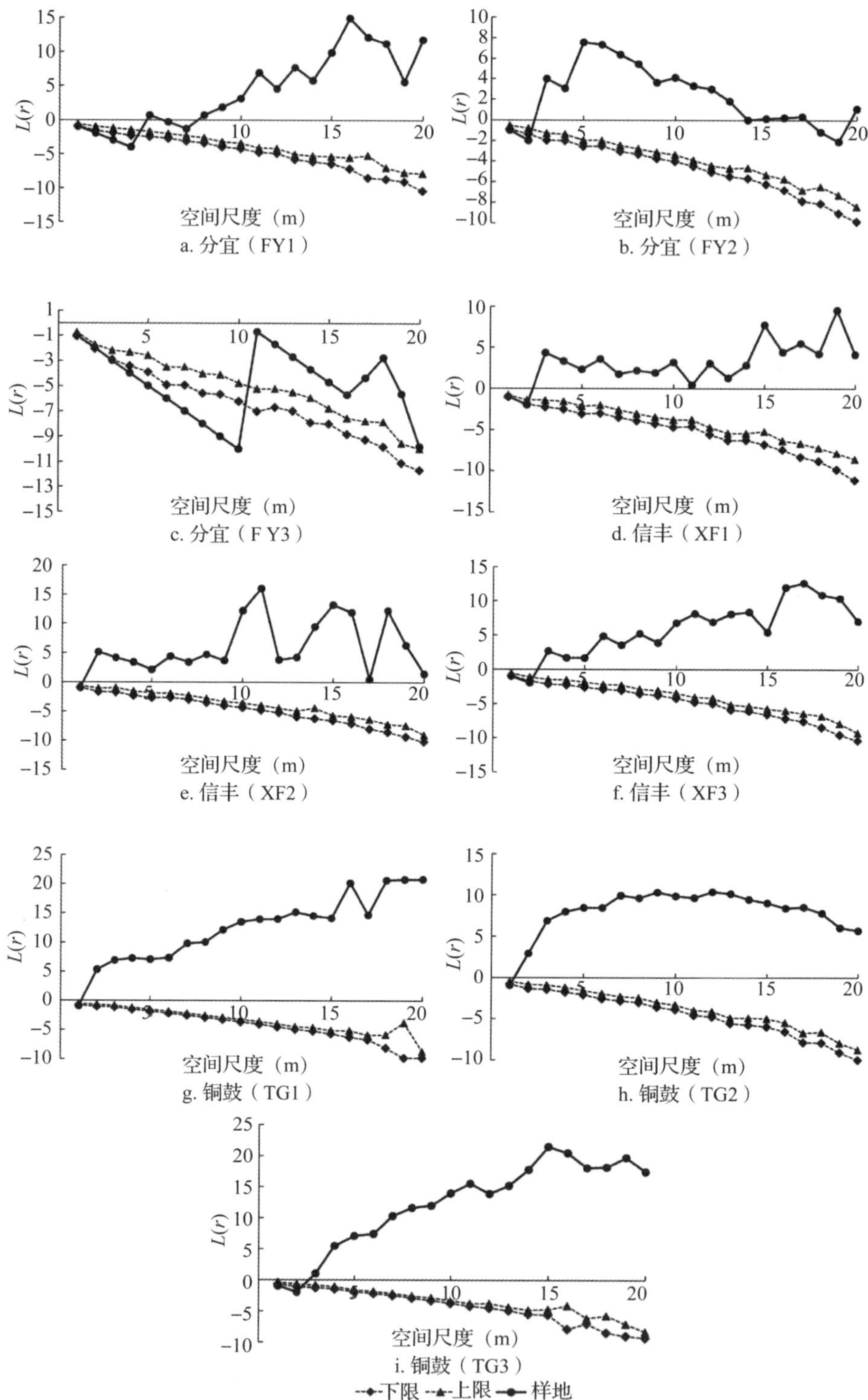

图 6-3　南方红豆杉种群的空间点格局分析

三、讨 论

从南方红豆杉群落的物种组成、物种多样性特征和物种龄级结构特征等指标综合表现中可以看出总种数铜鼓群落较少，仅只有 49 种；其他群落中总种数都较多，并且草本层种数在群落中都较多，从不同层种数量分析表明乔木层物种和数量较少，郁闭度较小，草本层拥有足够生存空间和生态条件。不同层种数相关性分析表明灌木层种数和草本层种数的多少决定群落中总种数，反映草本层和灌木层物种在生长竞争过程中被淘汰。物种多样性特征上，信丰和婺源群落中物种多样性和丰富度均高，铜鼓群落次之，分宜群落最低。铜鼓群落中南方红豆杉属于优势种，信丰和婺源群落中也属共优种，仅分宜群落中为非优势种。其中除分宜群落优势种为毛竹，其他群落中优势种或共优种均为阔叶树，并且均完全郁闭、枯落物厚，甚至还存在一层灌木层。分宜群落 Simpson 指数最小，物种单一，多数种群扩展受到限制。Pielou 指数中不仅分宜群落低，铜鼓也较低，其群落中南方红豆杉和赤杨盖度较大，郁闭度高，导致光照强度过弱，不利于幼树生长，以致影响其他物种的分布。南方红豆杉属于耐阴性物种，并且对生境要求高，幼苗对直射光尤为敏感，在强光下生长不良，但绝对荫蔽下同样不利于生长；而各群落郁闭度均高，不利于南方红豆杉幼苗生长，阻碍南方红豆杉种群天然更新。不同径级物种丰富度上，信丰群落在各个径级中物种丰富度均最大；分宜、铜鼓和婺源则随径级增大物种丰富度逐渐降低的趋势，群落中优势物种明显，仅少数几个种占明显优势，如毛竹、枫香树、南方红豆杉等。

从南方红豆杉种群结构和空间特征指标看，天然林中南方红豆杉的更新方式为种子更新，但即使结实植株占比达到 38.8%的铜鼓群落，其调查样地内均未调查到幼苗和幼树，未呈现幼树围中、大雌株的扩散趋势，研究表明种群中种子自然更新能力极差。南方红豆杉种子种皮色彩鲜艳、味道甜美，容易吸引鸟类和啮齿动物捕食，大量捕食对种子造成了很大影响。南方红豆杉种子具有深休眠，自然条件下需要两冬一夏才能萌发，在较长的休眠期内，容易因长期阴雨，致使种子腐烂或感染真菌，也容易因为失水导致生命力丧失。在调查过程中，存在附近居民捡拾，甚至破坏性采摘南方红豆杉种子情况（砍伐结实枝条），致使南方红豆杉结实量连年下降。南方红豆杉种群的空间格局分析反映群落中南方红豆杉植株均为聚集分布，本就狭窄的生存空间进一步被挤压。

综上分析，江西南方红豆杉种群结构和空间分布格局受困于群落生境，又因南方红豆杉生物学特性和人为干扰的综合作用下，使得江西南方红豆杉种群自然更新能力差。在后面的研究过程中，可以探究天然南方红豆杉种群更新受自然条件的限制主因，从而可以有针对性地研究人工促进更新的技术措施。

四、结 论

婺源、分宜、铜鼓和信丰 4 个南方红豆杉天然群落，4 个样地中重要值大于 4%物种数量以信丰和婺源居多，铜鼓和分宜少，并即使在铜鼓和分宜群落中南方红豆杉占绝对优势，林下几乎无南方红豆杉幼苗。不同样地的 Shannon-Wiener 指数和 Simpson 指数存在显著差异，均以信丰和婺源南方红豆杉群落较高，铜鼓次之，分宜的指数值最小。信丰和铜鼓表现为随径级增大物种丰富度先逐渐升高而后降低的趋势，但信丰在各个径级中物种丰富度均最大；分宜、铜鼓和婺源则随径级增大物种丰富度逐渐降低的趋势。各群落均存在较大比例南方红豆杉结实植株，但幼苗、幼树极少。各个南方红豆杉种群在小尺度上均表现为均匀分布，特别是在<3m 的尺度上，大尺度上均呈聚集分布。江西南方红豆杉天然种群空间结构上整体呈现聚集分布，各群落幼苗、幼树极少，自然更新能力差，种群呈衰退趋势，亟待人工促进恢复天然种群规模。

第二节　大岗山天然南方红豆杉种子雨与土壤种子库动态及空间分布特征

种子是植物特有的器官，是植物生活史中的重要阶段，也是许多植物自然更新和植被恢复的基础，对延续物种起着重要作用(沈泽昊等，2014；红雨等，2012；龙丽红等，2014)。土壤种子库指存在于土壤表层凋落物和土壤中全部活性种子的总和(陈晓丽等，2013)。种子成熟后靠自身的重力和外界力量散布到地表，进入土壤种子库(黄雍容等，2010；DOUH C et al.，2018)。种子雨是种子扩散的开端，也是种子种群的输入源，将影响种群的结构组成和发展。土壤种子库是种子雨扩散的结果，直接影响植物天然更新能力。植物自然更新过程中，因植物本身生长特性以及森林微环境因素(光照、温度、水分、地被物等)的异质性，对种子雨和土壤种子库产生不同程度影响(BERNHARD et al.，2015；CHO Y-C et al.，2018)。因此，研究林下种子雨和土壤种子库的动态及空间分布特征，能揭示植物本身和环境差异对植物有性更新能力的影响规律，对研究植物种群动态发展和种群恢复具有重要意义(LUNA P et al.，2018)。

国内外对南方红豆杉种群保护现状、种群结构特征、紫杉醇含量以及生长等方面的研究较多，对于南方红豆杉种子雨和土壤种子库研究仅见对于沿海福建南平的文献报道。但土壤种子库除与植被结构有密切关系外，受气候、生境和林龄影响大，因此研究内陆江西南方红豆杉种子雨和土壤种子库特征是十分必要的(马全林等，2015；张广帅等，2015)。本研究通过调查分析江西典型天然南方红豆杉种子雨和土壤种子库动态及空间分布特征，探究南方红豆杉种子命运，为南方红豆杉天然居群的保护与恢复提供参考资料。

一、研究区域和研究方法

(一)研究区域概况

同本章第一节“研究区域概况”。

(二)研究方法

1. 样地设置及调查

以亚林中心大岗山西下南方红豆杉种群中雌株为调查对象，进行种子雨和土壤种子库调查研究。

江西南方红豆杉一般每年 3 月开花，11 月种子开始成熟。2019 年 11 月 4 日，在种群内选取 3 株雌株，并以雌株为中心如图 6-4(a)所示的“Ⅰ、Ⅱ、Ⅲ、Ⅳ”四个方向设置采样点；在距离雌株树干基部 1m、3m、5m、7m、9m 处设置种子雨收集器，收集器尺寸为 1m×1m，每株雌株布设 20 个种子雨收集器，共设置收集器 60 个，每隔 5 天收集调查一

次，按种子总数、完整种子数和不完整种子数进行数量统计。

2019 年 4 月，在中群内选取 4 株雌株，并以雌株为中心如图 6-4(b)所示的“Ⅰ、Ⅱ、Ⅲ、Ⅳ”四个方向设置采样点。第 1 个采样点位于树冠内，第 2 个位于树冠边缘处，第 3 个位于树冠外 2m 处。每个采样点取样样方长宽深分别为 25cm×25cm×10cm，分 3 层取样，分别为枯枝落叶层、0~5cm 和 5~10cm，每株雌株样本量为 36 份。

选取的南方红豆杉雌株共 6 株，其中有一株调查了土壤种子库和种子雨，调查雌株详细信息，见表 6-7。

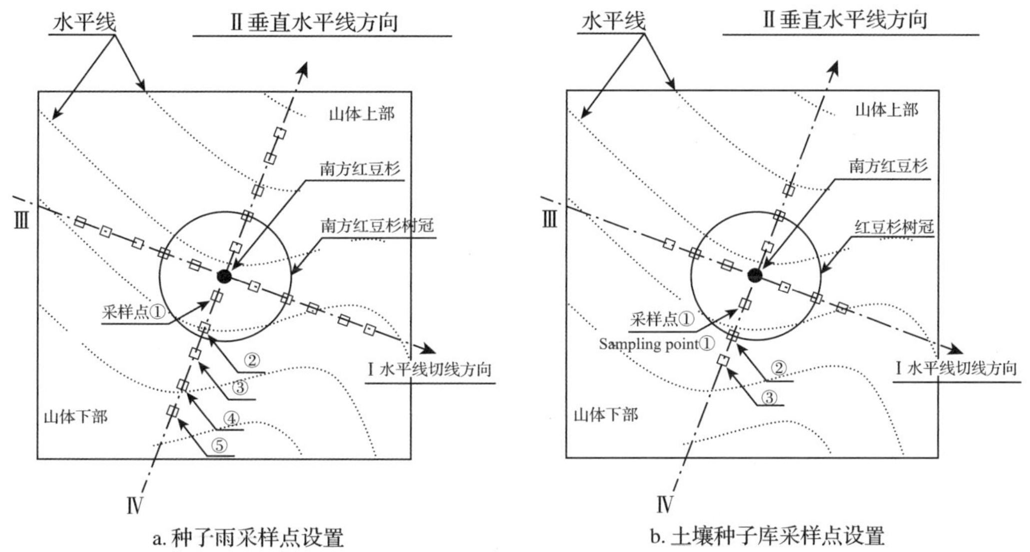

图 6-4　采样点位置分布示意图

注：水平正轴方向均为采样点位置分布示意图中的水平切线方向Ⅰ，垂直正轴方向均为图中Ⅱ方向。

表 6-7　南方红豆杉雌株详细信息表

经纬度	实验树木编号	坡度(°)	坡　向	坡　位	海拔(m)	郁闭度	草本层盖度(%)	胸径(cm)	树高(m)	备　注
114°32′57. 07″E 27°37′4. 36″N	JXFY07	10	北	下坡	636	0. 7	95	34. 0	12. 2	土壤种子库
	JXFY12	25	北	上坡	632	0. 8	20	54. 4	14. 1	种子雨
	JXFY19	35	北	中坡	628	0. 8	20	37. 2	14. 4	土壤种子库、种子雨
	JXFY20	15	东北	中坡	628	0. 9	15	23. 1	8. 5	土壤种子库(断梢)
	JXFY29	30	东北	下坡	624	0. 7	5	28. 1	16. 8	土壤种子库
	JXFY51	20	北	上坡	583	0. 8	30	24. 5	8. 2	种子雨

2. 分析方法

采用 SPSS 22 软件对种子雨和土壤种子库的空间分布差异性进行单因素方差分析。在方差分析前，对分析数据进行方差齐性检验法检验数据之间的差异显著性，显著水平 $P=$

0.05。利用 R 语言和 ArcGIS 10.2.2 分析种子雨时间和空间分布规律，采用 Python 语言进行土壤种子库空间分布特征分析。

二、结果与分析

（一）种子雨动态与强度

江西大岗山南方红豆杉种群种子雨从 11 月初开始，次年 1 月中下旬结束，持续时间长达两个半月。高峰期为 11 月中旬至 12 月中旬，持续约 30 天。种子雨强度在 11 月 29 日达到高峰期后先急剧下降，而后缓慢递减，但在 12 月 24 日存在局部峰值(图 6-5)。而在 12 月 24 日与上次收集的 12 月 19 日之间连续几天阴雨并伴随 2~3 级风，致使温度急剧下降(图 6-6)，由于气象变化增加这次种子雨量，从而产生了一个局部峰值。

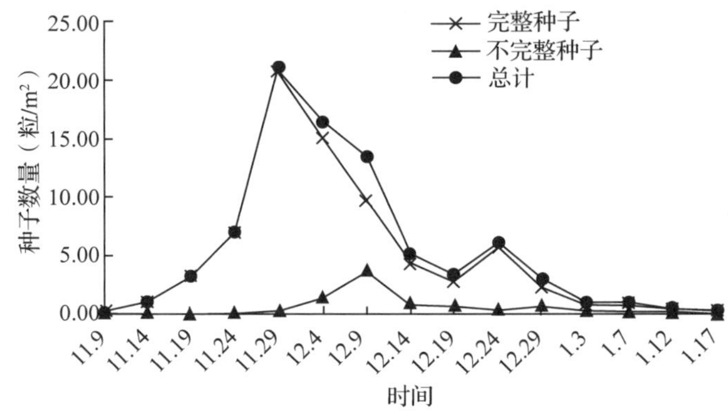

图 6-5　大岗山南方红豆杉种子雨强度动态变化

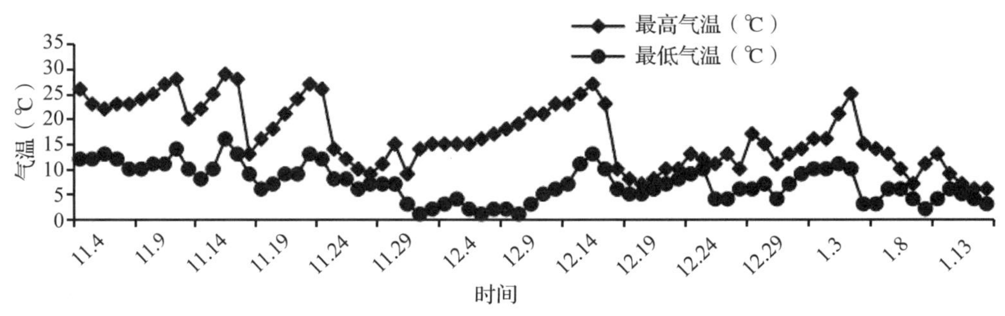

图 6-6　大岗山南方红豆杉种子雨调查期间气温动态

（二）种子雨空间分布特征

在大岗山选取 3 株受外界干扰少，生长状况良好的南方红豆杉雌株，在雌株下布设种子雨收集器收集种子。3 个样地种子雨收集器收集的种子雨平均为 5.15 粒/m^2。利用 R 语言气泡图显示各个种子雨收集器收集结果(图 6-7)，从图中可以看出样地不同收集的种子密度不同，19#雌株种子雨最集中，12#雌株种子雨最分散；但各雌株收集到的种子雨分布

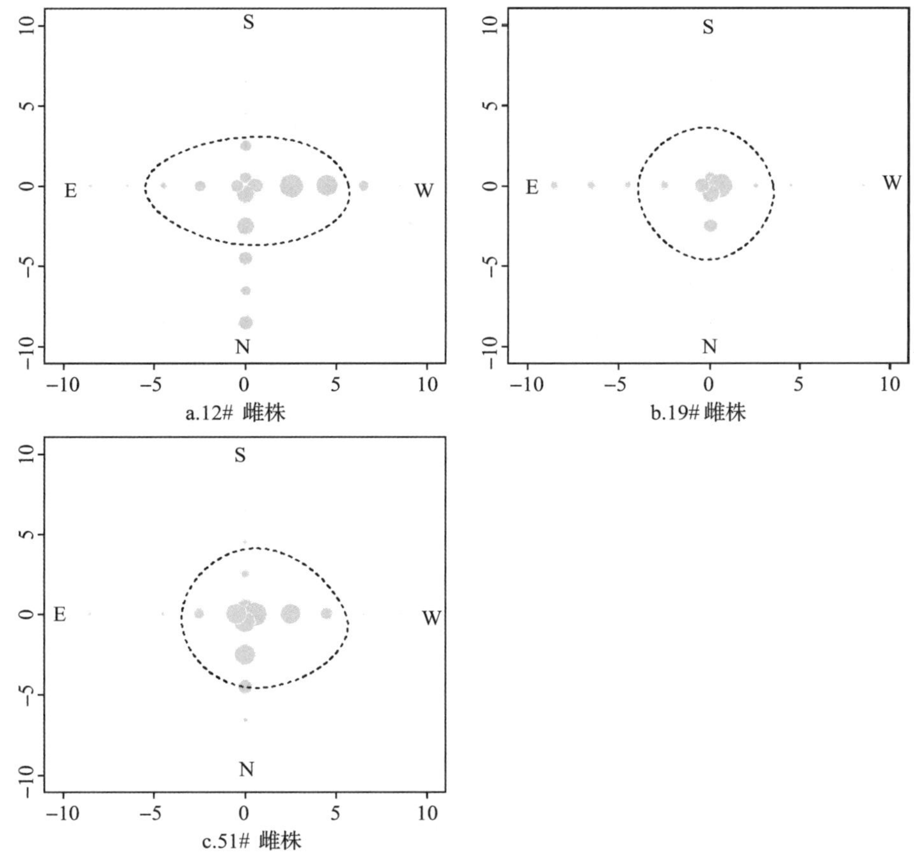

图 6-7　种子雨收集器分布和种子收集特征

注：图中心表示雌株位置，气泡面积表示种子雨收集器收集种子雨的多少，单位为粒/m^2，对应位置无气泡点表示 0 粒/m^2。虚线圈为树木树冠外轮廓。

在冠幅北侧和西侧居多，随雌株距离的增加收集到的种子数量越来越少，并且均主要集中在树冠内部。

采用 ArcGIS 10. 2. 2 中的空间插值方法，以 1m 为步长，对 3 个样地中收集的种子分布进行克里金插值，结果如图 6-8 所示。种子雨存在明显的环状峰值区域，这个区域南方红豆杉完整种子的密度明显高于其他部位，随着峰值区域向四周扩散，南方红豆杉种子的密度逐渐降低。这个峰值位置部位均处于雌株西偏北或北侧的位置。

（三）土壤种子库垂直分布特征

大岗山南方红豆杉雌株土壤隔层中种子垂直分布情况见表 6-8。雌株土壤种子库中 45. 09%的种子分布在枯枝落叶层，种子平均密度为 372 粒/m^2，0～5cm 占比次之，5～10cm 占比最少，仅为 16. 36%。从种子质量来看，完整种子占种子总数的 29. 82%，枯枝落叶层最多，占总种子数的 17. 45%，占完整种子数量的 58. 54%。在调查过程中发现大部分完整种子为空粒种子，真正具有生活力的种子占比更少。

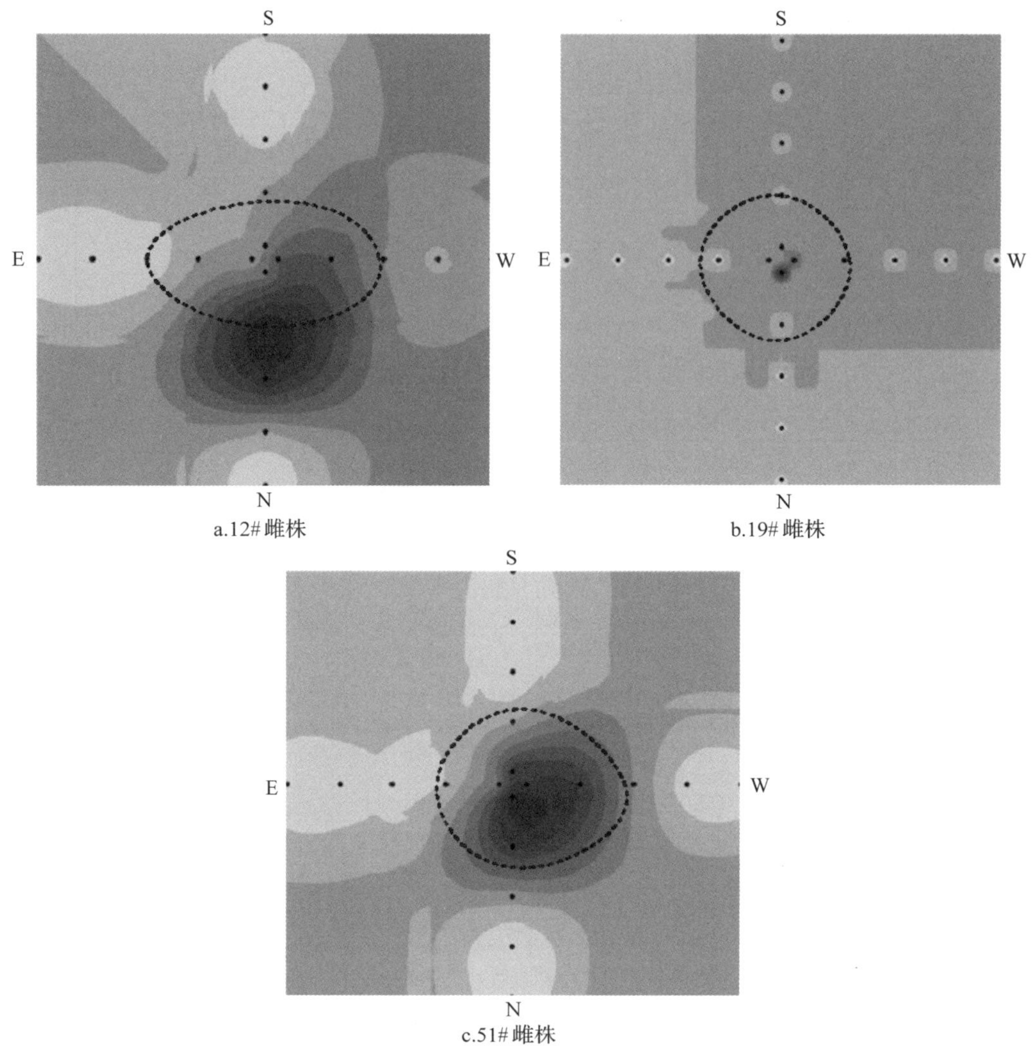

a.12# 雌株

b.19# 雌株

c.51# 雌株

图 6-8　种子雨空间分布特征

注：图中心表示雌株位置，黑色为种子雨收集器位置，颜色越深表示种子雨密度越大，颜色越浅种子雨密度越小。虚线圈为树木树冠外轮廓。

表 6-8　大岗山南方红豆杉雌株土壤种子库垂直分布

种子类型	枯枝落叶层		0~5cm 土层		5~10cm 土层		合　计	
	数量（粒/m^2）	百分比（%）	数量（粒/m^2）	百分比（%）	数量（粒/m^2）	百分比（%）	数量（粒/m^2）	百分比（%）
完整种子	144	17.45	69	8.36	33	4.00	246	29.82
不完整种子	228	27.64	249	30.18	102	12.36	579	70.18
合　计	372	45.09	318	38.55	135	16.36	825	100.00

（四）土壤种子库空间分布特征

利用 Python 软件将 4 株雌株的土壤种子库空间分布情况显示在图 6-9 中，中心黑色实

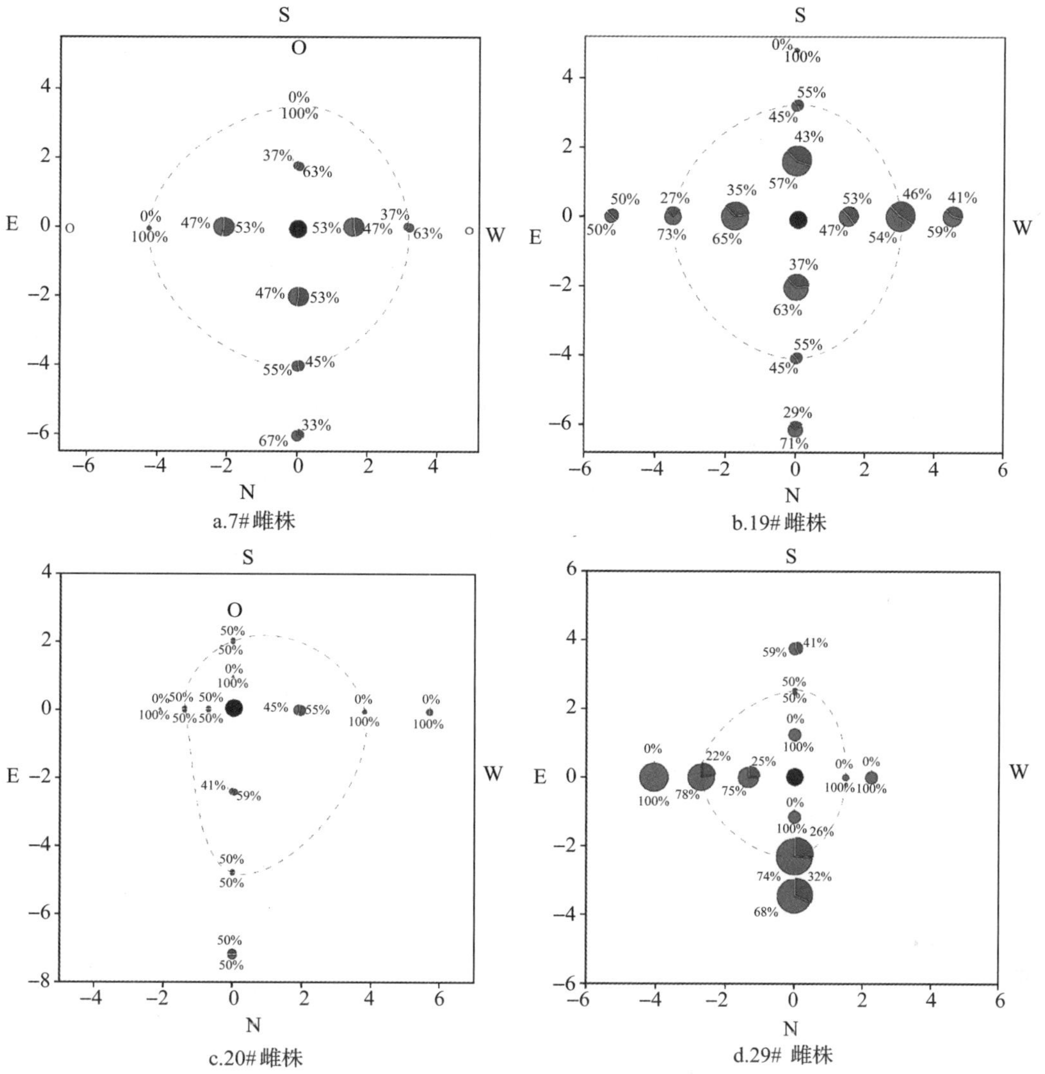

a.7#雌株

b.19#雌株

c.20#雌株

d.29# 雌株

图 6-9　大岗山南方红豆杉土壤种子库空间分布特征

心圆为雌株位置，气泡大小表示土壤种子库种子数量多少，空心圆圈代表此采样点位置无种子，虚线圈为雌株树冠外轮廓。从显示结果看，4 个样地中土壤种子主要集中分布在树冠内部，特别是 7#、19#和 20#雌株树冠外土壤种子库中少有种子，甚至无种子。29#雌株树冠外北侧和东侧有较多种子，而 29#雌株位置坡向为东北，表明种子会沿坡向下滚动，坡向影响土壤种子库种子分布。对坡度达到 35°的 19#雌株影响并不明显，分析调查数据可以看出，19#和 29#雌株虽然坡度和土壤种子库种子数量无明显差异（19#雌株调查到的土壤种子库总数为 104 粒，29#雌株为 106 粒），但草本层盖度差异显著，19#雌株草本层盖度明显更大，是 29#雌株草本层盖度的 4 倍，并且存在显著性差异（$F=6.64$，$P=0.017<0.05$），表明草本层会阻碍下落种子的水平位移，减弱坡度对土壤种子库水平分布的影响。调查过程中 20#雌株由于断梢和人为采种破坏性的影响，致使本身结实量少，必然导致土壤种子库中种子少。其他 3 株雌株均枝繁叶茂，但 7#雌株土壤种子库种子明显偏少，存在

显著性差异(F=4.73，P=0.016<0.05)，表明草本层盖度过大对种子雨进入土壤种子库产生不利影响，影响种群自然更新。

三、结 论

大岗山南方红豆杉种群种子雨高峰期为11月中旬至12月中旬，占所调查种子雨种子总数的84.14%，存在次高峰，主要受气象因素影响。土壤种子库中无论是完整种子还是总种子数密度均随着深度增加而减少，而且绝大部分完整种子为空粒种子。种子分布受坡向影响显著，种子多位于雌株树冠内部和下坡方向。草本层植被不仅会阻碍种子水平分布，而且会显著减少进入土壤种子库中种子数量，阻碍南方红豆杉天然种群的自然更新。

第三节　不同林窗类型对林下南方红豆杉幼苗生长和养分库构建的影响

目前，国内外在南方红豆杉种子生物学特性、群落与种群结构特征、天然更新、濒危机理、优质苗木繁育与幼林培育方面开展了较为系统的研究。研究发现，南方红豆杉种群缺乏竞争力是导致南方红豆杉濒危的主要原因之一(茹文明等，2006)，通过人工培育优良种苗、配方施肥等措施均可以促进幼苗早期的生长。

在天然林地环境中，林木幼苗能否在群落中成活并成功定植主要取决于苗木自身的质量(鲁敏等，2002)，高质量的幼苗应具备优良的形态指标和丰富的养分库(刘士玲等，2019)。优良种苗和科学水肥光照调控均有利于幼苗早期生长和苗木养分积累。如金国庆等(2007)研究表明配比施用氮、磷能显著促进南方红豆杉幼林分生长。

在野外环境条件下，通过林隙大小和形状的变化影响林地光照、土壤水分、温度等生境(黄传响等，2011；Arunachalam A and Arunachalam K，2000；Cornelissen J H C，2010)，改变林地生活型谱和植被多样性水平(杜有新等，2018)，对幼苗的更新具有深远的意义(MORIN X et al.，2020；SHEN Y et al.，2019)。林窗是人工调控林隙最常用的方式(管云云等，2016；Stan A B et al.，2014)，一些学者逐步开展林窗对南方红豆杉人工林更新方面的研究，刘伟等(2019)证实了林窗对南方红豆杉幼林生长具有明显的影响，但林窗大小和形状等特征对南方红豆杉幼苗生长发育和养分库建设能够产生何种影响的研究尚未系统开展，此方面对南方红豆杉天然更新具有十分重要的意义。

因此，本研究在杉木人工林布设不同规格林窗试验，探讨不同林窗大小、类型对南方红豆杉幼苗生长、根系发育和体内养分库建成的影响，旨在明确最适宜南方红豆杉生长发育的林窗类型，为南方红豆杉天然居群的保护与恢复以及低质林珍贵化改培提供科学依据。

一、材料与方法

(一)研究区域概况

研究地位于亚林中心(江西分宜)上村实验林场，年平均气温17.7℃，1月平均气温5.4℃，7月平均气温29.4℃，极端最低温-7.2℃，极端最高温40.0℃，无霜期280天。试验地地理位置114°32′33.65″~114°32′41.53″E，27°37′31.53″~27°37′12.65″N，海拔590~

630m。试验林为1984年营造的杉木普通用材林，当前林分密度为58株/亩，平均胸径20.8cm，平均树高19.3m，林分郁闭度0.9。

（二）试验设计

于2019年3月，选取长势一致的2年生当地种源南方红豆杉优良家系容器苗，试验采用随机区组实验设计，设置两种不同林窗类型杉木林下补植南方红豆杉试验。

1. 方形林窗试验

设置4m×4m、8m×8m和12m×12m三个方形林窗样地处理，每处理3次重复，以未处理林分内的8m×8m样地为对照，共12块样地，每处理间隔10m。对处理组样地内杉木皆伐，对照不处理。将南方红豆杉幼苗补植到样地内，株行距1m×1m。

2. 带形林窗试验

设置4m×15m、8m×15m和12m×15m三个带形林窗处理样地，每处理3次重复，以未处理林分内的8m×15m样地为对照，共12块样地，带形林窗长垂直山体水平线设置，每处理间隔10m。对处理组样地内杉木皆伐，对照不处理。将南方红豆杉幼苗补植到样地内，株行距1m×1m。

（三）样地调查和取样

于2020年6月，对试验样地南方红豆杉进行调查和采样，每个样地随机选取10株南方红豆杉，测量地径、苗高、冠幅，将整株挖出、洗净用于实验室生物量、根系、矿质元素、可溶性糖和淀粉等指标的测定。分单株采集测量的整株南方红豆杉幼苗，悬挂标签、打包进行体内养分含量测定和根系形态指标测定。

（四）样品检测与分析

1. 根系形态指标

用水冲洗采集的南方红豆杉植株根系，清洗掉根系上的泥土后沥干。把沥干后的根系放到根系扫描仪上进行扫描，保存其扫描图像，然后用WinRHIZO软件进行分析，获得根系长度、表面积、平均直径、体积和根尖数。

2. 生物量测定

将采集的南方红豆杉植株105℃，杀青30分钟后，在80℃烘箱中烘干至恒重，分别测定苗木根、茎、叶和整株生物量。

3. 矿质元素与糖含量测定

将南方红豆杉根、干、枝和叶样品分别用浓硫酸混合试剂消煮法制备待测液，再用靛酚蓝比色法测定其全氮含量（吕伟仙等，2004；刘爽等，2019）；用钼锑抗比色法测定其全磷含量（岳学军等，2015；吴慧等，2020）；利用原子吸收分光光度计（Zeenit700，德国Analytik Jena AG）测定其钾浓度（王敬等，2013；徐玉玲等，2020）；可溶性糖和淀粉的浓度采用改进的苯酚浓硫酸法测定；每个样品测定均重复3次，结果取其平均值。

4. 数据分析

利用Excel对原始数据进行统计整理，采用SPSS 22软件对数据进行方差分析、多重比较。

二、结果与分析

(一)不同林窗类型对林下南方红豆杉幼苗生长的影响

1. 方形林窗对林下南方红豆杉幼苗生长的影响

不同大小的方形林窗处理后，南方红豆杉幼树地径、树高、冠幅和根、干、枝、叶的生物量随着林窗面积的增加呈现先升高后降低的趋势，且均在 8m×8m 处理时达到最大值(表 6-9)。8m×8m 处理的南方红豆杉地径、冠幅、根生物量、枝生物量、叶生物量分别是对照(CK)的 1.50 倍、1.94 倍、3.52 倍、2.91 倍、1.99 倍，除叶生物量、干生物量、树高外，其余均达显著水平($P < 0.05$)。

表 6-9　南方红豆杉幼苗地径、树高、冠幅面积以及植株个体各组织生物量

林窗大小(m)	地径(mm)	树高(cm)	冠幅面积(m^2)	根生物量(g)	干生物量(g)	枝生物量(g)	叶生物量(g)
4×4	16.77±2.26ab	134.75±28.65a	0.79±0.21ab	36.93±11.56b	40.23±11.06a	28.98±8.98b	33.35±6.12b
8×8	21.02±4.59a	170.00±25.65a	1.28±0.46a	65.89±25.54a	60.85±12.42a	77.10±33.07a	74.60±30.99a
12×12	15.15±3.28ab	136.75±29.77a	0.80±0.20ab	27.13±11.27b	43.98±21.35a	31.95±16.35b	37.73±17.49ab
CK	14.05±1.66b	133.00±26.01a	0.66±0.18b	18.74±5.78b	36.48±21.15a	26.48±10.87b	37.55±10.07ab
均值	16.75*	143.63	0.88*	37.17*	45.39	41.13**	45.81*

2. 带形林窗对林下南方红豆杉幼苗生长的影响

南方红豆杉幼树在不同大小的带形林窗处理后，树高随着林窗面积的增加呈现不断升高的趋势，地径和根生物量先升高后降低，枝和叶生物量则正好相反，冠幅先升后降再升，干生物量则与冠幅正好相反(表 6-10)。各指标仅地径达到显著差异($P < 0.05$)，其中 8m×15m 处理的南方红豆杉地径分别比对照、4m×15m 和 12m×15m 处理显著增加 54.1%、21.1%、32.1%($P < 0.05$)。

表 6-10　南方红豆杉幼苗地径、树高、冠幅面积以及植株个体各组织生物量

林窗大小(m)	地径(mm)	树高(cm)	冠幅面积(m^2)	根生物量(g)	干生物量(g)	枝生物量(g)	叶生物量(g)
4×15	11.83±0.27b	120.50±12.02a	0.65±0.19a	16.35±0.73a	27.10±5.30a	18.35±0a	24.60±1.77a
8×15	14.32±0.83a	125.00±5.66a	0.56±0.07a	25.70±2.33a	40.85±3.54a	29.61±1.77a	32.10±1.77a
12×15	10.84±0.65bc	126.00±9.90a	0.65±0.06a	18.66±5.49a	34.60±19.45a	33.35±24.75a	35.85±24.75a
CK	9.29±0.35c	95.50±0.71a	0.53±0.05a	14.62±15.24a	47.10±1.77a	29.60±5.30a	34.60±1.77a
均值	11.57*	116.75	0.60	18.83	37.41	27.73	31.79*

(二)不同林窗类型对林下南方红豆杉幼苗体内养分含量的影响

1. 方形林窗对林下南方红豆杉幼苗体内养分含量的影响

不同大小方形林窗处理后，南方红豆杉幼树养分库、植株全磷、可溶性糖和淀粉含量随着方形林窗面积的增加先升高后降低，且均表现为 8m×8m > 12m×12m > 4m×4m > CK，全氮表现为先降低后升高，全钾表现不稳定(表 6-11)。进一步分析结果显示，随着方形

林窗面积的增加，叶全磷、叶全氮、叶淀粉和根全钾、根全氮含量不断升高，叶可溶性糖、枝淀粉、枝全磷、枝可溶性糖、根全磷、根淀粉、根可溶性糖均表现为先升高后降低，叶全钾、枝全钾、枝全氮、干全钾、干全氮、干可溶性糖均呈先下降后上升趋势，干全磷、干淀粉、根可溶性糖呈逐渐下降趋势。各处理中养分库、淀粉和干全钾含量达到显著水平（$P < 0.05$），8m×8m 处理后全株养分库和淀粉含量分别比对照显著增加 26.4%和 31.2%，4m×4m 处理后干全钾含量最高，比对照显著增加 108.7%。

表 6-11　南方红豆杉幼苗各组织养分含量

组织	林窗大小（m）	养分库（mg/g）	全磷（mg/g）	全钾（mg/g）	全氮（mg/g）	可溶性糖（mg/g）	淀粉（mg/g）
叶	4×4	238.2±28.16a	1.00±0.14a	3.11±0.51a	17.19±1.41a	178.23±24.85a	38.65±13.02a
	8×8	321.15±180.95a	1.05±0.06a	3.05±0.02a	17.90±1.22a	255.25±182.93a	43.90±0.85a
	12×12	280.27±67.48a	1.08±0.11a	3.54±0.28a	18.09±0.73a	210.77±75.71a	46.80±11.15a
	CK	191.65±6.01a	0.91±0.04a	2.82±0.21a	18.11±0.23a	123.30±6.79a	46.45±1.20a
	均值	257.82	1.01	3.13	17.82	191.89	43.95
枝	4×4	150.80±11.14a	0.65±0.10a	1.45±0.21a	5.85±0.47a	81.87±6.42a	60.98±8.41a
	8×8	164.70±13.94a	1.03±0.21a	1.41±0.11a	5.76±0.52a	89.53±13.77a	66.95±4.68a
	12×12	153.43±17.67a	0.94±0.26a	1.91±0.69a	6.52±0.31a	83.60±7.61a	60.48±11.62a
	CK	149.17±22.29a	0.91±0.20a	1.75±0.51a	6.22±0.37a	85.21±11.88a	55.07±12.10a
	均值	154.53	0.88	1.63	6.09	85.05	60.87
干	4×4	157.68±107.96a	0.57±0.05a	0.96±0.11a	2.81±0.43a	96.29±106.02a	57.03±10.93a
	8×8	105.23±14.68a	0.49±0.24a	0.44±0.12b	2.61±0.14a	45.38±1.62a	56.33±14.00a
	12×12	104.68±17.10a	0.33±0.06a	0.50±0.06b	3.00±0.28a	59.00±19.99a	41.83±11.17a
	CK	81.37±8.48a	0.35±0.05a	0.46±0.10b	3.49±0.73a	41.78±6.51a	35.27±1.32a
	均值	112.24	0.44	0.59*	2.98	60.61	47.62
根	4×4	507.28±56.10a	0.46±0.09a	1.08±0.48a	6.55±0.76a	240.50±54.88a	258.75±35.79a
	8×8	517.73±44.79a	0.51±0.04a	1.13±0.53a	6.87±0.18a	226.88±25.10a	282.25±56.52a
	12×12	474.03±53.09a	0.45±0.07a	1.21±0.18a	7.62±0.85a	213.30±40.94a	251.33±15.18a
	CK	423.60±39.79a	0.43±0.02a	1.18±0.22a	12.78±9.56a	182.17±13.22a	227.00±41.04a
	均值	480.66	0.46	1.15	8.46	215.71	254.83
全株	4×4	238.83±3.80ab	0.69±0.05a	1.71±0.22a	8.20±0.58a	130.00±14.15a	101.61±7.63ab
	8×8	263.33±47.81a	0.81±0.05a	1.58±0.15a	8.50±0.33a	138.05±34.15a	114.39±16.31a
	12×12	247.04±7.08ab	0.69±0.10a	1.86±0.19a	8.74±0.16a	131.25±7.98a	104.51±5.23ab
	CK	208.41±11.99b	0.68±0.08a	1.56±0.07a	10.07±1.93a	108.90±3.61a	87.16±11.40b
	均值	239.40*	0.72	1.68	8.88	127.05	101.92*

2. 带形林窗对林下南方红豆杉幼苗体内养分含量的影响

南方红豆杉幼树在不同带形林窗处理后，植株养分库、可溶性糖和淀粉含量差异达显著水平（$P < 0.05$），植株养分库和可溶性糖含量在 8m×15m 处理时达到峰值，植株淀粉含

量在 12m×15m 处理时达到峰值(表 6-12)。进一步分析结果表明，随着带形林窗面积的增加，叶片中全磷、全氮、可溶性糖和淀粉含量均表现为先升高后降低，全钾含量则表现为先降低后升高，各指标(除全氮、全钾外)均在 8m×15m 处理时达到极值。枝条中养分含量表现不稳定。干和根各项指标中，仅干全钾、干淀粉和根可溶性糖含量、根养分库差异显著($P < 0.05$)。综合分析，8m×15m 处理后植株养分库和可溶性糖以及干全钾、根可溶性糖含量分别比对照显著增加 27.4%、44.9%、159.1%和 48.0%，12m×15m 处理后植株淀粉和干淀粉含量分别比对照显著提升 84.1%和 201.8%($P < 0.05$)。

表 6-12 南方红豆杉幼苗各组织养分含量

组织	林窗大小(m)	养分库(mg/g)	全磷(mg/g)	全钾(mg/g)	全氮(mg/g)	可溶性糖(mg/g)	淀粉(mg/g)
叶	4×15	200.37±38.79a	0.74±0.07a	3.99±0.52a	18.67±0.67a	122.05±38.78a	54.90±1.49a
	8×15	276.28±78.88a	0.79±0.13a	3.89±0.85a	18.34±1.80a	192.08±78.30a	61.18±5.18a
	12×15	200.20±11.45a	0.78±0.05a	4.29±1.01a	17.47±2.08a	117.13±8.61a	60.53±3.07a
	CK	174.00±10.47a	0.75±0.06a	4.51±0.57a	17.72±0.71a	99.30±7.07a	51.70±2.12a
	均值	212.71	0.77	4.17	18.05	132.64	57.08
枝	4×15	136.98±25.79a	0.50±0.03a	1.97±0.70a	6.76±0.16a	59.73±6.87a	68.05±21.01a
	8×15	150.07±17.96a	0.42±0.04a	2.14±0.21a	6.13±0.67a	77.90±21.32a	63.53±3.64a
	12×15	145.13±5.18a	0.47±0.05a	2.08±0.42a	6.18±0.45a	78.25±13.32a	58.13±10.50a
	CK	142.27±11.83a	0.46±0.05a	2.16±0.18a	6.09±0.14a	84.92±18.52a	48.60±19.14a
	均值	143.61	0.46	2.09	6.29	75.20	59.58
干	4×15	113.80±12.98ab	0.33±0.07a	0.49±0.11a	2.89±0.28a	61.42±9.97a	48.70±8.55ab
	8×15	127.05±24.68ab	0.25±0.01a	0.57±0.06a	3.25±0.25a	75.17±22.14a	47.85±2.19ab
	12×15	151.90±9.66a	0.27±0.05a	0.39±0.02ab	2.88±0.14a	62.69±20.93a	85.57±29.06a
	CK	82.50±26.59b	0.31±0.25a	0.22±0.11b	3.49±0.48a	50.09±23.02a	28.35±4.45b
	均值	118.81*	0.29	0.42*	3.13	62.34	52.62**
根	4×15	386.50±40.97b	0.47±0.08a	0.78±0.29a	7.59±0.31a	205.85±21.15b	171.75±25.32a
	8×15	471.75±40.11a	0.37±0.04a	0.93±0.02a	6.87±0.89a	309.63±23.89a	154.25±25.13a
	12×15	444.85±22.44ab	0.38±0.04a	1.03±0.26a	7.28±0.9a	234.93±7.28b	201.50±16.66a
	CK	401.47±23.73ab	0.38±0.06a	1.22±0.44a	7.21±0.67a	209.20±5.20b	183.33±28.43a
	均值	426.14*	0.40	0.99	7.24	239.90*	177.71
全株	4×15	206.21±15.36b	0.51±0.04a	1.78±0.31a	9.00±0.14a	110.01±9.07b	84.91±10.03ab
	8×15	255.99±35.43a	0.46±0.04a	1.87±0.23a	8.60±0.75a	163.53±30.26a	81.54±6.75ab
	12×15	230.42±3.77ab	0.48±0.04a	1.94±0.24a	8.50±0.75a	123.16±4.47b	96.35±3.28a
	CK	200.94±1.50b	0.45±0.02a	2.01±0.17a	8.53±0.23a	112.83±8.73b	77.13±9.04b
	均值	223.39*	0.48	1.90	8.66	127.38*	84.98*

(三)不同林窗类型对林下南方红豆杉幼苗根系生长发育的影响

1. 方形林窗对林下南方红豆杉幼苗根系生长发育的影响

不同大小方形林窗处理后，南方红豆杉幼树根长度、表面积、平均直径、体积和根尖数随着面积的增加呈现先增加后减少的趋势(表 6-13)。各指标均表现显著差异($P<0.05$)，8m×8m 处理效果最优，根总长度、表面积、平均直径、体积和根尖数分别比对照显著提升 135.1%、143.4%、137.2%、154.0%和 107.4%。

表 6-13　南方红豆杉幼苗根系指标

林窗大小(m)	长度(cm)	表面积(cm^2)	平均直径(mm)	根体积(cm^3)	根尖数(个)
4×4	8720.81±1511.28a	2072.02±381.70a	2.87±0.83ab	39.53±7.93ab	14858.60±1899.25a
8×8	9553.32±2665.40a	2344.83±662.08a	4.53±1.93a	46.76±14.40a	15118.86±3743.43a
12×12	8653.76±3175.33a	2137.12±974.00a	3.51±1.01ab	42.72±22.87ab	14649.00±6885.39a
CK	4063.04±1363.97b	963.37±349.38b	1.91±1.01b	18.41±7.60b	7288.75±2851.75b
均值	7747.73*	1879.34*	3.21*	36.86*	12978.80*

2. 带形林窗对林下南方红豆杉幼苗根系生长发育的影响

不同大小带形林窗处理后，南方红豆杉根总长度、表面积、平均直径、体积和根尖数表现为 8m×15m > 12m×15m > 对照 > 4m×15m(表 6-14)。各指标均呈现极显著差异($P<0.01$)，8m×15m 处理后，根总长度、表面积、平均直径、体积和根尖数分别比对照显著增加 92.1%、100.3%、78.7%、108.9%和 87.4%，而 12m×15m 处理后，根总长度、表面积、平均直径、体积和根尖数分别比对照显著增加 76.3%、69.3%、34.7%、62.0%和 83.2%。

表 6-14　南方红豆杉幼苗根系指标

林窗大小(m)	长度(cm)	表面积(cm^2)	平均直径(mm)	根体积(cm^3)	根尖数(个)
4×15	1343.63±765.00b	300.63±210.35b	0.67±0.09b	5.43±4.49b	3251.71±1663.66ab
8×15	3450.82±856.75a	845.90±157.64a	1.34±0.34a	16.61±2.17a	7911.86±3441.00a
12×15	3166.37±1131.58a	714.65±228.99a	1.01±0.35ab	12.88±3.70a	7736.20±3145.86a
CK	1796.06±546.18b	422.18±138.93b	0.75±0.07b	7.95±2.90b	4222.00±958.28b
均值	2439.22**	570.84**	0.94**	10.72**	5780.44**

三、讨 论

(一) 不同林窗大小对林下南方红豆杉生长影响

森林环境中林隙的异质性会对林下更新幼苗的成活和生长产生明显影响。为明确林下南方红豆杉生长的最适林窗大小，欧建德等(2016)研究表明林窗大小对 5 年生南方红豆杉幼林的生长和形质具有明显的改善作用，其认为 25~75m^2 是最佳的林窗处理，但结论中林窗面积范围过大，林窗形状不明确，可操作性差，并且幼苗定植第 1 年是在森林群落中形成有竞争力苗木的关键期，对该阶段的苗木质量调控至关重要，因此提出一个精准并方便实际操作的结论尤为重要。本研究表明，不同林窗大小和形状均会给南方红豆杉定植幼苗生长、根系发育和体内养分库带来显著影响，方形林窗和带形林窗的南方红豆杉幼苗生长均显著高于对照，本研究结论与欧建德等(2016)相似，但更精准，可操作性更强。其中，8m×8m 林窗是方形林窗中对幼苗生长促进效应最显著的处理，8m×15m 林窗是带形林窗中对幼苗生长促进效应最显著的处理。因此，本研究结论更有利于指导该阶段林下南方红豆杉栽植管理，应注重今后生产中推广应用。

(二)不同林窗类型对林下南方红豆杉生长影响

不同林窗形状(类型)对林下更新幼苗生长影响不同，本研究发现，方形林窗林下南方红豆杉幼苗地径、苗高、冠幅、根系生长均高于带形林窗，生物量、矿质元素、可溶性糖和淀粉的累积也均高于后者。如地径方形林窗各处理幼苗地径变异幅度为 15.15～21.02mm，而带形林窗变异幅度为 10.84～14.32mm，二者平均值间相差 1.44 倍。其原因可能是与山脊平行的带形林窗产生的“烟囱效应”使林地内空气流速快，蒸发量高于方形林窗，导致林地表层土壤含水率低于后者，对南方红豆杉幼苗生长产生了更大的干旱胁迫，因此，在林下南方红豆杉更新中建议采用方形林窗。

四、结 论

方形林窗和带形林窗对林下南方红豆杉幼苗生长、根系发育和体内养分库构建均具有促进作用，其中方形林窗以 8m×8m 的促进效应最显著，带形林窗以 8m×15m 的促进效应最显著。不同林窗形状对林下南方红豆杉幼苗生长影响不同，在相同宽度尺寸下，方形林窗林下南方红豆杉幼苗生长、根系发育和体内养分库含量优于带形林窗。本研究仅开展了南方红豆杉造林后 1 年生幼苗生长、根系发育和体内养分库含量的影响，但由于观测时间较短，尚不能完全阐明南方红豆杉幼林生长、养分库和幼苗竞争力对所布设的林窗环境的响应，因此，还需要进一步开展长期的林地固定观测。

第七章

鹅掌楸属生长、形质种源变异及密度效应

鹅掌楸属(*Liriodendron*)隶属木兰科(Magnoliaceae)，由于叶子形如马褂，所以又名马褂木。在新生代有20余种(Wolfe J A, 1987)，但经过第四冰期后，大部分灭绝，现在全世界只有鹅掌楸(*Liriodendron chinense*)和北美鹅掌楸(*Liriodendron tulipifera*)两种(Parks C R et al., 1990; Harlow W M and Harrar E S, 1994)，为二类濒危保护树种。鹅掌楸为落叶乔木，树皮为灰色或黑灰色，花黄绿色，单生枝顶，花期为5~6月，其叶形美观、花期较长、生长迅速，抗病虫、抗逆性较强，是非常好的园林绿化树种(吴东驰，1986；顾万春，1993；王章荣等，2005)。生长迅速，树干通直，木材白或淡红褐色，纹理直且清晰，结构细致，质轻而强韧，硬度适中，易加工，少变形，干燥后少开裂，无虫蛀，是胶合板的理想原料，也是制家具、缝纫机板、收音机壳与室内装修的优良用材树种。因此，鹅掌楸木材具有广阔的开发利用前景，系统研究鹅掌楸生长、材性等特征迫在眉睫。

本章以布设在大岗山鹅掌楸种源和密度试验林为材料，开展鹅掌楸生长、形质种源变异及密度效应研究。主要研究内容包括鹅掌楸属生长、形质和木材基本密度种源变异与种源区划；初植密度对鹅掌楸生长、形质和木材物理性质的影响。阐明25年生鹅掌楸不同种源、立地、初植密度及其互作的生长形质差异，揭示鹅掌楸生长形质地理变异规律和密度效应。本章旨在为区域鹅掌楸优良种源选择和适宜造林密度确定提供科学依据。

第一节 鹅掌楸属不同种源苗期生长特征及其变异规律分析

鹅掌楸是很好的用材树种，应用范围广泛，叶形美观，抗性优良，但由于地理的变迁、人为因素及其本身的生物学特性、天然群体种子萌发率低等影响，导致其处于濒危状态(方炎明和尤录祥，1994；尹增芳和樊汝汶，1995；1997；孙亚光和李火根，2008；潘文婷等，2014)。如何为基地建设提供优良的鹅掌楸种源是林木育种学家最关心的问题。目前，国内外在鹅掌楸属人工林培育方面的研究主要集中在杂交、扦插以及林分生长发育规律特征等方面(刘洪鄂和沈湘林，1991；陈世群等，1993；杨志成，1994；廖明等，

2005；王章荣，2008；仝伯强等，2013，；彭秀等，2013）。董纯等（1999）和李斌等（2001）曾对鹅掌楸种源试验林进行了部分研究，但分析的性状都比较少。本研究对鹅掌楸15个种源和北美鹅掌楸5个种源进行不同种源幼苗物候期、生长节律、10种生物量性状等的比较、分析，探索鹅掌楸地理种源苗期主要经济性状的地理变异规律，以期为适宜江西栽培种源的选择提供理论依据。

一、材料与方法

（一）试验地概况

试验地设于亚林中心（江西分宜）年珠林场，114°33′47″E，27°34′41″N，海拔200m，气象资料表明：年平均气温16.8℃，最高气温39.9℃，最低气温-5.3℃，年降水量1910mm，相对湿度80%，无霜期256天，属亚热带季风气候。

（二）材料来源

由项目组提供收集保存的种源20个，其中15个鹅掌楸种源来自全国7个省份覆盖全分布区，分别是四川叙永（XY）、四川酉阳（YY）、湖北鄂州（EZ）、安徽黄山（HS）、贵州陌南（MN）、贵州黎平（LP）、湖南浏阳（LY）、湖南桑植（SZ）、湖南绥宁（SN）、浙江富阳（FY）、浙江松阳（SY）、江西庐山（LS）、江西武夷山（WYS）、云南勐腊（YN）、大别山舒城（DBS）；5个北美鹅掌楸种源，分别为美国密苏里（MSL）、路易斯安那（LYS）、北卡罗来纳（BK）、南卡罗来纳（NK）、佐治亚（ZZY）。

（三）育苗设计

采用随机区组，重复4次，共80个小区，每小区6~10m^2，每平方米苗不超过35株。用裸根育苗方法，苗地前作为水稻土，苗木出土后，采用相同的田间常规管理措施。

（四）调查方法

分别对各种源的物候期、生长节律（每隔15天观测一次）、病虫害、抗寒性进行调查观测，年终在重复中同抽20株测定苗高和地径。用标准株调查苗木的根系和生物量及节间长，共3个重复，每重复取5株，清洗根系后称鲜重，调查侧根和主根数，分别对地上和地下部分烘干后称重。

（五）统计分析

根据调查数据，通过SAS软件和SPSS软件进行有关统计分析，然后根据分析结果对种源表现作出初步评定。

二、结果与分析

（一）不同种源幼苗各性状特征及比较分析

1. 不同种源幼苗各性状特征

经测定（表7-1），鹅掌楸各种源的苗高、地径、根系、鲜重、生物量和节间长均有所差别。不同种源苗高变异幅度为40.33~83.64cm，其中YN苗高最高，DBS苗高最低，二者间相差2.07倍；地径变异幅度为1.12~1.40cm，其中FY地径最大，XY地径最小，前者为后者的1.25倍。方差分析表明，不同种源鹅掌楸属幼苗在苗高和地径性状间存在明显差异（$P<0.01$）。幼苗主根数量变幅在1.01~1.47根，主根数较多的种源有FY、BK、MSL

和SN，侧根数量变幅在28.20~37.53根，侧根数量较多的种源有SN、SY、MN和HS。在幼苗生物量方面，除叶量外，各种源全株鲜重为33.60~70.97g，生物量为10.73~25.62g，其中BK、LYS和FY的生物量最高，而DBS、YY和XY的生物量最低。同时也可以看出，不同种源生物量在地上与地下的分配比例也有所差异，幼苗地上生物量与地下生物量分配比变动幅度为0.68~1.54，以SN和HS地上生物量与地下生物量比值最高，分别为1.54和1.48，总体来看北美鹅掌楸的地下生物量明显高于地上生物量，除BK外的4个种源，地上生物量仅为地下生物量的80%左右。幼苗节间长与苗高呈正相关，各种源平均节间长变幅在1.96~3.49cm，节间较长的种源有SN、YN、EX和LS。

表7-1 鹅掌楸属不同种源幼苗各性状特征

种 源	苗高（cm）	地径（cm）	主根数（个）	侧根数（个）	鲜重（g）	地上生物量（g）	地下生物量（g）	总生物量（g）	地上生物量/地下生物量	节间长（cm）
XY	62.98	1.12	1.07	29.60	44.33	8.47	7.12	15.59	1.19	2.75
YY	61.73	1.22	1.01	32.87	42.57	7.77	7.26	15.03	1.07	2.87
EX	72.60	1.33	1.07	35.73	49.58	9.69	7.94	17.63	1.22	3.20
HS	81.93	1.26	1.20	36.07	53.31	12.02	8.15	20.17	1.48	3.12
MN	75.65	1.31	1.07	36.20	57.82	12.36	8.49	20.85	1.45	3.04
LP	73.98	1.18	1.03	32.27	50.13	9.12	8.69	17.81	1.05	3.02
LY	71.03	1.19	1.07	34.47	53.22	10.04	9.43	19.47	1.07	3.11
SZ	58.25	1.19	1.07	34.53	48.58	8.02	8.38	16.40	0.96	2.85
SN	79.03	1.35	1.33	37.53	55.99	12.99	8.41	21.40	1.54	3.49
FY	71.75	1.40	1.47	34.47	60.50	12.26	11.69	23.95	1.05	2.71
SY	81.65	1.28	1.07	36.73	64.17	10.06	8.82	18.88	1.14	3.18
LS	70.48	1.23	1.03	32.87	45.04	8.93	7.53	16.46	1.19	3.20
WYS	62.23	1.27	1.27	33.20	51.84	10.32	9.25	19.57	1.12	2.72
YN	83.64	1.39	1.07	28.20	58.43	9.14	8.78	17.92	1.04	3.22
DBS	40.33	1.15	1.03	28.40	33.60	5.28	5.45	10.73	0.97	1.96
MSL	69.43	1.15	1.33	33.87	54.88	9.03	10.97	20.01	0.82	2.75
LYS	58.55	1.26	1.02	35.13	70.97	10.32	13.41	23.73	0.77	2.47
BK	60.20	1.29	1.41	31.47	62.19	13.24	12.38	25.62	1.07	2.31
NK	62.00	1.29	1.27	32.93	60.27	9.03	13.35	22.38	0.68	2.49
ZZY	62.08	1.30	1.27	32.13	59.81	9.17	11.82	20.99	0.78	2.41
均值	67.97	1.26	1.15	33.43	53.86	9.86	9.37	19.23	1.08	2.84

2. 不同种源幼苗各性状间的相关关系

从表7-2可以看出，鹅掌楸属幼苗诸多性状间存在显著或极显著正相关关系，如苗高与节间长存在极显著正相关关系，与侧根数和地上生物量呈显著正相关关系。地径与鲜重和地上生物量呈极显著正相关关系，与总生物量呈显著正相关关系。说明鹅掌楸属幼苗的许多主要性状间具有密切的相关关系。可以用容易测定的指标估计不易测定的指标，为鹅掌楸属苗期选择提供基础。

表 7-2　鹅掌楸属苗期主要性状间的相关关系

性　状	苗　高	地　径	主根数	侧根数	总生物量	鲜　重	地上生物量	地下生物量	节间长
苗　高	1	0.480*	0.050	0.461*	0.296	0.388	0.557*	−0.027	0.860**
地　径		1	0.380	0.284	0.557*	0.577**	0.598**	0.352	0.281
主根数			1	0.165	0.662**	0.384	0.549*	0.564**	−0.207
侧根数				1	0.427	0.413	0.577**	0.163	0.510*
总生物量					1	0.877**	0.820**	0.859**	−0.015
地上生物量						1	0.643**	0.822**	0.061
地下生物量							1	0.412	0.345
鲜　重								1	−0.332
节间长									1

＊＊表示差异极显著($P<0.01$)；＊表示差异显著($P<0.05$)，下同。

从图 7-1 可以看出，鹅掌楸属幼苗生物量与苗高、地径的最佳拟合曲线均为二次曲线关系，随着苗高和侧根数增加呈现先增加后下降的趋势，而随着地径和主根数的增加而增加的趋势，但相关显著性不大。

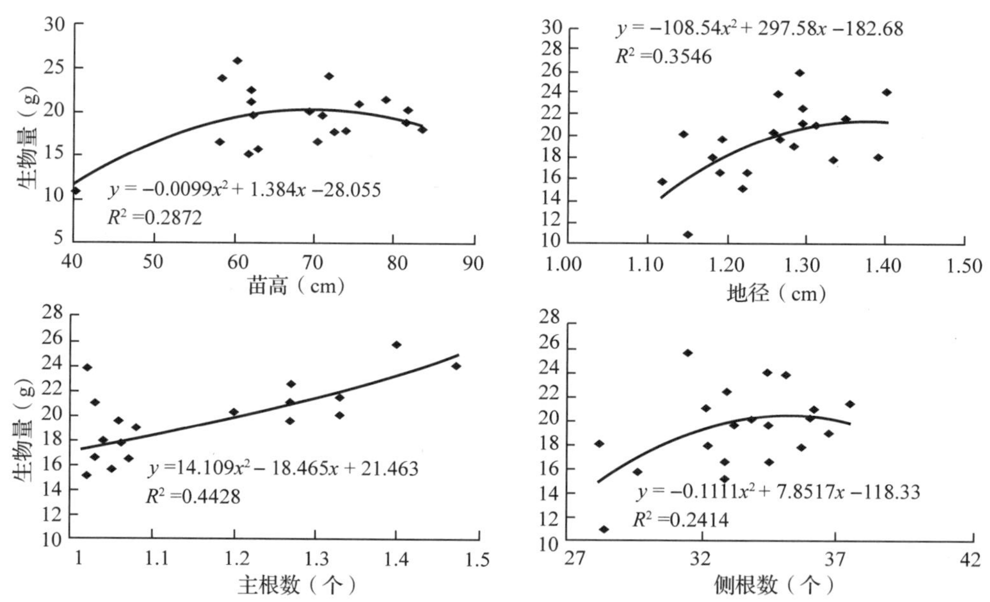

图 7-1　鹅掌楸属幼苗生物量与苗高、地径和根系的关系

3. 鹅掌楸与北美鹅掌楸幼苗生长性状与生物量性状特征差异

鹅掌楸与北美鹅掌楸幼苗各性状指标，采用 T 检验法进行方差分析结果表明(表 7-3)，鹅掌楸苗高显著高于北美鹅掌楸，节间长与地上生物量/地下生物量均极显著高于北美鹅掌楸，而地下生物量与总生物量极显著低于北美鹅掌楸，据观测北美鹅掌楸尖削度明显大于鹅掌楸，而其他性状差异不显著。说明鹅掌楸与北美鹅掌楸幼苗个体发育构型上发生了显著性的变化。

表 7-3　鹅掌楸与北美鹅掌楸幼苗各性状特征

种　类	苗高（cm）	地径（cm）	主根数	侧根数	地上生物量（g）	地下生物量（g）	总生物量（g）	地上生物量/地下生物量	节间长（cm）
鹅掌楸	69. 81 ±2. 93*	1. 26 ±0. 02	1. 12 ±0. 04	33. 54 ±0. 76	9. 76 ±0. 53	8. 36 ±0. 35	18. 12 ±0. 81	1. 17 ±0. 05**	2. 96 ±0. 09**
北美鹅掌楸	62. 45 ±1. 86	1. 26 ±0. 29	1. 25 ±0. 07	33. 11 ±0. 65	10. 16 ±0. 81	12. 39 ±0. 46**	22. 54 ±0. 99**	0. 82 ±0. 07	2. 49 ±0. 07

4. 不同种源幼苗苗高、地径和生物量的聚类分析

以幼苗苗高、地径和生物量特征为指标，对 15 个鹅掌楸种源进行聚类分析(图 7-2)。图 7-2 以欧氏距离 10 为阈值，参试所有种源可以分为 4 个类群：第 1 类群为极慢生、低生物量类群，此类群只有 DBS，该种源幼苗苗高、生物量平均值在各种源中均处于最低水平，地径处于较低水平；第 2 类群为慢生、低生物量积累类群，此类群为 XY、YY、SZ 和 WYS 这 4 个种源，该类种源幼苗苗高、地径生长相对较慢，生物量积累处于中等水平；第 3 类群为苗期中生、中生物量类群，此类群为 EX、LP、LY、LS 和 FY 这 5 个地理种源；第 4 个类群为苗期速生、高生物量类群，此类群为 HS、SY、YN、MN 和 SN 这 5 个地理种源。

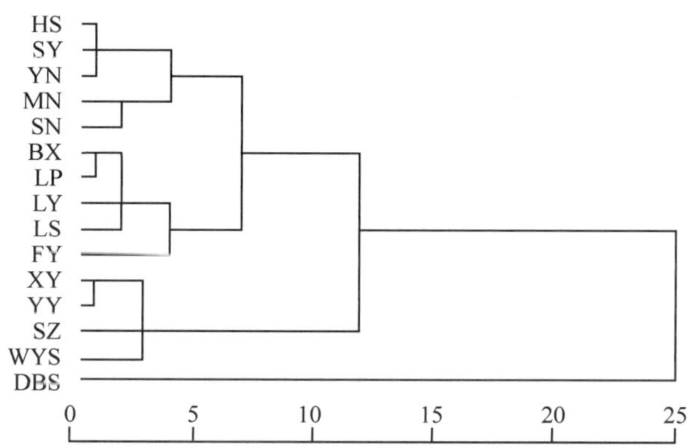

图 7-2　不同种源鹅掌楸苗高、地径、生物量聚类分析

(二) 苗木物候期与生长节律

1. 物候期

从表 7-4 可以看出，鹅掌楸属物候期大部分种源表现基本一致，少数种源有所差异。出苗期以 EX、HS、LS 和 WYS 稍早一些，出苗时间在 4 月 15 日；在真叶期和木质化期中，以 XY 和 YY、SN、DBS 和北美鹅掌楸种源晚一些；顶芽的形成多数种源在 9 月下旬到 10 月上旬，LS 顶芽形成最早，9 月中旬即形成顶芽，YN 最晚，顶芽形成期在 10 月中旬，且全年整株木质化程度较慢，苗秆与其他种源不同，表现为非常嫩绿；各种源叶变色

期基本保持一致，日期为10月上、中旬。

表7-4 鹅掌楸属种源物候期观测

代号	种源	出苗期	真叶期	木质化期	顶芽形成	叶变色期
1	XY	4月25日	5月1日	6月11日	9月29日	10月上旬
2	YY	4月22日	4月28日	6月11日	9月29日	10月上旬
3	EX	4月15日	4月22日	5月31日	9月29日	10月上旬
4	HS	4月15日	4月22日	5月31日	9月29日	10月上旬
5	MN	4月19日	4月25日	5月31日	9月29日	10月上旬
6	LP	4月19日	4月25日	5月31日	9月29日	10月上旬
7	LY	4月19日	4月25日	5月31日	9月29日	10月上旬
8	SZ	4月19日	4月25日	5月31日	9月29日	10月上旬
9	SN	4月22日	4月28日	6月15日	9月29日	10月上旬
10	FY	4月19日	4月25日	5月31日	9月29日	10月上旬
11	SY	4月19日	4月25日	5月31日	9月29日	10月上旬
12	LS	4月15日	4月22日	5月31日	9月15日	10月上旬
13	WYS	4月15日	4月22日	5月31日	9月19日	10月上旬
14	YN	4月23日	5月7日	6月下旬	10月中旬	10月中旬
15	DBS	4月28日	5月4日	6月下旬	9月下旬	10月上旬
16	MSL	5月4日	5月1日	6月下旬	10月上旬	10月上旬
17	LYS	5月1日	5月4日	7月3日	9月下旬	10月上旬
18	BK	5月4日	5月1日	7月3日	9月下旬	10月上旬
19	NK	5月1日	5月7日	6月下旬	9月下旬	10月中旬
20	ZZY	5月1日	5月7日	6月下旬	9月下旬	10月上旬

经调查发现，北美鹅掌楸LYS、BK和NK在5~6月出现不同程度的烂梢现象，其中以LYS较重一些，引起的原因可能与这段时间降水量过多、相对湿度偏大有关。个别种源出现根腐病，如DBS，但程度较轻。在7月中旬到下旬期间，大部分种源幼苗出现整株死亡现象，其中较重一些的种源有EX、XY、SZ和LP，平均每个重复有10~12株。其他种源发生较轻，平均每个重复有1~4株，分析原因与这段时间持续高温干旱有关。幼苗越冬冻害情况，经调查发现，只有YN和XY两种源受到冻害，其中YN最为严重，幼苗冻害率达90%，冻害后的幼苗顶嫩梢出现枯死，一般为5~15cm，高的达30cm，四川叙永种源冻害较轻，危害率为5%。

2. 生长节律

各种源幼苗苗高生长节律(H)与降水量(R)、温度(T)紧密相关(图7-3)，大多数种源出现二次生长高峰，第一次在6月，占全年生长量的26%；第二次出现在8月，占全年生长量的30%。但只有YN一年出现一次生长高峰(8月下旬至9月上旬)，且表现生长期最长，在10月上旬还有较大的生长量。

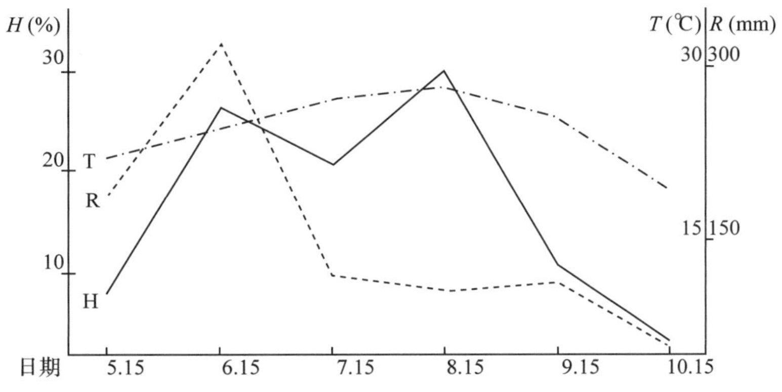

图 7-3　鹅掌楸属幼苗平均相对高生长与气温、降水量关系图

3. 鹅掌楸种源幼苗性状的地理变异规律

从表 7-5 可以看出：原产地年平均气温与鹅掌楸苗高、地下生物量呈显著正相关，与地径和鲜重呈极显著正相关。表明苗高与地下生物量随着原产地年均气温的增加，呈显著增加的趋势，而地径和鲜重随着年平均气温的升高呈极显著增加的趋势。而苗木的其他性状与原产地生态因子间的相关关系不显著。说明原产地高气温种源幼苗生长较快。

表 7-5　鹅掌楸幼苗性状与地理气候因子间的相关性分析

性　状	东　经	北　纬	海　拔	年平均气温	年降水量
苗　高	-0. 307	-0. 478	-0. 324	0. 565*	0. 287
地　径	-0. 275	-0. 472	-0. 353	0. 655**	0. 483
主根数	0. 328	0. 039	0. 196	0. 253	0. 150
侧根数	0. 113	0. 326	0. 161	-0. 046	-0. 256
总生物量	0. 032	-0. 163	-0. 136	0. 458	0. 184
地上生物量	0. 013	-0. 098	0. 009	0. 301	0. 010
地下生物量	0. 054	-0. 209	-0. 329	0. 601*	0. 411
鲜　重	-0. 087	-0. 438	-0. 322	0. 656**	0. 437
地上/地下	-0. 036	0. 077	0. 315	-0. 155	-0. 376
节间长	-0. 436	-0. 371	-0. 231	0. 278	0. 199

(三)鹅掌楸属苗期与采种母树主要性状的相关关系

从表 7-6 可以看出：鹅掌楸属幼苗性状中苗高、地径、鲜重与冠幅呈显著负相关关系(P<0. 05)，说明鹅掌楸属母树冠幅越大，子代幼苗的苗高、地径、鲜重具有下降的趋势。幼苗侧根数与胸径呈显著负相关关系，说明母树的胸径越大，子代幼苗的侧根数呈现显著减少的趋势。而母树与子代幼苗的其他性状间没有相关性(P≥0. 05)。

表 7-6　鹅掌楸属苗期性状与采种母树主要性状的相关关系

性　状	冠　幅	树　龄	树　高	枝下高	胸　径
苗　高	-0.601*	-0.345	0.075	-0.240	-0.265
地　径	-0.585*	-0.286	0.082	-0.269	-0.140
主根数	-0.235	-0.369	-0.425	-0.321	-0.303
侧根数	-0.126	-0.367	0.132	-0.046	-0.537*
总生物量	-0.483	-0.391	-0.140	-0.234	-0.352
地上生物量	-0.465	-0.328	-0.062	-0.300	-0.380
地下生物量	-0.413	-0.407	-0.230	-0.085	-0.238
鲜　重	-0.584*	-0.275	-0.009	-0.168	-0.289
地上/地下	-0.257	-0.091	0.116	-0.327	-0.303
节间长	-0.504	-0.418	0.185	-0.047	-0.329

三、讨 论

鹅掌楸与北美鹅掌楸幼苗生长性状与生物量性状比较表明，鹅掌楸苗高显著高于北美鹅掌楸，植株节间长和地上生物量/地下生物量极显著高于北美鹅掌楸。而在地下生物量与总生物量方面鹅掌楸种源极显著低于北美鹅掌楸。说明鹅掌楸与北美鹅掌楸幼苗个体发育构型上发生了显著性的变化。

本研究揭示了种源变化的一般生长规律。通过胸高、地径和生物量聚类分析、H×D平均值超过15%以及种源的抗逆性表明，SN、SY、HS和MN为本地表现优良的种源，因此，利用来自这些地区的种子或苗木作为研究地生产育苗的种质材料，将获得良好的苗期表现和较高的气候适宜可靠性，DBS、SZ、XY、YY、YN和北美鹅掌楸的5个种源为研究地表现较差种源，在生产中杜绝使用。该结论与李斌等(2001)对7年生鹅掌楸属种源进行材性分析所选的优良种源不一致(其研究结果为LP和XY)；也与董纯等(1999)鹅掌楸属地理种源试验研究报告结果(其排名前4种源为HS、XY、LS和MN)有所出入，说明长得快不一定材性好，也有可能是生长阶段不一致所导致的，建议再对成熟林进行相关分析选择。

各种源幼苗物候期大部分表现基本一致，其中以高海拔的山地种源物候出现得要早一些。一般各种源幼苗最高生长一年出现两次高峰期，但只有YN出现一次生长高峰。幼苗前期高生长节律与温度和降水量有关。原产地年平均气温与各种源苗高、地下生物量呈显著正相关关系，与地径和鲜重呈极显著正相关关系，说明来自高温地区种源在江西生长表现较快。

诸多研究(李斌等，2001；许洋等，2015；刁松锋等，2014；杨传平等，1991)证实许多树种的性状都受到地理、生态等因子的影响，形成了不同的地理变异模式。本研究表明，不同种源鹅掌楸属在苗高、地径、物候期和抗逆性方面存在显著性差异，说明鹅掌楸属各种源苗期性状也具有显著的地理变异。苗木前期高生长节律与温度和降水量有关；原产地年平均气温与各种源苗高、地下生物量呈显著正相关关系，与地径和鲜重呈极显著正相关关系。说明鹅掌楸属苗期表型性状、生长节律和气候适宜性的地理变异可能更多的与

原产地温度、降水等因子影响密切相关。北美鹅掌楸的5个种源，在苗木高生长前中期出现烂梢现象，说明北美种源苗期不耐江西高温高湿气候。

鹅掌楸属幼苗性状苗高、地径、鲜重与采种母树冠幅呈显著负相关关系，幼苗侧根数与采种母树胸径呈显著负相关关系，说明母树胸径越大，子代幼苗的侧根数呈现显著减少的趋势。

在鹅掌楸属良种选育过程中，可以利用这些相关关系，选育出适宜生产要求的种质材料，如用于宽冠幅的城市绿化苗木可选择苗高、地径和鲜重较小的苗木，而高密度用材林可选择这些指标相对较大的植株，将会缩短选育周期，提高选育成效。

四、结 论

20个种源各性状间均存在差异，其多性状间存在显著或极显著正相关关系，且鹅掌楸与北美鹅掌楸在生物量方面存在极显著差异。多性状分析选择出湖南绥宁(SN)、浙江松阳(SY)、安徽黄山(HS)、贵州陌南(MN)为江西表现优良的种源。分析结果揭示了鹅掌楸属地理种源苗期主要经济性状的变异规律，为适宜江西栽培种源的选择提供理论依据。

第二节　鹅掌楸属生长、形质和木材基本密度种源变异

为了有效调控木材这一可再生的资源，对森林进行高效栽培和性状调控等是林业专家的研究重点，但由于不同树种间、种源间、个体间及个体内均存在着差异，因此需要探究木材材性变异的影响因子和变异模式(Bamber P k and Burley J，1983；Megraw R A，1985；Zobel B J and van Buijtenen J P，1989；Rozenberg P and Cahalan C，1997；刘青华等，2009)。

目前，国内外在鹅掌楸人工林培育方面的研究主要集中在鹅掌楸中幼苗期、林分生长发育规律特征以及不同地理种源、立地条件、整地方法、施肥和混交方式对鹅掌楸人工林生长与材性的影响方面(郝日明等，1997；廖明等，2005；蔡伟建等，2011；仝伯强等，2013；彭秀等，2013；刘化桐，2013；郝自远等，2017；张小玲，2018；高春林等，2017)。如20世纪80年代初已有对北美鹅掌楸早期材性研究和报道(Taylor F W，1979；Harold C and William M，1980)，郝日明等(1997)对不同种源鹅掌楸幼苗生长适应性的比较；李斌等(2001a；2001b)研究的鹅掌楸种源试验幼林期的表现；李火根等(2005)报道的鹅掌楸地理种源中龄林试验研究，而有关鹅掌楸近成熟龄期的材性研究鲜见报道。鉴于此，本研究利用设置在亚林中心实验林场保存完好的15个鹅掌楸种源和5个北美鹅掌楸种源为材料，研究近成熟龄期鹅掌楸的种源变异情况，并为区域鹅掌楸优良种源选择提供科学依据。

一、试验材料

试验材料为设置在亚林中心年珠实验林场(114°33′47″E、27°34′41″N，海拔200m)和上村实验林场(114°35′67″E、27°39′43″N，海拔226m)种源试验林，该区域属罗霄山山脉

北端武功山支脉，属亚热带季风湿润性气候，年平均气温为16.8℃，最高气温39.9℃，最低气温-5.3℃，年日照时数1650小时，年降水量1910mm，相对湿度80%，无霜期256天。

试验林于1991年播种育苗，1992年春利用1年生裸根苗造林，采用随机区组排列，4次重复，8株×3株矩形小区，造林密度4m×2m，块状整地，穴规40cm×40cm×30cm栽植。以收集保存的20个鹅掌楸种源为试验材料，其中15个鹅掌楸种源来自全国8个省份覆盖全分布区，分别是四川叙永(XY)、四川酉阳(YY)、湖北鄂州(EZ)、安徽黄山(HS)、贵州陌南(MN)、贵州黎平(LP)、湖南浏阳(LY)、湖南桑植(SZ)、湖南绥宁(SN)、浙江富阳(FY)、浙江松阳(SY)、江西庐山(LS)、江西武夷山(WYS)、云南勐腊(YN)、大别山舒城(DBS)。5个北美鹅掌楸种源，分别为美国密苏里(MSL)、路易斯安那(LYS)、北卡罗来纳(BK)、南卡罗来纳(NK)、佐治亚(ZZY)。

二、试验方法

2015年12月，对上述4个试验小区中的每个种源各选择3株生长最佳植株为样木。测定指标包括树高、胸径、树干1/2处直径、树干通直度(按通直、较通直、一般、较弯曲、弯曲5分制统计，分数越高越通直)、树干4m高处直径、第一侧枝高。同时在植株胸高130cm上坡方位用6mm直径的生长锥钻取一树皮至髓心的完整无疵木芯。对所取木芯自髓心向外，每5个年轮切成一段，测其宽度(Wi)，精确到0.1cm；胸径采用胸径尺进行测定，精确到0.1cm；树高和枝下高幅采用勃氏测高器进行测定，精确到0.01m。

按“部颁标准”中主要树种二元立木材积(阔叶树)的公式计算单株材积(V)：

$$V=0.000050479055 \cdot D^{1.9085034} \cdot H^{0.99076507} \tag{7-1}$$

式中：V为单株材积(m^3)；D为胸径(cm)；H为树高(m)。

林分蓄积量通过小区平均单株材积乘以单位面积林分密度及其保存率计算，然后换算为每公顷蓄积量。

按照国标《木材密度测定方法》(GB/T 1933—2009)测定每年轮段的木材基本密度。

分析比较选用$y=ax^3+bx^2+cx+d$三次多项式模型拟合鹅掌楸种源径向生长和木材基本密度与年龄的关系，以揭示其年龄效应，其中y为各年轮段的平均年轮宽度或各年轮段的木材基本密度，x为各年轮段距髓心的平均年轮数，a、b、c和d为回归常数。

以小区单株测定值为单元，采用SAS软件进行性状方差分析，以验证立地、种源、立地×种源互作效应。

三、结果与分析

(一)生长、形质和木材基本特性的种源变异

由表7-7可知，不同鹅掌楸种源生长、形质和木材基本密度等8种主要经济性状皆存在极显著差异。从平均胸径生长量看，最大种源(XY)是最小种源(DBS)的1.97倍，如XY、MSL、FY、MN等种源平均胸径皆在27cm以上，变异系数为23.18%；从平均树高生长量看，最大种源(XY)是最小种源(DBS)的2.08倍，如XY、YN、LP、MN等种源平均树高皆在21m以上，变异系数为19.84%；种源单株材积生长变异最大，为56.74%，材积

生长量最大种源(XY)是最小种源(DBS)的7.20倍，如XY、FY、MSL、MN四个种源平均材积生长皆在0.6m^3以上；种源树干通直度变幅为3.22~5.00，除BK和NK种源的干形较差，得分低于4分，其他各种源树干通直度得分均在4分以上，可见总体上鹅掌楸的干形较通直；鹅掌楸种源基本密度变幅为0.37~0.46g/cm^3，最大种源(HS)是最小种源(YN)的1.24倍，如HS、DBS和FY三个种源平均基本密度都在0.45g/cm^3以上，变异系数为10.16%。同时可见，鹅掌楸立地间树高、胸径和木材基本密度等8种性状均达极显著差异(总差异在1.10%~18.00%)；鹅掌楸种源间树高、胸径和木材基本密度等8种性状皆达极显著差异(总差异在5.95%~26.81%)；鹅掌楸立地和种源互作间除木材基本密度外，其他7个性状皆呈极显著差异(总差异在21.25%~36.05%)。可见充分利用种源变异的同时，还应重视立地和种源内个体的选择。

(二)微立地条件对种源生长、形质和木材基本密度的影响

由表7-7显示，8种性状的立地环境效应都达极显著水平，且分析显示随着立地条件的改善，鹅掌楸树高和胸径生长量明显增加，在很好立地上24年生时的种源平均树高和胸径分别为21.84m和24.96cm，是较差立地上的1.20倍和1.09倍。而在立地环境梯度上种源树干通直度和基本密度的差异不显著，可见微立地条件对树干通直度和基本密度的影响微弱，但对树高和胸径等有一定的影响。

表7-7　各性状的方差分析

性　状		树高(m)	胸径(cm)	1/2处直径(cm)	通直度	4m处直径(cm)	第一侧枝高(m)	基本密度(g/cm^3)	材积(m^3)
均　值		20.35±4.04	23.76±5.51	14.56±3.62	4.46±0.69	20.89±5.50	10.36±3.16	0.43±0.04	0.47±0.27
变异来源	立　地	183.5856** (17.71)	80.0798** (1.10)	84.8602** (9.21)	1.2023** (1.20)	200.4797** (9.18)	85.7977** (13.58)	0.0222** (18.00)	0.3987** (7.16)
	种　源	72.1830** (26.81)	115.7262** (22.64)	41.8586** (19.01)	1.5071** (18.52)	108.5104** (19.66)	23.3287** (5.95)	0.0051** (16.00)	0.2345** (16.24)
	立地×种源	14.3757** (25.52)	40.6213** (32.89)	14.6086** (21.25)	0.6521** (27.25)	35.8279** (29.07)	12.0872** (26.84)	0.0014 (5.50)	0.0990** (36.05)
	机　误	5.1410 (29.96)	13.2702 (43.37)	6.8119 (50.53)	0.2576 (53.03)	13.0859 (42.09)	5.5475 (53.63)	0.0012 (60.50)	0.0293 (40.55)
变异系数(%)		19.84	23.18	24.86	15.57	26.32	30.47	10.16	56.74

(三)种源生长性状与基本密度和通直度的遗传相关

表7-8列出了24年生的鹅掌楸种源生长性状与基本密度和通直度的遗传相关性，结果显示，鹅掌楸树高、胸径和材积等6个性状与相应的基本密度、通直度分别呈负相关(R=-0.5948~-0.2681)和正相关(R=0.4016~0.5927)，表明选择生长快的速生种源，虽然降低了木材基本密度但却提高了树干通直度。

表 7-8　鹅掌楸种源生长性状与基本密度和通直度的遗传相关

性　状	通直度	基本密度
树　高	0.5728**	-0.3872*
胸　径	0.4662*	-0.3081*
1/2 处直径	0.4016*	-0.3661*
材　积	0.5091*	-0.2681*
4m 处直径	0.5927**	-0.5948**
第一侧枝高	0.5293*	-0.2984*

(四)鹅掌楸不同年龄段年轮宽度和木材基本密度分析

由表 7-9 可知，鹅掌楸 1~5 轮、6~10 轮、11~15 轮、16~20 轮的年轮宽度皆存在着极显著的种源差异，且变异系数都在 25%以上，意味着从幼林到主伐期间的不同生长发育阶段鹅掌楸 20 个产地间的径向生长皆存在较大的差异，径向生长的种源效应贯穿整个树木生长发育阶段，由此可见种源选择对提高鹅掌楸生产力的重要性。4 个 5 年年轮宽度的种源变异系数逐渐增大，可见鹅掌楸径向生长的种源效应随年轮增加不断增加。另由表 7-9 可知，4 个 5 年年轮基本密度的种源效应皆达到极显著水平，且种源变异系数均稳定在 11%左右，较少受年轮生长发育、试验重复及其与种源互作的影响。

表 7-9　鹅掌楸种源不同年轮段宽度和木材基本密度的方差分析

性　状	年轮段	变异来源				平均值	变　幅	变异系数(%)
		立　地	种　源	重复×种源	机　误			
年轮宽度	1~5	552.5344**	369.8858**	217.1480**	88.3058	47.82	10.35-90.32	25.71
	6~10	47.3180	202.7954**	121.3153*	73.6562	26.20	6.39-58.02	37.47
	11~15	191.4111**	140.0961**	73.3466*	44.6243	20.28	5.02-49.33	38.84
	16~20	16.8796	99.4132**	62.6903**	34.1327	15.96	4.10-45.51	42.85
基本密度	1~5	0.0253**	0.0053**	0.0017	0.0016	0.43	0.32-0.56	11.26
	6~10	0.0209**	0.0061**	0.0020	0.0016	0.42	0.31-0.58	11.65
	11~15	0.0235**	0.0077**	0.0018	0.0017	0.43	0.31-0.65	11.68
	16~20	0.0222**	0.0055**	0.0028**	0.0016	0.45	0.32-0.69	11.33

(五)优良种源的选择

木材基本密度径向均匀性是衡量种源材性的重要指标，基本密度的不均匀严重影响最终产品的品质，通过提高幼龄材密度降低因短轮伐期经营造成木材品质下降的负面影响。I 值即幼龄材与成熟材木材基本密度的比值，用以表示基本密度径向变异的均匀性，I 值越接近 1 表示径向变化越均匀。由表 7-10 可知，鹅掌楸种源 I 值平均值为 0.95，变化在 0.90~0.98，种源变异系数为 2.46%；北美鹅掌楸种源 I 值平均值为 0.93，变化在 0.89~0.97，种源变异系数为 3.75%。可见鹅掌楸属种源径向均匀性普遍较好，YN 和 DBS 种源平均 I 值皆为 0.98。

综合分析江西种源 LS 和 WYS 选出 LS 为约束条件，由表 7-10 分析可知，大于 LS 种源材积 18%的标准选出 XY、MN、FY 和 MSL 四个高材积种源，并参考径生长量、I 值、通直度等指标选出 MN 和 FY 这两个种源为优良种源。

表 7-10 20 个种源的各性状均值

种 源	基本密度(g/cm^3)	材积(m^3)	干物质量(kg)	I 值	通直度
XY	0.41±0.04	0.72±0.27	293.77±74.23	0.91±0.04	4.75+0.39
YY	0.43±0.04	0.48±0.26	204.39±68.63	0.95±0.02	4.71+0.45
EZ	0.41±0.05	0.46±0.16	189.48±64.25	0.96±0.02	4.25+0.69
HS	0.46±0.04	0.42±0.21	190.87±67.89	0.94±0.02	4.00+0.71
MN	0.41±0.03	0.64±0.37	265.89±72.51	0.96±0.02	4.54+0.66
LP	0.43±0.03	0.53±0.15	228.61±69.34	0.92±0.03	4.88+0.31
LY	0.43±0.04	0.42±0.13	177.79±66.20	0.95±0.02	4.38+0.86
SZ	0.42±0.05	0.33±0.15	134.90±67.67	0.97±0.03	4.54+0.58
SN	0.44±0.05	0.37±0.19	152.61±72.38	0.96±0.03	4.94+0.18
FY	0.45±0.03	0.66±0.37	291.29±74.02	0.96±0.02	4.61+0.33
SY	0.41±0.05	0.52±0.23	211.42±69.46	0.90±0.04	4.58+0.36
LS	0.46±0.02	0.56±0.35	242.32±70.86	0.95±0.02	4.50+0.39
WYS	0.44±0.04	0.41±0.20	181.55±66.94	0.96±0.03	4.61+0.49
YN	0.37±0.03	0.64±0.26	191.49±68.59	0.98±0.03	4.75+0.34
DBS	0.46±0.04	0.46±0.21	144.53±74.49	0.98±0.02	4.05+0.88
MSL	0.42±0.03	0.42±0.09	268.37±78.75	0.90±0.03	4.67+0.33
LYS	0.45±0.03	0.35±0.19	203.96±69.85	0.96±0.03	4.08+0.58
BK	0.43±0.04	0.36±0.16	105.12±74.23	0.95±0.02	3.22+0.92
NK	0.44±0.04	0.64±0.16	107.83±72.31	0.89±0.03	3.39+1.36
ZZY	0.43±0.05	0.20±0.04	85.55±78.71	0.97±0.03	4.59+0.48

四、结 论

以江西种源 LS 为约束标准，选出 XY、MN、FY 和 MSL 四个种源，材积遗传增益 18%以上，其中 MN 和 FY 不仅生长快，而且径向生长均匀、木材基本密度较高、干形好。选出 MN 和 FY 为大岗山地区栽培的优良种源，为亚热带区域鹅掌楸优良种源选择提供科学依据。

第三节 造林密度对 25 年生鹅掌楸生长和材质的影响

鹅掌楸树形高大、是优质的胶合板、高档家具和造纸等用材，是我国亚热带地区重要的速生用材树种之一(王志明等，1995；季孔庶等，2005；吴淑芳等，2011)，其人工林培育技术的研究对鹅掌楸人工林的速生、丰产优质具有十分重要的意义。目前，国内外对鹅掌楸人工林培育方面的研究，主要集中在鹅掌楸幼苗、林分生长发育规律特征以及不同地理种源、立地条件、整地方法、施肥和混交方式对鹅掌楸人工林生长与材性的影响方面

(廖明等，2005；仝伯强等，2013；彭秀等，2013；刘化桐，2013；莫海智等，2013；蔡伟建等，2011；李建民等，2000)。

林分密度控制技术是人工用材林实现高产高效的主要方式之一。Rodolph 等(1965)对22 年生北美鹅掌楸造林初植密度进行了评估，提出幼林不允许间伐，初植密度建议在 747 株/hm^2；若允许间伐则初植 1075~1680 株/hm^2 可以获得更高的收益。国内对鹅掌楸造林密度研究较晚，吴运辉等(1998)对 15 年生鹅掌楸造林密度进行了研究，发现造林密度对鹅掌楸胸径有极显著影响，对树高和材积有显著影响。也有研究表明鹅掌楸造林密度不宜过大，小密度造林是培育大中径材、景观绿化和人造板材等较好的选择，但这些研究主要集中在杂交鹅掌楸幼龄期的生长情况和中幼龄期的生长情况(石杨文等，2005；卜基保，2010；蔡伟建，2011；沈植国，2011；刘敬优，2013；李荣丽，2015)，并未反映出造林密度对鹅掌楸林分后期生长的影响。本研究对江西省大岗山山区 3 种不同造林密度条件下25 年鹅掌楸人工林林分生长量、木材物理特性等进行了调查、研究，旨在为培育鹅掌楸优质高效用材林和特用林确定营林措施提供科学依据。

一、材料与方法

(一) 试验材料

样本采自 25 年鹅掌楸密度试验林，试验设置在亚林中心上村实验林场(114°35′67″E、27°39′43″N，海拔 226m)，该区域属罗霄山山脉北端武功山支脉，为中亚热带季风湿润性气候，年平均气温 15.8~17.7℃，年降水量 1590.9mm。区域主要土壤类型为长江中下游低山丘陵红壤和黄壤类型，植被群落类型为中亚热带天然常绿阔叶林(李少宁等，2007；丁访军等，2008)。

造林材料为 1 年生本地鹅掌楸种源实生苗，1992 年春于上村实验林场造林，林地坡度10°左右，造林前为马尾松残疏林地。试验地设在立地条件相对一致的同一林班内，设 3 种造林密度，分别为 833 株/hm^2(3m×4m)(D1)、1111 株/hm^2(3m×3m)(D2)、1666 株/hm^2(3m×2m)(D3)，3 次重复共 9 个小区，每小区面积为 600m^2。

(二)测量方法

1. 生长量测定

2016 年 12 月，对上述 3 种造林密度 9 个小区实验林内的所有林木进行每木胸径和树高调查，并在每个小区实验林内随机抽取 9 株样木调查冠幅面积(即南北最长枝长×东西最长枝长)、树干通直度(按通直、较通直、一般、较弯曲、弯曲 5 分制统计，分数越高越通直)、树干 4m 处直径、分叉干数量、第 1 侧枝粗、第 1 侧枝角度、第 1 侧枝高度等，同时这 9 株样木的 130cm 高处上坡方位用直径 6mm 的生长锥钻取一树皮至髓心的完整无疵木芯，对所取木芯自髓心向外，每 5 个年轮切成一段，测其宽度(Wi)，精确到 0.1cm；胸径采用胸径尺进行测定，精确到 0.1cm；树高和枝下高与冠幅采用勃氏测高器进行测定，精确到 0.01m。

2. 木材物理力学性能测定

每小区选取 2 株平均木，将鹅掌楸原木段锯解成板状，然后按国标(GB 1933—91)的

要求处理成所需试样，再按《木材物理力学性质试验方法》（GB /T 1927—1943—92）的相关规定和方法开展测试，测试指标包括木材含水率、密度、硬度（端面硬度、径面硬度、弦面硬度）、抗弯弹性模量与顺纹抗压强度干缩率，并进行相关计算分析。

3. 数据处理与分析方法

（1）按"部颁标准"中主要树种二元立木材积（阔叶树）的公式计算单株材积（V）：

$$V=0.000050479055 \cdot D^{1.9085034} \cdot H^{0.99076507} \tag{7-2}$$

式中：V 为单株材积（m^3）；D 为胸径（cm）；H 为树高（m）；林分蓄积量通过小区平均单株材积乘以单位面积林分密度及其保存率计算，然后换算为每公顷蓄积量。

（2）按照国标《木材密度测定方法》（GB/T 1933—2009）测定每年轮段的木材基本密度。

（3）林分直径结构是最重要、最基本的林分结构，将直接影响树木的树高、干型、材积及树冠等因子的变化，根据《森林资源规划设计调查技术规程》（GB/T26424—2010）将鹅掌楸分为小径材（5.00 ~12.99cm）、中径材（13.00~24.99cm）和大径材（25.00~36.99cm）三组。

（4）初始数据用 Excel 进行整理和统计，用 SAS 8.1 软件对鹅掌楸生长量进行方差分析和相关性分析，用 SPSS 软件对其木材物理特征进行方差比较分析。

二、结果与分析

（一）造林密度对鹅掌楸径向生长动态的影响

3 种造林密度下拟合了各年轮段的平均木材基本密度和平均年轮宽度的径向变化趋势线如图 7-4 所示，其 R^2 在 0.976~0.998，拟合度非常高。由图可知，在 3 种造林密度的林分均呈现出随年龄的增长年轮宽度一直下降并趋于平衡的变化趋势，但造林密度 D1 林分的年轮宽度始终大于造林密度 D2 和 D3 林分的值，造林密度 D2 林分在前 12 年的年轮宽度与造林密度 D3 林分的值相差不大，随后造林密度 D2 林分的值有所上升，且在第 11~20 年出现与 D1 差距越来越小的趋势。另外可以看出，3 种造林密度的林分下，随年龄的增长木材基本密度都呈现出先下降再增长达到一定值又出现下降的"S"形变化趋势，但造林密度 D3 林分的木材基本密度始终大于造林密度 D1 和 D2 林分的值，造林密度 D2 林分在前 16 年的木材基本密度都小于造林密度 D1 林分的值，在 16 年前后交汇，随后增长且出现高于造林密度 D1 林分。

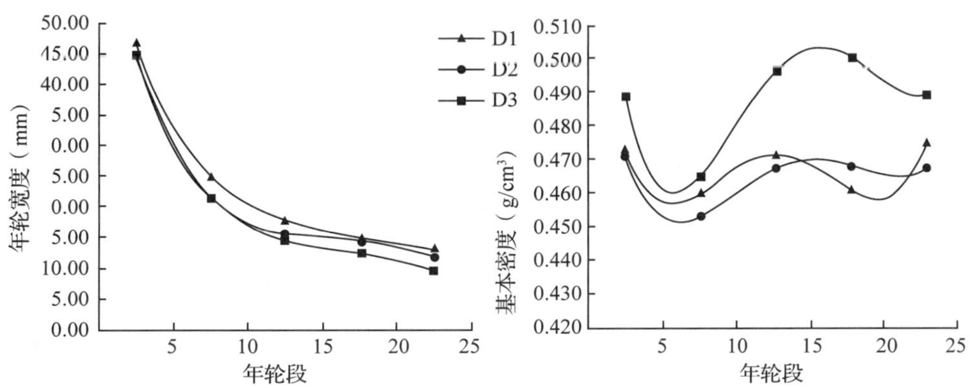

图 7-4　3 种造林密度下鹅掌楸平均年轮宽度和木材基本密度的径向变化曲线

通过对鹅掌楸胸径、树高、单株材积、冠幅面积与木材基本密度进行相应的相关分析，结果分别为 $r=-0.1093(P>0.05)$、$r=0.0788(P>0.05)$、$r=-0.0421(P>0.05)$、$r=-0.1185(P>0.05)$，表明，胸径、树高、单株材积、冠幅面积对其木材基本密度有一定的相关性，但均未达到显著性水平。

由表 7-11 可知，不同造林密度下鹅掌楸年轮宽度在第 11~15 轮和第 21~25 轮呈显著差异，且变异系数逐渐上升，最高达 39.20%；木材基本密度在第 16~20 轮呈显著差异，变异系数先增长达到 9.73%，之后在第 21~25 轮变异系数下降至 7.74%。

表 7-11　3 种造林密度下鹅掌楸各年轮段的年轮段宽度和木材基本密度方差分析

性　状	年轮段	D1	D2	D3	均　值	变异系数(%)
年轮宽度(mm)	1~5	46.66±11.31a	44.82±7.37a	44.79±9.26a	45.42±9.34	20.57
	6~10	24.81±5.47a	21.22±5.55a	21.62±7.58a	22.55±6.38	28.31
	11~15	17.59±4.61b	15.47±4.61ab	14.55±4.31a	15.87±4.62	29.09
	16~20	14.77±4.97a	14.29±5.70a	12.32±3.69a	13.81±4.89	35.44
	21~25	13.04±5.09b	11.80±4.82ab	9.60±2.67a	11.54±4.52	39.20
	每年均值	4.68±1.13b	4.30±1.02ab	4.11±1.07a	4.43±1.10	24.92
木材基本密度(g/cm^3)	1~5	0.473±0.024a	0.471±0.040a	0.489±0.044a	0.478±0.037	7.82
	6~10	0.460±0.033a	0.453±0.046a	0.465±0.051a	0.459±0.043	9.41
	11~15	0.471±0.036a	0.467±0.043a	0.496±0.053a	0.478±0.046	9.57
	16~20	0.461±0.035a	0.468±0.048a	0.500±0.048b	0.477±0.046	9.73
	21~25	0.475±0.010a	0.467±0.044a	0.489±0.044a	0.477±0.037	7.74
	每年均值	0.468±0.006a	0.466±0.009a	0.488±0.010b	0.473±0.038	8.01

(二)造林密度对树冠特性和通直度的影响

通过对 3 种造林密度下鹅掌楸生长量的方差分析(表 7-12)可知：造林密度对鹅掌楸胸径和单株材积的影响达到极显著水平，且胸径和材积均随造林密度减小而增加；造林密度对冠幅面积和 4m 处直径的影响达到显著水平，且冠幅面积、4m 处直径均随造林密度减小而增加；造林密度对树高、通直度、第一侧枝粗度、第一侧枝角度、枝下高和蓄积量等影响不显著。

表 7-12　3 种造林密度下鹅掌楸生长量方差分析

生长性状	造林密度			均　值	df	MS	F	Pr>F
	D1	D2	D3					
胸径(cm)	22.69±4.79b	21.14±4.38c	19.65±4.77a	21.00±4.79	2	350.3802	21.13	<0.0001
树高(m)	19.49±3.39a	18.55±3.29a	18.43±2.02a	18.82±2.97	2	89.9684	1.30	0.2805
冠幅面积(m^2)	23.61±11.78b	17.89±11.12ab	17.46±8.57a	19.65±10.82	2	318.4463	3.52	0.0368
通直度	4.19±0.75a	3.81±0.93a	4.29±0.90a	4.10±0.87	2	1.3333	1.63	0.2082
4m 处直径(cm)	20.33±4.56b	18.89±4.69ab	16.95±3.58a	18.73±4.46	2	60.4411	3.94	0.0275
第 1 侧枝粗度(cm)	2.31±1.18a	2.93±2.01a	1.98±1.37a	2.40±1.59	2	4.9048	1.84	0.1713
第 1 侧枝角度(°)	49.21±23.38a	52.14±23.38a	57.38±22.06a	12.91±22.83	2	359.4802	0.94	0.3994

（续）

生长性状	造林密度			均 值	df	MS	F	Pr>F
	D1	D2	D3					
枝下高(m)	12.39±2.40a	12.38±3.66a	11.54±2.99a	12.18±3.05	2	6.4657	0.65	0.5280
单株材积(m^3)	0.404±0.208b	0.337±0.172c	0.289±0.166a	0.337±0.186	2	0.4996	17.57	<0.0001
蓄积量(m^3/hm^2)	289.33±149.32a	316.36±161.03a	290.13±1.66.90a	299.17±160.42	2	38599.208	1.84	0.1612

注：表中数据为平均值±标准差，表中数据为平均值±标准差。用 Duncan 检验进行多重比较分析，同列标有不同小写字母表示组间差异显著($P<0.05$)，同列标有相同小写字母表示组间差异不显著($P>0.05$)，下同。

(三)造林密度对林分径阶分布的影响

鹅掌楸各径阶分布见图 7-5。大径材中造林密度 D1 林分所占比例最大；小、中径材中造林密度 D3 林分所占比例均最大。说明随着造林密度的增加，小、中径阶林木在林分中所占的比例逐渐上升，而大径阶林木在林分中所占的比例逐渐下降。

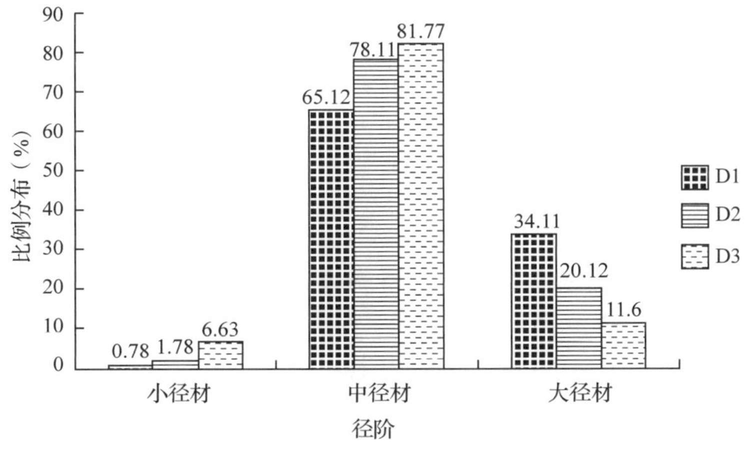

图 7-5 鹅掌楸各径阶分布

(四)造林密度对单株材积及林分蓄积量的影响

林分的存活率直接影响蓄积量，由表 7-13 可知，造林密度 D1、D2 和 D3 林分的存活率分别为 86.00%、84.50%和 60.33%。在小径材组中 3 种造林密度的单株材积和蓄积量差异均不显著；中径材组中 3 种造林密度的单株材积差异显著、蓄积量差异极显著；大径材组中 3 种造林密度的单株材积和蓄积量均呈极显著差异。由单株材积均值和蓄积量均值分析可知，造林密度 D1 下的单株材积均值最大，但蓄积量均值最大的造林密度为 D2。

表 7-13 3 种造林密度下各径阶的材积和蓄积量表

造林密度	初植株数	保存株数	保存率	单株材积(m^3)				蓄积量(m^3/hm^2)			
				小径材	中径材	大径材	均 值	小径材	中径材	大径材	均 值
D1	150	129	86.00%	0.09	0.28	0.64	0.40	67.27	202.06	460.99	289.33
D2	200	169	84.50%	0.08	0.27	0.62	0.34	77.54	256.03	571.95	316.36
D3	300	181	60.33%	0.07	0.26	0.61	0.29	72.02	262.57	609.61	290.13
均 值				0.08	0.27*	0.62**	0.34**	53.76	246.24**	530.62**	299.17

注：初植株树和保存株树都是指一个造林密度下所有的鹅掌楸株数，也就是 3 个小区($1800m^2$)范围内的初植株树和保存株树。

(五)造林密度对木材物理性质的影响

不同造林密度对鹅掌楸木材物理性质影响见表 7-14。其中，①鹅掌楸 3 种造林条件下，以造林密度 D3 林分的木材气干密度最高为 0.54g/cm^3，经方差分析和多重比较表明造林密度 D3 林分极显著高于 D2 与 D1，而后二者间无显著差异。②木材抗弯强度随着林分密度的下降而下降，经多重比较表明，造林密度 D3 林分显著高于造林密度 D1 林分，D1 与 D2 间差异不显著。③其他木材物理性质无显著差异。说明在一定范围内，造林密度愈大，鹅掌楸木材气干密度和木材抗弯强度愈大。

表 7-14　不同造林密度鹅掌楸木材物理性质比较

造林密度	气干密度(g/cm^3)		木材硬度			抗弯弹性模量(MPa)	抗弯强度(MPa)	顺纹抗压强度(MPa)
	均　值	变异系数(%)	端面硬度	径面硬度	弦面硬度			
D1	0.52±0.038a	7.31	5.63±0.56	3.58±0.58	4.72±0.73	11.09±1.43	78.92±9.82a	46.37±4.85
D2	0.52±0.047a	9.04	5.64±1.10	4.05±0.98	4.98±0.49	11.99±1.11	82.19±16.46ab	47.58±4.57
D3	0.54±0.038b	7.04	5.68±1.29	3.65±1.14	4.78±0.75	11.66±1.68	97.78±14.06b	44.97±4.32
均值	0.53±0.042	7.92	5.65±0.97	3.76±0.90	4.83±0.64	11.26±1.46	86.29±15.42	46.31±4.44
F	6.70**		0.01	0.46	0.25	1.37	3.23*	0.49

三、讨　论

通过对 25 年生鹅掌楸 3 种造林密度林分各主要因子的研究分析得知，造林密度对鹅掌楸胸径和单株材积的影响达到极显著水平，且胸径和材积均随造林密度减小而增加；对冠幅面积和 4m 处直径的影响达到显著水平，且冠幅面积、4m 处直径均随造林密度减小而增加；对树高、通直度、第一侧枝粗度、第一侧枝角度、枝下高、蓄积量和木材基本密度等虽有一定影响，但不显著。这与杉木、马尾松、尾叶桉等树种的造林密度研究的结论基本一致(黄宝灵等，1997；夏玉芳和谌红辉，2002；童书振等，2002；谌红辉和丁贵杰，2004；刘青华等，2010)。其中不同造林密度对胸径和单株材积有极显著影响，这与吴运辉等、卜基保、李荣丽等研究的结论基本一致；对蓄积量影响不显著的结论与吴运辉和石立昌(1998)、刘敬优(2013)研究得出的结论一致，而与李荣丽(2015)研究造林密度对 8 年生北美鹅掌楸单位面积蓄积量有显著影响的结论有所不同，这可能与试验林林龄、试验区域及立地条件等因素不同有关；对冠幅面积的影响显著，这一结论与谌红辉等(2011)对 21 年生马尾松造林密度效益的研究得出的结论一致；对树高的影响不显著，这与国内外众多研究(Cown D J，1981；Wei L et al.，1993；Bengt P et al.，1995；陈广胜等，2001；张永伟，2003；王浩然，2013)得出的结论一致；研究还发现，树高均值以造林密度 D1 林分最高，这与李荣丽(2015)研究的结论一致。

3 种造林密度对各年轮段的平均木材基本密度和平均年轮宽度的径向变化趋势图分析可知，3 种造林密度中年轮宽度以 D1 为最大，木材基本密度以 D3 为最大。25 年生鹅掌楸胸径、树高、单株材积、冠幅面积与木材基本密度的相关性均未达到显著性水平，该结论与徐有明等(1999)研究得出的结论基本一致。

木材物理性质是木材性质的又一重要指标，其中木材气干密度和木材基本密度决定了木材的质量，木材抗弯强度直接决定木材弯曲构件的设计，可见，木材物理性质可以直接影响木材的使用价值(ESPINOZA J A，2004；LINDSTR M H，1996；Biging G S and Dobbertin M，1992；姜立春等，2013)。通过对3种造林密度下鹅掌楸木材物理性质的研究发现，不同造林密度对木材基本密度、木材气干密度和木材抗弯强度分别呈显著、极显著和显著影响，与黄宝灵等(2000)、夏玉芳和谌红辉(2002)对尾叶桉、马尾松进行造林密度试验研究得出结论基本一致，并未出现夏玉芳和谌红辉(2002)研究所得出的“密度过大木材基本密度反而下降”的现象，但出现造林密度D1下木材气干密度和木材基本密度值最大，D1和D2对这两种性质的影响不显著，可能由于此次试验设计的3种造林密度类别不多且没有密度过大的缘故。建议今后可补充5种以上的造林密度实验。

总之，以造林密度D1的单株材积均值最大，可出中大径材；以造林密度D2的蓄积量最大，有较高的经济效益，以造林密度D3的木材基本密度、气干密度和抗弯强度最大，可保持木材材质，可见，造林密度越大，利弊兼而有之，如若允许间伐，可以采用高密度造林，在第11~15年和第21~25年内进行间伐，提高大径材出材率。

四、结 论

造林密度对鹅掌楸生长中的胸径、单株材积、径阶分布和木材气干密度的影响达到极显著水平；对冠幅面积、4m处直径、年轮宽度、木材基本密度和抗弯强度的影响达到显著水平；对树高、通直度、第一侧枝粗度、第一侧枝角度、枝下高、蓄积量、硬度、抗弯弹性模量和顺纹抗压强度影响不显著。以造林密度833株/hm^2的单株材积均值最大，可出中大径材；以造林密度1111株/hm^2的蓄积量最大，有较高的经济效益；以造林密度1666株/hm^2的木材基本密度、气干密度和抗弯强度最大，可保证木材材质。

第八章

大岗山主要造林树种高效培育技术集成示范

近年来，我国在亚热带用材林培育技术方面取得了长足的进步，国内外杉木、楠木、樟、白花泡桐和南方红豆杉等用材林遗传控制、密度控制、植被管理和地力维护等培育理论、技术和方法方面有了很大的发展，形成了较为先进的培育理论与技术，但生产中仍以传统播种育苗和造林技术为主，其原因很大程度上在于现有科技成果是源于多地区、多层次和多角度的，尚未融合形成有机整体、发挥作用。本章将这些新理论、新技术、新方法和新成果进行深入研究、组装、配套和示范，整合形成相应的技术体系，这些技术成果将为大岗山地区用材林资源培育提供丰富科技支撑。

第一节　杉木组培苗轻基质网袋工厂化育苗技术规程

一、外植体的采集与处理

(一)外植体采集

采集外植体的母树应是经审(认)定的良种无性系原生株和早期无性系分株。选择健壮、无丛枝病症状的植株为母树，取其当年生或埋根萌发幼苗的半木质化枝条。为减少接种材料的污染，采集外植体时，应选择连续 3 天以上晴天上午 10：00 左右进行。

(二)外植体处理

将半木质化枝条截成带有 1~2 个腋芽原基的茎段(长 3~5cm)，去除叶片，于洗洁精中浸泡 5~10 分钟，同时用手或细毛刷轻轻搓(刷)洗表面绒毛，流水冲洗 2~3 小时。在超净工作台上，于 75%酒精处理 30 秒，0. 1%L 汞($HgCl_2$)浸泡 6~10 分钟(视材料而异)，用无菌水冲洗 3~5 次。使用后的升汞($HgCl_2$)废液按照国家有关剧毒化学药物使用的法规采用化学凝集沉淀法或金属还原法进行处理。

二、培养基配制

(一)母液配制

为减少工作量，一般配成比所需浓度高10~100倍的母液，用时按比例稀释。一般氮、磷、钾、硫、钙、镁等无机盐被归为大量元素，铁、铜、钼、锰、锌、钴、硼和碘等无机盐被归为微量元素，维生素类、肌醇、氨基酸及有机添加物被归为有机物，硫酸亚铁和乙二胺四乙酸二钠为铁盐。配制时，各种物种分类称量，分别充分溶于蒸馏水中，按先后次序混合，定容至规定体积，配制好的母液置于4℃冰箱保存备用。

(二)生长调节物质配制

生长调节物质配制时，也同其他母液一样，先配成原液，配制培养基时稍加计算，即可按需要量取。6-BA可先溶于少量氢氧化钠(1.0mol/L)，加水定容；NAA、IBA先用95%酒精溶解，再加水定容，也可加热助溶；ABT水溶后加水定容即可。配制好的生长调节物质原液放置在4℃冰箱保存备用。

(三)培养基成分

丛芽诱导培养基：MS+6-BA 2.0mg/L+NAA 0.2mg/L+IBA 0.2mg/L+蔗糖30g/L+琼脂6.2g/L(pH=2.8)。

生根培养基：MS+IBA 0.2mg/L+NAA 0.1mg/L+ABT 0.4mg/L+蔗糖20g/L+卡拉胶6.2g/L(pH=2.8)。

(四)培养基配制

首先，按各培养基配方称量所需琼脂(或卡拉胶)、蔗糖，将琼脂(或卡拉胶)用水溶解后放入煮沸的纯净水中，待沸腾后，加入蔗糖至完全溶解。然后，按各培养基配方量取母液、生长调节物质并加入制备液中，定容至配制体积；接着用1mol/L的碱液(NaOH溶液)调节pH值至5.8，1mol/L NaOH溶液的配制方法是称量40g NaOH，溶解后加入蒸馏水，定容至1L即可。接着，将配制好的培养基分装至培养容器(培养皿、三角瓶、培养瓶等)中，并旋好瓶盖或用封口膜封好瓶口。加入培养基应在培养容器的1/4~1/3为宜。分装后的培养基应立即灭菌，如因故不能及时灭菌，最好保存在冰箱中在14小时内完成灭菌。最后，在0.8~1.1MPa、温度121℃条件下，灭菌17~20分钟，待灭菌锅压力降至0后打开，取出培养基平置至自然冷却。

三、接种与培养

1. 接种前的准备工作

日常保持接种室的卫生，定期对其用甲醛和高锰酸钾熏蒸1次。接种前先用75%酒精喷雾降尘消毒，随后开启超净工作台和接种室内紫外灯杀菌30分钟。消毒结束后，打开超净工作台风机通风15分钟，同时打开干热灭菌器，将接种器具(已经高压灭菌)插入干热灭菌器，待温度升至280℃后方可使用。

2. 接 种

操作人员接种前需用75%酒精进行操作台面和手臂表面的消毒。取出干热灭菌器内消毒灭菌的剪刀、镊子、解剖刀等接种工具，至于镊子架上(或高压灭菌后接种盘中)，待其冷却。在无菌的接种盘或其他器皿中，按各培养阶段的要求将培养材料剪切，接入适宜培养基中。

转接后，在刚接入的培养瓶上标示接种日期、无性系号或材料来源，以便跟踪统计。接种过程，操作人员避免正对操作台讲话，同时，注意一切未经灭菌的器具在无菌苗、培养瓶口上方划过。每次接种完毕，应及时清理操作现场，并对接种室用75%酒精喷雾消毒。

(二)初代培养

将处理好的外植体剪成1.5~2.0cm长的茎段，保证每个茎段上都有腋芽，茎段上部剪切口离腋芽0.5cm左右，茎段下部剪成斜口。将剪好的茎段接入初代培养基(MS基本培养基)中，茎段竖直插入培养基中。设置培养温度为22~26℃，光照为2000lx，每天光照时间为14小时，有条件可用光质R：4B(红光：蓝光)的LEDs等替代日光灯作为培养光源。培养初期定时观察、统计试管苗的污染情况，并及时清理污染苗。

(三)继代增殖培养

将茎段剪成1cm左右带有1~2个腋芽的茎段接入丛芽诱导培养基中。培养条件同初代培养。定期转接，培养周期一般为20~25天，直至达到所需数量。

(四)生根培养

以继代增殖的试管苗为材料，将带有1~2个腋芽的茎段接入生根培养基中。培养温度为22~26℃，光照为2000lx，每天光照时间为14小时，有条件可用光质4R：B(红光：蓝光)的LEDs等替代日光灯作为培养光源。培养周期为25~30天，苗高4~5cm以上即可移栽。

四、组培苗的移栽

(一)轻基质容器准备

生根组培苗轻基质配比，泥炭：稻壳：木屑=7：1.5：1.5，施加3.5kg/m^{3}的缓释肥；无根组培苗轻基质配比，泥炭：稻壳：木屑=7：1.5：1.5。育苗容器选择无纺规格，直径4.5cm，高度10cm。

(二)苗木移栽

每年的3~4月初进行移栽，尽量选择阴天进行移栽，晴天移栽应在遮阳棚内进行。栽植前需进行炼苗，将生根瓶苗置于温室床架上，自然光下炼苗3~5天或不经炼苗直接移栽。移栽前必须将容器袋内基质淋透，并在移栽前一晚用0.05%~0.1%高锰酸钾溶液淋透消毒。移栽前，先取出组培苗，用自来水清洗干净根部培养基，若根系过长需适当修剪，以免窝根，之后将根系在0.1%多菌灵+1mg/ml ABT混合液中速蘸后立即移栽。移栽时，把根放进预先打好的小孔中，使根系舒展，填满基质充分压实，防止栽植过深、窝根或露根，每个容器内移栽一株。移栽后，浇定根水，并用0.1%多菌灵喷雾杀菌，同时用塑料薄膜作小拱棚以保湿，并加盖50%~70%遮阳网。

五、幼苗管理

(一)病虫害防治

苗期易发生由真菌引起的茎腐病，移栽后实时观察，一旦发现病情，立马喷施多菌类、托布津、井冈霉素混合液。在组培苗未生根前，喷洒完药需立即盖好塑料薄膜。

(二)揭膜和遮阳网时间

一般在组培苗移栽后 10~15 天，根据幼苗生长情况而具体确定揭膜时间，一般选择在阴雨天先把两头的薄膜掀起，稍微透风；20 天左右基本可以把塑料薄膜全部掀起，并揭去遮阳网。此时，如若发现基质袋上霉菌较多，最好用洒水壶洒托布津杀菌液。

(三)苗木分级

在幼苗移栽成活后，应将容器袋移至镂空的穴盘中，并按照苗木的大小分开培育。

(四)空气切根

在苗木培育过程中，采用苗盘架空或与土壤隔绝的办法，防止苗木根系串根或穿透容器底部扎入土壤，从而确保容器内形成极为发达的根系，且不盘根、窝根。

(五)淋　水

视天气情况和苗木基质干湿情况确定淋水次数和时间。

(六)施　肥

育苗轻基质中含缓释肥的苗木可全周期不进行施肥，无根组培苗一般移栽 20 天左右开始施肥。为促进幼苗生长，选择水溶性复合肥(氮：磷：钾 = 16：16：16)进行指数施肥，施肥量见表 8-1。每 15 天施肥 1 次，尽量选择在天气晴朗无风的下午或傍晚施肥。

表 8-1　杉木无根组培苗施肥量

次　数	施肥次数										
	第 1 次	第 2 次	第 3 次	第 4 次	第 5 次	第 6 次	第 7 次	第 8 次	第 9 次	第 10 次	第 11 次
施肥量（mg/株）	0. 35	0. 59	0. 99	1. 66	2. 77	4. 63	7. 74	12. 94	21. 64	36. 18	60. 5

六、苗木出圃

(一)出圃要求

要求达到Ⅰ、Ⅱ级苗标准为合格苗。即Ⅰ级苗，苗高≥32. 99cm，地径≥4. 83mm；Ⅱ级苗，32. 99cm>苗高≥29. 94cm，4. 83mm≥地径≥4. 01mm；Ⅲ级苗，苗高<29. 94cm，地径<4. 01mm。

(二)包装运输

将无性系分系起苗包装、运输。用透气、保湿性强的材料进行包装，写好标签，注明品种代号、数量。苗木包装后应及时运输并尽快种植，途中避免高温、日晒、颠簸和翻转。苗木长距离运输时，应采用草帘、篷布覆盖。

七、造林效果

采用随机区组试验，开展经营养加载的杉木轻基质容器苗与普通杉木裸根苗造林生长效果对比试验。从表 8-2 可以看出，经营养加载后的无性系轻基质容器苗造林生长表现均极显著优于普通杉木容器苗，树高和地径生长量分别比对照(CK)提高了 1.27 倍和 1.65 倍。

表 8-2　3 个优良无性系轻基质容器苗造林后的生长表现

优良无性系名称	树高(m)	地径(mm)
CK	2.22±0.53B	34.31±8.85C
N1	2.69±0.22A	50.92±7.06B
N2	2.75±0.41A	53.08±10.02B
N3	2.98±0.40A	66.23±10.09A

3 个优良无性系树高间的差异不显著，而 N3 无性系的地径显著高于 N1 和 N2，后者间的差异不显著。这说明杉木优良无性系轻基质容器苗早期可以获得明显的生长优势(图 8-1)。

a. 优良无性系1号生长表现

b. 优良无性系2号生长表现

c. 优良无性系3号生长表现

图 8-1　优良无性系 1、2 和 3 号造林第 2 年生长表现

第二节　亚热带低山丘陵区机械带状整地技术规程

一、原　则

1. 生态环境保护原则

因害设防，因需建设。根据自然条件采取综合治理，防止水土流失，保护和合理利用土地资源，保护生态环境。

2. 依托科技原则

在不断改善生态环境条件基础上，依靠科技提高造林成活率、保存率，缩短成林、成

材周期，从而实现速生、丰产和优质。

二、适用条件

（一）适用地区

适宜在年降水量1600mm及以下，坡度小于30°，海拔小于800m的亚热带低山丘陵地区实施。

（二）地　类

适宜在需要更新改造的亚热带低山丘陵地荒山荒坡（退耕地、采伐迹地、火烧迹地）、灌木林地、疏林地或低质低产林地实施。

（三）立地条件

机械整地适宜在基岩为板页岩、花岗岩的造林地实施，也可以在土层较厚、较为坚固的其他基岩实施。

三、设　计

（一）设计目标

缓洪拦沙效益达70%以上，土壤侵蚀强度不超过微度侵蚀指标。整地成本降低20%以上，造林工程综合效益提高15%以上。

（二）设计原则

工程措施要因地制宜、合理配置，做到山上山下综合治理，坡面工程按10年一遇24小时暴雨设计。

设计应符合《水土保持工程设计规范》（GB 51018—2014）和《造林技术规程》（GB/T 15776—2016）专业技术要求。

（三）工程布设

1. 山顶工程

30°以上陡坡及山顶，不可实施机械带状整地工程，可视具体情况进行水土保持、生态修复、封禁等工程措施。

2. 坡面工程

30°以下的坡面视为山间部分，可实施机械带状整地工程。

3. 沟谷工程

根据地势和实施条件修建谷坊等水土保持工程。

4. 坡面引水工程

根据地势和实施条件修建导水坡面、塄沿和导水坝头，防止坡面水土流失。

四、树种选择与栽植密度

1. 山顶与山脊

山顶和山脊应在保留原先植被基础上栽植抗旱、耐瘠薄和保水能力较强的乔木、灌木或草本植物，包括山乌桕、黄檀、栎类、木荷、马尾松、檵木、毛冬青、乌饭、胡枝子、盐麸木、金鸡菊、狗牙根等。乔灌木初植密度以 2400~3600 株/hm^2 为宜。

2. 山脚与沟谷

山脚与山腰土壤深厚且不积水处栽植闽楠、枫香树等阔叶树种，沟谷积水处栽植水杉、桤木等耐水湿树种，初植密度以 1111~2500 株/hm^2 为宜。

3. 防火带

一般栽植木荷、杨梅等防火性能好的树种，栽植密度 2000~2500 株/hm^2，栽植宽度 6~8 行为宜。

4. 目的树种

依据造林目的选择目的树种，经济林定植穴设在整地床面中部或外部，用材林除设置在上述部位外，还可定植在导水坡面的上部或中部。造林密度参照《造林技术规程》(GB/T 15776—2016)规定执行或按照具体树种造林作业设计执行。

四、施 工

(一)施工顺序

宜遵循先上后下，按顶-坡-沟的顺序进行施工。

(二) 施工技术指标

1. 床面间距

依坡度及设计树种生长要求确定，水平间距宜在 3~4m。

2. 床面宽度

一般宜在 3~4m。

3. 坡面坡度

坡面的设计应符合表 8-3 的要求。

表 8-3 坡面的设计标准

坡 长	X < 150m	150m≤X < 300m	300m≤X < 400m	400m≤X
坡 度	10°~90°	8°~10°	6°~8°	<6°

4. 坡面内斜

一般宜在 3°~5°。

5. 塄 沿

塄沿的设计应符合表 8-4 的要求。

表 8-4 塄沿的设计标准

坡 长	X < 150m	150m≤X < 300m	300m≤X < 400m	400m≤X
楞 高	5cm	5~6cm	6~8cm	8cm

6. 导水坝头

导水坝头的设计应符合表 8-5 的要求。

表 8-5　导水坝头的设计标准

坡　长	X ＜ 150m	150m≤X ＜ 300m	300m≤X ＜ 400m	400m≤X
流　速	$20m^3/s$	$40m^3/s$	$50m^3/s$	$60m^3/s$

7. 技术措施

清理造林地内林木后，参照设计要求用大型机械进行整地，植被、树木残桩和枯落物全部翻压入土后，修筑床面、坡面、塄沿、导水坝。按照造林设计的株行距挖定植穴。栽植穴规格以 40cm×40cm×30cm 或 50cm×50cm×30cm 为宜。

五、工程管理

（一）导水坡面、塄沿管理

每年对工程进行全面保养，加固坡面和土埂，防止水土流失。

（二）导水坝头管理

每次降暴雨后，全面检查导水系统，保障工程安全。

第三节　杉木用材林造林新技术集成与示范

一、建设目标

通过对国内外杉木高效培育新技术的组装与配套，降低造林成本和劳动强度，减少林地水土流失，保护生态环境，培育大中径材，实现 25 年生时杉木单位蓄积量 $450m^3/hm^2$ 以上，提升森林景观、生态和经济价值。

二、位置与面积

山下林场张家坊 92-3、93-1 和 92-3 小班，面积 156 亩。

三、造林时间

2015 年春造林。

四、技术措施

（一）造林苗木

造林采用亚林中心 2 代种子园种子，安福红心杉、福建优良无性系培育的一级苗，块状混系造林。

（二）立地选择

14、16 立地指数林地栽植杉木，山顶、山脊低立地指数区栽植景观、生态和防护树种木荷、山乌桕，山脚栽植枫香树等乡土阔叶树种。

（三）密度调控

初植密度 250~300 株/亩（1.5m×1.5m），造林后第 3 年，调控密度至 1670 株/hm^2。

(四)整地与施工

25°以下区域，大型挖掘机条带整地，整地坡面宽度 3~4m，坡面内斜一般宜在 3°~5°，保留汇水区原生植被。机械整地措施，先将林地上的林木清理后，用大型挖掘机进行整地，植被、树木残桩和枯落物全部翻压入土后，修筑床面、坡面、埂沿、导水坝头。造林施工，选择位于床面中、外部，坡面上和中部土壤疏松肥沃区域作为栽植区，将造林苗木蘸泥浆和生根粉后栽植，苗木深栽至苗高的 1/3~1/2。

(五)抚育管理

坡面、埂沿和导水坝头管理，每年对工程进行全面保养，加固坡面和土埂，防止水土流失，每次降暴雨后，全面检查导水系统，保障安全。

抚育除萌，造林后连续抚育 3 年，第 1 年抚育 2 次，第 2 年抚育 2 次，第 3 年抚育 1 次。第 1 次抚育采用锄抚培蔸，清除树蔸周围杂草，形成"馒头形"，以后采用刀抚，留茬高度不超过 10cm。栽植后第 1、2 年，及时除掉杉木根茎部萌芽条。

测土施肥，造林后第 1 年和第 4 年，对林地分别进行测土配方施肥一次。

(六) 景观防护林建设

山顶与山脊线选用抗旱、耐瘠薄和景观性能好的树种，山乌桕、枫香树、栎类和马尾松等作为山顶和山脊线树种。

山脚与山腰土壤深厚不积水处栽植闽楠、枫香树等阔叶树种，沟谷积水处栽植水杉、四川桤木等耐水湿树种，初植密度 150~220 株/亩。

生物防火带建设，山脊线以木荷作为生物防火树种，栽植密度 2m×2m，栽植宽度 6~8 行。

五、经营效果

经样地监测表明(图 8-2、图 8-3)，6.5 年生时林分胸径、树高和蓄积量分别达 12.86cm、10.18m 和 138.79m^3/hm^2，比对照(按行业丰产标准 LY/T1384-2007 建设林分)分别提高了 39.01%、33.89%和 181.44%。

图 8-2　杉木用材林集约化经营示范林(亚林中心山下林场)

图 8-3　杉木示范林生长状况(6.5 年生)

第四节　杉木低质林珍贵化改培技术与示范

一、建设目的

通过杉木人工林珍贵化改培先进技术集成，使现有杉木人工林逐步过渡为由多个珍贵乡土树种、景观树种和生态防护树种组成的顶级群落林分类型，综合提升林分的杉木大径材产量和林分质量。

二、林分位置与面积

亚林中心长埠林场 11-1、11-2 和 12-3 小班，面积 220 亩。

三、历史沿革

实验林为 1978 年营造的杉木人工用材林，2016 年开始杉木人工林经营改造作业，改造前经历了 2 次人工间伐作业林分，现保留平均密度 1350 株/hm^2，林分郁闭度 0.9。

四、珍贵化改培措施

（一）抚育、间伐

清理枯死木、雪压断梢木等无前途林木，清除杂灌杂草。

保留乡土树种幼苗，保留杉木林冠下更新的乡土树种刨花润楠、木荷、赤杨叶、苦槠、油桐等树种幼苗。

（二）林下补植

适地适树补植闽楠、南方红豆杉、赤皮青冈、山乌桕、浙江樟、浙江楠、木荷等 2~3 年生轻基质容器大苗。栽植密度 20~40 株/亩，打穴规格 40cm×40cm×30cm，栽植时每株施过磷酸钙 0.5kg 作为底肥，造林后每年全面抚育修枝 1 次。

五、样地设置

采用随机区组试验设计，选择上、中、下三个坡位，在每个坡位分别选择低郁闭度（0.4~0.6）、中郁闭度（0.6~0.8）和高郁闭度（0.8~1.0）林分分别设置 4 块样地，样地面积 400m^2（20m×20m），共 12 个样地，以不处理为对照。选择苗高、地径生长一致的闽楠、樟、木荷和赤皮青冈 2 年生轻基质容器大苗补植在林下，垂直等高线单行小区，随机区组排列，每样地重复 3 次。

六、实施效果

改造 3 年后（图 8-4），林下补植珍贵树种幼苗在不同立地条件下生长表现差异明显。12、14 立地指数未采取综合经营措施的林地，杉木商品材增加量仅为 0.86m^3/hm^2 和 1.09m^3/hm^2，而采取综合经营措施林地，每年商品材增加量分别比对照增加了 4.36m^3/hm^2 和 1.75m^3/hm^2，经济效益提高了 3236 元和 2638 元，投入产出比达 1∶1.70 和 1∶1.10。

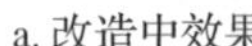

a. 改造中效果

b. 改培后效果

图 8-4　杉木人工林珍贵化改造实验示范林

第五节　闽楠人工林育苗造林技术集成与示范

一、适宜区域

闽楠主要分布在 106. 2°~121. 51°E、24. 18°~30. 29°N，海拔在 40~1220m。闽楠分布区为江西、福建、浙江南部、湖北、湖南、广东、广西北部及东北部、贵州东南及东北部海拔 1500m 以下的山地、沟谷中。闽楠适宜分布区属湿润、温暖气候，适宜栽培区在 110°~123°E、24°~30°N，包括广西壮族自治区和广东省北部、湖南省中南部，以及江西省和浙江省南部地区和福建中部以北等区域。较适宜栽培区包括浙江省和湖南省北部，安徽省、云南省、广西壮族自治区、广东省和福建省等南方省份。

二、林地选择

适宜在其适生区内海拔 600m 以下，腐殖质土层厚、湿润肥沃、排水良好的山坡下部半阳坡、半阴坡，立地指数不低于 18 的立地类型进行造林。

三、良　种

(一)种　源

选用优良种源或根据各地种源试验鉴定结果进行选择。

(二)家　系

选用经过国家或地方认定的种子园和优良家系的种子或优良无性系。

(三) 无性系

有条件的地方选用国家或地方认定的优良无性系。

四、苗木培育

(一)育苗遮阳棚建设

1. 苗圃选址

宜在交通方便、水电设施齐备、劳力充足和排灌良好的地方。

2. 搭建遮阳棚

遮阳网搭设时，利用竹竿、钢管和铁丝等材料，在小拱棚所在区域设置立柱，在其上拉上铁丝或搭成平面或倾斜的支架，将遮阳网覆盖在支架上。支架高度一般 2.0m。

3. 安装喷灌设备

安装时根据喷水直径控制喷头的铺设密度。喷头吊在遮阳棚的上部。水压不够时，可安装加压泵。

4. 搭建塑料小拱棚

为保证对育苗环境条件下温度、湿度的有效控制，在苗木入床后，需在遮阳棚下苗床上搭建高 80cm、宽 120cm 拱起高度不低于 50cm 的小拱棚，覆盖保湿保温塑料薄膜。

(二)1 年生闽楠轻基质容器育苗培育

1. 种子采集、贮藏和催芽

秋季 11 月至 12 月上旬，闽楠种子外种皮为紫黑色时采收，种子采集后用 45℃ 温水浸泡处理后，赤霉素浓度 1000μg/g 溶液浸泡 1 天，再湿沙贮藏 90 天。播种前种子用 0.5%高锰酸钾或 0.5%~1.0%硫酸亚铁浸种消毒 2 小时，捞出后用清水冲洗干净，之后用含 50mg/kg 的 ABT 3 号生根粉和适当浓度的种肥浸种进行预处理，然后用温水浸种 24 小时后捞出阴干待播。

2. 扦插苗的准备

繁殖扦插轻基质容器苗时，需进行扦插苗的培育。采用嫩枝扦插方式繁育。春季或秋季，以纯黄心土或有机物基质等作为扦插基质，100mg/kg GGR 等生根剂处理 24 小时，嫩枝插穗长度 10cm，保留 2 片叶片进行扦插，具有较高生根率。

3. 容器规格、基质配方和缓释肥用

选用 4.5cm×10.0cm 的无纺布袋，选用 60%泥炭+40%杉木皮与谷壳 1：1 混合物的基质配方。闽楠施肥采用缓释肥方式，基质每立方米基质中加施 4.0kg 的长效缓释肥。

4. 精选种质、提前播种期

选用优良种源或单株种子作为育苗种质，将播种期提前至 1 月或上年 12 月，早春 2~3 月播种和苗芽移植，以延长苗木生长期。将苗床选择在大棚内，铺设拌有少量复合肥的沙质黄心土、干净细沙或火烧土。

5. 移　栽

当芽苗长至 4~6cm 高时移植为佳，过早移栽除了成活率偏低外，苗木分化较大；过迟不但会提高移栽成本，而且容易造成苗木窝根，影响苗木正常生长。移苗时间不迟于 4

月底。移栽时剪去根的 2/5，蘸上浓度为 30mg/L 的 ABT 6 号生根粉溶液移栽。移栽后喷施杀菌剂，盖好小拱棚，增温保湿。

6. 密度控制

1 年生轻基质容器苗在苗床上紧密摆放。

7. 分级育苗和空气切根

合理的种植密度是保证苗木质量的关键，芽苗移栽后，前期注意及时浇水保湿，待幼苗成活后注意适当控水，促进幼苗发根。幼苗长到 12~15cm，要及时分盘和分级。对于规格较小的苗木通过适时追肥达到出圃苗木规格一致。可在苗床上铺设地布或定期挪动以达到空气切根效果。

8. 水分和光环境控制

重点加强春季生长初季的喷雾保湿、夏季高温季节的喷水遮阳、秋季控水炼苗、冬季的控水防冻，遮光度保持在 60%为宜。

9. 苗木标准

闽楠轻型基质苗木质量分级标准为Ⅰ级苗，苗高≥35cm、地径≥0. 35cm；Ⅱ级苗，35>苗高≥20cm、0. 35>地径≥0. 25cm。

(三)2 年生轻基质容器大苗育苗技术

1. 容器规格

2 年生无纺布袋规格为 15cm×20cm。

2. 基质配比

30%泥炭+60%杉木皮与谷壳 1∶1 混合基质+10%黄心土。

3. 缓释肥加载量

每立方米 2. 0kg。

4. 容器苗选用

达规格的 1 年生容器苗。

5. 换 盆

须提早在 4 月上旬换盆，最好脱去无纺布，分级育苗培育。

6. 密 度

适当密度摆放以提高轻基质容器苗株高生长，2 年生苗摆放密度为 30cm×30cm，3 年生苗 50cm×50cm。

7. 水光肥控制

基于自控遮阳棚的喷雾等设施，遮光度保持在 60%为宜。生长季后期喷施适宜浓度的磷酸二氢钾溶液 3~4 次，以补充营养、促进苗木根系发育。

8. 绑 缚

用竹竿或塑料杆绑缚苗茎，使苗木形成通直干形，以培育通直高干容器大苗。

9. 苗木分级

利用苗高和地径进行分级，即Ⅰ级苗木苗高≥42. 51cm，地径≥0. 54cm；Ⅱ级苗木，42. 51cm>苗高≥28. 70cm，0. 54cm>地径≥0. 46cm；Ⅲ级苗木苗高<28. 70cm，地径<0. 46cm。

五、培育与经营

（一）采伐迹地培育与经营技术

1. 立地选择

闽楠等珍贵树种大径材培育应选择立地条件18以上的立地条件，立地指数不足18时，可采用机械带状整地方式，增加土层厚度改善立地条件。

2. 造林方式

造林宜采用宜林地小块状造林方式进行造林，闽楠造林地选择在山体西北坡向，中下部。

3. 混交设计

本着适地适树的原则开展混交设计。块状混交与木荷等阔叶树进行混交。与杉木带状混交时采用，1杉2楠混交比例。

4. 整地作业

立地条件18以上或坡度大于25°的地区，选用穴状整地。立地条件16以上或坡度小于25°的地区，采用大型挖掘机机械带状整地。机械整地时在25°以下的坡面上，按照一定行距，沿等高线用钩机开挖的用来造林的一定宽度的(3~4m)长带反坡环山水平面，内倾角度5°左右，外沿修筑的拦水土埂。环山水平面沿水流方向尽头修筑的出水口，出水口设置导水坝头。机械整地后，山顶应栽植水保能力较强的乔木、灌木或草本植物和导水坝头水流区域的植被。整地后打穴规格40cm×40cm×30cm。

5. 苗木栽植

选用根系发达、养分库丰富的优质2年生轻基质容器大苗Ⅰ级苗进行造林。将苗木去掉外层容器袋后，放入穴内，盖土超过容器2cm，将土覆盖成“馒头形”，以防积水。

6. 密度控制

珍贵阔叶树种生长良好的微生境，早期可适当密植以尽快形成森林环境，促进树高生长，提高树干通直度。初植密度200株/亩左右。及时进行多次间伐抚育，并伐除伴生树种，以培育珍贵树种大径材。

7. 间　作

带间种植西瓜、中药材、茶等经济作物，形成以种代抚，提高早期经济效益，减少水土流失。

8. 修枝、绑缚

优树生长季及时修剪掉枝干下部光合效能低的病弱枝和用竹竿等绑缚主干，以培育高等级的干材。

9. 施 肥

造林后 2~3 年对林地桢楠开展施肥。每株施肥量为氮磷钾复合肥(15∶10∶20)0.2kg 或氮磷钾复合肥(15∶10∶20)0.1kg+尿素 0.1kg 或采用测土配方施肥。

10. 抚育管理

造林后需连续抚育管理 4~5 年。第 1 年抚育 2~3 次，第 2~4 年每年抚育 2 次。抚育时第 1 次采用锄抚培蔸抚育，以后抚育采用刀抚。抚育季节在 6 月、9 月进行，清除林地全部杂灌杂草，留茬高度不超过 10cm。

11. 病虫害防治

蛀梢象鼻虫和鳞毛叶甲是闽楠的主要病虫害。蛀梢象鼻虫以幼虫钻蛀嫩梢危害，使被害梢枯死。可在 3 月成虫产卵期及 5 月中下旬成虫盛发期用 621 烟剂熏杀成虫，每亩用药 0.5~1kg 或在 4 月上旬用 40%乐果乳剂 400~600 倍液喷洒新梢，可杀死梢中幼虫。鳞毛叶甲以成虫啃食嫩叶、嫩梢及小叶皮层，严重的可使嫩梢枯萎。可在 4 月下旬用 621 烟剂熏杀成虫，每亩用药 0.5kg 进行防治。

(二) 林冠下造林与经营技术

针对立地条件较好的次生杉松针叶林和低质次生阔叶林，开设林窗、带状采伐或留弱择伐方式补植闽楠，具体如下。

1. 立地与林分选择

选择处于山地中下部，阴坡坡向，土壤深厚、立地指数 16~18 的林地作为造林迹地。

2. 上层林冠调控

造林前需对上层林冠进行调控，采用带状间伐、开设天窗或择伐方式进行调控林冠层，以降低郁闭度。林窗间伐时林窗短轴 1.23~10.13m，长轴为 7.37~7.88m，林窗面积 15.0~35.6m^2。带状间伐时每隔 3~4 行，间伐掉同等宽度林木，对林分过密区域开展间伐作业；择伐则本着去大留小、去弱留壮的原则进行采伐作业，目的是为下层闽楠提供适宜的光照强度。间伐调整后将林分郁闭度调整至 0.4~0.6。

3. 优质苗木造林

采用带状或群团状林下补植，打穴规格 40cm×40cm×30cm，选用 2~3 年生闽楠等珍贵树种。

4. 混交造林

以适地适树为原则，将樟、楠木、木荷、赤皮青冈、浙江樟、枫香树等带状或群团状混交。

5. 整形修枝

在生长季结束，对樟、桢楠等珍贵树种幼林进行修枝，修除枯死枝、过密枝，林冠下层 1/5 以下的枝条，以促进干形生长。

6. 施 肥

造林时采用种肥加载上山或基肥方式进行施肥，育苗容器袋内每株加载 30g 复合肥或施入底肥。造林后采用测土配方施肥方式进行追肥。

7. 抚 育

生长期间及时抚育除草和清理藤本杂灌。

8. 保留乡土树种

保留林冠下更新的乡土树种刨花楠、木荷、赤杨叶、苦槠、油桐等树种幼苗。

9. 密度调控

林分生长期间，每隔 7~9 年对上层林分进行动态调控 1 次，使林冠上层郁闭度始终保持在 0.5 左右。

六、培育与经营效果

利用上述珍贵树种培育技术在亚林中心实验林场和分宜县钤北林场和安福县明月山林场营建示范林，培育与经营效果如下：

(一) 闽楠优质种苗规模化繁育关键技术模式

集成基质配比、容器规格、缓释肥加载、空气切根、水光环控等容器苗培育技术，建立了成熟的闽楠优质种苗规模化繁育关键技术模式。造林 1 年后，2 年生闽楠容器苗成活率、苗高和地径生长量分别为 96.67%、1.11m 和 1.07cm，分别比对照提高了 65.64%、76.19% 和 81.36%。

(二) 高立地指数闽楠等珍贵树种采伐迹地造林模式

集成选择高立地指数林地、2 年生优质容器大苗造林、精准施肥、整形修枝、科学混交和精细化抚育技术，建立了高立地指数闽楠等珍贵树种采伐迹地造林模式。采用创新集成技术模式建立的人工林，3 年生林分平均树高 2.19m 和地径 29.87mm，分别比对照提高了 15.43%和 53.79%。

(三) 中高立地指数闽楠等珍贵树种机械整地造林模式

集成选择中高立地指数林地、2 年生优质容器大苗造林、大型机械带状整地、精准施肥、农林复合经营、整形修枝、科学混交技术，建立了中高立地指数闽楠等珍贵树种机械整地造林模式。采用创新集成技术模式建立的人工林，树高年平均生长量 32.78cm，地径生长量 0.65cm，树高和地径分别比照（对照生长量分别 14.12cm 和 0.25cm。）提高了 132.2%和 160.0%，间种西瓜等农作物增收 1000 元/亩。

(四) 闽楠等珍贵树种林冠下造林模式

集成中高立地指数林地微立地生境、选择 2 年生优质容器大苗造林、精准施肥、上层林冠调控、林木修枝、科学混交技术，建立了闽楠等珍贵树种林冠下造林模式。采用该技术树高闽楠树高生长量分别达到 2.97m 和 33.50mm，平均树高和平均地径分别比对照提高了 23.36%和 42.95%。

第六节　脱毒白花泡桐苗轻基质网袋工厂化育苗技术集成示范

一、育苗轻基质制备和轻型网袋容器成型

（一）育苗基质的选择与处理

主要技术流程为原材料腐熟、粉碎、筛分、过筛、调配、成型、包装和运输程序。

（1）原材料腐熟：南方多雨地区采用露天堆沤法，堆沤时间1年左右，目的是腐熟基质并杀灭基质中的病原微生物、草籽，淋溶掉基质中的速效养分。

（2）粉碎：将基质用粉碎机粉碎。

（3）过筛：采用粉碎机进行机械粉碎，粉碎后过孔径≤6mm筛的筛分。筛去未完全粉碎的材料。

（4）调配：按照苗木培育比例（1/3稻壳、1/3树皮与1/3木屑）添加不同基质，利用搅拌机搅拌成轻基质原料。

（二）育苗基质加工成型

将筛分、调配好的育苗材料，经过轻基质网袋容器机，压挤为条状无纺布容器袋，切段后装盘，容器规格为5.5cm×10cm。脱毒白花泡桐轻基质容器的加工成型与生产的轻基质容器如图8-5所示。

图8-5　脱毒白花泡桐轻基质育苗生产线与基质

二、茎尖脱毒与组培快繁

（一）脱毒材料选择

在春季或其他生长季节，从田间生长的无丛枝病的白花泡桐植株上剪取健壮的嫩芽或枝条，尤以春季新发的嫩芽条（半木质化）最好。

（二）外植体的处理

同本章第一节“外植体处理”。

（三）培养基配制

同本章第一节“培养基配制”。

（四）接种与培养

1. 接　种

（1）接种前的准备工作。保持接种室的卫生，定期对其用甲醛和高锰酸钾熏蒸1次。接种前先用75%酒精喷雾降尘消毒，随后开启超净工作台和接种室内紫外灯杀菌30分钟。消毒结束后，打开超净工作台风机通风15分钟，同时打开干热灭菌器，将接种器具（已经高压灭菌）插入干热灭菌器，待温度升至280℃后方可使用。

（2）接种。操作人员需用75%酒精进行操作台面和手臂表面的消毒；取出干热灭菌器内消毒灭菌的剪刀、镊子、解剖刀等接种工具，至于镊子架上（或高压灭菌后接种盘中），待其冷却；在无菌的接种盘或其他器皿中，按各培养阶段的要求将培养材料剪切，接入适宜培养基中；转接完成后，在刚接入的培养瓶上标示接种日期、无性系号或材料来源，以便跟踪统计；接种过程，操作人员避免正对操作台讲话，同时，注意一切未经灭菌的器具在无菌苗、培养瓶口上方划过；每次接种完毕，应及时清理操作现场，并对接种室用75%酒精喷雾消毒。

2. 培　养

（1）初代培养。将处理好的外植体剪成1.5～2.0cm长的茎段，保证每个茎段上都有腋芽，茎段上部剪切口离腋芽0.5cm左右，茎段下部剪成斜口。将剪好的茎段接入初代培养基（MS基本培养基）中，茎段竖直插入培养基中。培养温度为22～26℃，光照为2000lx，光照时间为每天14小时。培养初期定时观察、统计试管苗的污染情况，并及时清理污染苗。

（2）茎尖脱毒。剪取继代增殖组培苗茎段（1～2腋芽）接种于继代增殖培养基中，在35～40℃条件下处理2周以上可有效使MLO病原钝化；待腋芽萌发至2～3cm时，在体视镜下用解剖刀和眼科镊切取长度在0.3～0.5mm范围内的微茎尖，将生长点迅速按无菌操作程序接入芽诱导培养基中。

（3）病毒检测。以单株进行扩繁，苗数达到一定数量时，取无根组培苗茎段和叶柄进行DADI荧光显微镜和电子显微镜制样，以检查微茎尖脱毒效果。

（4）继代增殖培养。将成功脱除MLO病原的茎段，剪成1cm左右带有1～2个腋芽的茎段接入丛芽诱导培养基中。培养条件同初代培养。定期转接，培养周期一般为20～25天，直至达到所需数量。

（5）生根培养。以继代增殖的试管苗为材料，将带有1～2个腋芽的茎段接入生根培养基中。培养条件同初代培养。培养周期为25～30天，苗高4～5cm以上即可移栽。图8-6为脱毒白花泡桐组培苗生产现场。

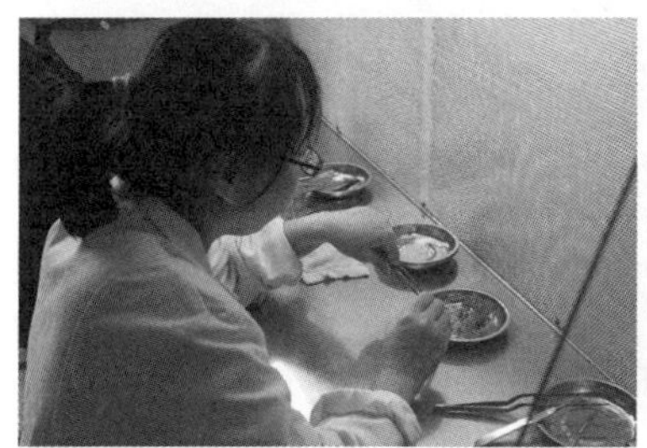

图8-6　脱毒白花泡桐组培苗生产现场

三、容器育苗

（一）育苗圃地的准备

育苗场地选择交通方便、场地平整的地方作育苗床，育苗床最好是土质的，尽量不使用水泥地作育苗床。按床面宽 1m、步道沟宽 0.4m 开好步道沟，平整床面。场地四周开好排水沟。

1. 搭建遮阳棚

(1)为了降低育苗环境中光线强度和温度，以调控苗木培育过程中对光照和温度的需求，育苗场地需要搭建遮阳网。遮阳网是用聚丙烯树脂为主要原料，通过拉丝后编织成的一种轻质、高强度、耐老化网状的新型农用覆盖物。具有遮光、降温、防风、防暴雨、防虫、防病、防霜和抗旱功能。南方地区一般采用搭建双层黑色遮阳网，其单层透光率为 67%，一般可降温 37～45℃。

(2)遮阳网搭设时，利用竹竿、木棍、水泥和铁丝等材料，在小拱棚所在区域设置立柱，在其上拉上铁丝或搭成平面或倾斜的支架，将遮阳网覆盖在支架上。支架高度一般为 2.0m，支架可高可低。

(3)有条件的可安装喷灌设施，安装时根据喷头喷水直径控制喷头的铺设密度。一般多采用直径 4m 的喷头，喷头的间距为 4m。喷头吊在遮阳棚的上部效果好，操作方便。如果使用的是山塘或水库用潜水泵抽水，为达到喷灌效果，应安装加压泵。

2. 搭建塑料小拱棚

为保证对育苗环境条件下温度、湿度的有效控制，在苗木入床后，需在遮阳棚下苗床上搭建塑料小拱棚。骨架一般高 80cm、宽 120cm，小拱棚中间拱起的高度不低于 50cm。常见的小拱棚的骨架是由多个等距离的 1～2cm 的细长竹条，将其弯曲成拱形，两端分别插入地面而成的。小拱棚的骨架搭设好后，为了满足保湿保温的需要盖上塑料薄膜。用一张宽幅塑料薄膜从棚头至棚尾将小拱棚盖住，使用时一般将棚两边的塑料薄膜用土或砖压紧，棚两端或其中一端可预留放风口，根据育苗的要求进行开合(图 8-7)。

图 8-7　脱毒白花泡桐轻基质容器苗育苗遮阳棚的搭建

（二）育苗轻基质容器摆放和消毒

育苗轻基质容器摆放时，在遮阳棚下将轻基质容器摆放在苗床上，在播种、移苗或扦插前将基质浇透（基质一定要浇透，否则容易死苗，最简单检查的方法是用筷子插入容器袋 2/3 深，再拔出检查是否浇透），后用喷壶淋洒 0.2% 的高锰酸钾溶液，放置 10 小时以上，后用清水淋洒一遍，再进行移苗操作（图 8-8）。

图 8-8 脱毒白花泡桐轻基质容器苗育苗遮阳棚的搭建

（三）移 栽

1. 生根组培苗的出瓶

接入生根培养基中的茎段，待培养 1 个月后，苗高 4~5cm，根系也比较发达，形成许多侧根。将培育好的组培苗从瓶中拿出，用清水洗净，速蘸（时间 1~2 秒）浓度为 1‰的甲基托布津杀菌溶液，然后放入转运盘中（图 8-9）。

图 8-9 白花泡桐苗的出瓶与移栽

2. 生根组培苗的转运

在运输组培苗时要注意创建低温、保湿的环境，一般放到泡沫箱里运输，用胶带封装好后运输（图 8-10）。

图 8-10　脱毒白花泡桐苗的清洗与转运

3. 组培苗移栽

移栽时用镊子轻轻夹住苗木根部，移栽入轻基质内，移栽完毕后用洒水壶洒水使苗与基质结合，然后喷洒 500 倍的甲基托布津。天气炎热的夏季长途运输后可选择夜间栽植，栽后及时扎拱棚，盖好薄膜和遮阳网(图 8-11)。

图 8-11　脱毒白花泡桐苗的移栽

(四)栽后管理

苗木日常管理主要包括喷雾保湿、遮阳、根外追肥和病虫害防治等技术措施，利用遮阳与喷雾手段调节容器苗的水、温度与光照条件，以满足苗木生长发育所需条件是管理技术的关键。

1. 遮　阳

为降低育苗棚内温度，要及时调控遮阳网，要求塑料拱棚内温度在 30℃以下。

2. 掀　膜

移栽后 10 天左右掀开薄膜。在移栽早期，尤其在苗木半木质化之前控制茎腐病的发生，实时观察苗木的生长情况，及时进行病虫害的防治。一旦有发病迹象，可喷施 50%多菌灵 800~1000 倍溶液防治。

3. 浇　水

水分供给是容器育苗成败的关键，必须保持基质湿润，浇水时每天上午 9 点前、下午

5点后打开喷雾设施，每次20分钟左右，各喷灌一次，使基质湿润为止。

4. 施　肥

容器苗以追肥为主，前期追肥是关键。苗木恢复生长后7天开始用0.5%磷酸二氢钾溶液叶面施肥，每7~10天一次，1个月后开始施复合肥或缓释肥，复合肥溶于水施用，浓度为0.1%~0.05%，应遵循"薄施、勤施"的原则，并注意施肥的间隔期，施肥后及时浇水。用6个月溶解的颗粒缓释肥效果更好，每喷一次水相当于施一次肥。

5. 防治病虫害

苗木移栽7天后开始用各种杀菌药如甲基托布津、多菌灵、退菌特等溶液交替喷洒，到7月止。如遇蚂蚁、金龟子幼虫危害，可添加绿色低毒杀虫剂药剂防治。

6. 空气修根

空气修根是将苗木放在离地面一定距离的育苗架上，使伸出容器排水孔或苗木底部的苗根，由于空气湿度低而自动干枯，达到剪根的目的。空气修根所用设备有育苗架、育苗盘，也有的不用育苗架，而是摆放一些砖块、木条、水管等垫高2cm，或用定做的底部较厚网格的育苗盘，达到空气修根的目的。例如，白花泡桐容器苗培育可以直接放在架空的育苗架上培育，也可采取先将容器袋放在苗床上，到10月中旬再将苗木分级、上托盘进行空气修根培育，也有很好育苗效果。育苗过程中要经常移动托盘，防止根系扎入土中或相互交叉，达到修根的目的。

7. 苗木分级与炼苗

当苗高达到一定规格时，将苗木进行分级管理，有利于高质量苗木的培育。在出苗前1~2个月揭开遮阳网、塑料薄膜，进行炼苗，这一时期一定要加强水分管理，以免苗木失水(图8-12)。

图8-12　脱毒白花泡桐苗的移栽与炼苗

(五)出圃与运输

1. 出　圃

起苗前应统一浇足水分，保证基质有一定的含水量。起苗过程中要注意保护容器，防止容器破碎。容器苗要轻拿轻放，切忌用手拔苗，以免造成容器内基质松动，根团受损，根系破坏。穿透容器的根系可以剪断，但不能硬拔。苗木装箱时，可将苗木按高度、根茎比例均衡度等进行分级，使得每箱苗木的规格基本相近，不符合出圃要求的等外苗要继续留床培育。

2. 运 输

塑料膜或无纺布包裹法：将薄的塑料如地膜或薄的无纺布，取容器苗全长尺寸作为包被膜的宽度。用木板及其他材料做一个凹槽，槽宽度比容器苗全长略大些，比如定槽长为 20cm，槽深 20cm。包苗时将包装膜铺放在槽里，然后将容器苗放在上面，下边一排容器苗的头朝一个方向，上面一排苗其头朝相反的方向，如此一层层摆入，达到一定高度后将包装膜拉紧包上，为防止膜散开需用胶带粘牢。包装好的容器苗一捆捆放到车厢里，可以一层一层朝高处摆放。如果车厢装的容器苗数量较多时，要注意通风透气，在运输过程中要经常查看，以防苗木发热或霉烂(图 8-13)。

图 8-13　脱毒白花泡桐苗的运输

(六)造林技术

在选定的整理好的造林地开展容器苗栽植。南方栽植采用 1 年生苗直接造林，季节在冬季或春季雨水充分、气温较低的季节栽植。容器苗移栽或造林时要深埋、踩紧，再在上面盖松土(至少在容器上面覆盖 2cm 厚的土)，呈“南瓜堆”状。

四、大田栽培

在我国北方地区由于农田林网和行道树建设需求，需要将脱毒白花泡桐轻基质容器苗进一步培养成大苗，进行栽植。

(一)造林时间

3~4 月，与当地造林季节一致。

(二)圃地选择与整地

1. 圃地选择

试验地应设在周围 2km 范围内无严重发病的白花泡桐病树群体地块，育苗地要求地势平坦，土地肥沃，排灌良好，特别不能选在低洼、排水不良或干旱贫瘠的地块。前茬为非白花泡桐育苗地。

2. 整地与施肥

利用机械平整、翻耕土地，每 667m^2 施入腐熟土杂肥 5000kg，过磷酸钙 25~50kg，以及 5%辛硫磷颗粒剂 3~5kg，防治地下病虫害(金针虫)。年降水量较多和有可能频发水涝的地方，要做到高垄育苗，一般底宽 40~50cm，高 20~30cm，垄的方向以东西向为好，利于挡风增温。在雨水偏低、春季风沙较重的干旱地区，应做低床育苗。

3. 定植密度

将 1 年生脱毒白花泡桐轻基质网袋苗与对照在苗圃圃地内分别以宽行 1.5m、窄行

0.8m、株距1m的栽植密度进行栽植，每亩栽培约600株。

（四）苗木定植日常管理方法

1. 苗木分类、定植、追肥

为避免苗木生长过程中，强苗挤压弱苗的现象发生，特别应注意在育苗之前需将轻基质白花泡桐苗木，分为强、中、弱三类，进行分类栽植。栽植时，在苗圃地上按设计好的株行距挖好穴，将轻基质脱毒苗植入土中，压实，使苗木与土壤密接，苗木根颈部略低于地面1~2cm，上面覆土，随即淋入定根水。如有条件可铺设农用黑色地膜可起到增温保湿、发苗早、免除草的效果。

因白花泡桐苗生长迅速，苗期需要分期追施氮、磷肥，第1次5月底前施尿素15kg/亩，第2次6月下旬施尿素或磷酸二胺20kg/亩。也可依据当地育苗施肥习惯进行调整。8月下旬以后苗木生长速度显著下降，为了促进苗木木质化，提高抗寒能力，应停追氮肥，改追磷钾肥。

2. 日常田间管理技术

白花泡桐苗期主要病害是炭疽病和黑痘病。每隔半月喷洒1次200~250倍等量式波尔多液，或600~800倍的50%退菌特，或1000倍的70%甲基托布津，交替使用。

白花泡桐幼苗常遇到地老虎幼虫、蛴螬、霜天蛾等危害。可用青草25kg切碎加入50%辛硫磷，傍晚撒入苗圃毒杀地老虎等害虫幼虫。当苗木生长到20cm高以后，将萌发的附梢及时除掉，每隔1周除1次。适时浇水是保证苗木正常生长的重要措施之一，5月中旬为了预防干热风应普遍浇水1次，6月中下旬再浇水1次。浇水与追肥相结合效果更好。白花泡桐苗木连续泡水7天左右会导致烂根死苗，出现积水和洪涝灾害时要及时排水和灾后松土排湿(图8-14)。

图8-14　脱毒白花泡桐大田苗培育的田间管理

3. 苗木出圃

苗木出圃时间从10月下旬至翌年3月均可。但要注意1月气温过低，苗根受冻，不宜出圃。出圃苗木根幅应保持50cm左右为宜，过小将影响其生长。出圃苗木若不能及时栽植要在背风向阳地方挖深70cm、宽1m左右假植沟假植，只覆盖土不浇水。在起苗过程中严防树皮破伤，在苗木运输和栽植过程中采取树皮保护措施对造林后树干的健康生长和保证木材质量有重要意义。

五、经营效果

2016—2018 年，在江西省新余市开展白花泡桐轻基质育苗容器袋制备、白花泡桐苗的茎尖脱毒与组培快繁工作，在河南省通许县、鹿邑县建立脱毒白花泡桐轻基质网袋容器苗培育和大田苗繁育基地，共繁育脱毒白花泡桐轻基质网袋苗 10 万余株。此项工作的开展，将我国南方育苗的水热条件充沛、适宜制备育苗基质容器的农林废弃物资源丰富的优势与我国华北地区传统白花泡桐栽培技术和市场相结合，充分利用现代物流技术，使白花泡桐轻基质容器网袋苗规模化繁育形成了完整、高效的产业链，发挥了良好的示范作用。

（一）育苗基质生产环保、成本低、自动化程度高

以江西省丰富的杉木皮、谷壳和锯末等农林废弃物为原材料，避免了对泥炭和珍珠岩等不可再生资源的使用，也保护了原产地的环境；充分利用南方温度高、降水多的优势，采用露天堆沤法腐熟材料，降低了处理成本；成型阶段采用自动化成型设备，进一步降低了人工成本。通过对育苗基质材料的成本分析，普通泥炭和蛭石育苗基质原材料成本为 878 元/万株，而白花泡桐专用基质原材料成本为 475 元/万株，成本仅为普通育苗基质的 54.10%。

（二）培育了优质的轻基质网袋容器苗

2018 年 10 月，对培育 40 天后的白花泡桐苗进行调查，采用脱毒白花泡桐专用轻基质网袋培育的苗木苗高、地径、一级侧根数和长度>0.5cm 的侧根数分别为 42.38cm、4.06mm、5.70 根和 57.70 根，分别比市场普通基质提高了 1.52 倍、1.29 倍、1.61 倍和 3.11 倍（图 8-15）。说明脱毒白花泡桐专用基质明显优于普通育苗基质。

（三）培育的大田苗成活率高、品质优良、易管理

1. 成活率高

由于配置基质的原料成分主要为木质化的农作物秸秆、树木枯枝落叶及锯屑等和一些轻体矿物类材料加工配制而成，因此具有重量轻，疏松透气，不板结，富含有机质、腐殖质等特点，不会积水，有利促进根系生长。移植时无需脱掉容器，根系可完全穿透容器生长，因此，能够有效地提高苗木的成活率。调查结果表明，轻基质网袋苗大苗出苗率在 92.22%以上，普通埋根苗出苗率仅为 77.78%。

2. 苗木品质优良

由于轻基质网袋苗的适应性和抗逆性强，带袋栽植不损伤根系、栽后能直接生长、没有缓苗现象、能够提早出苗、延长生长期。分别在 2017 年 3 月和 2018 年 4 月，在河南通许县苗岗村建立了脱毒白花泡桐轻基质苗培育大田苗移栽培育示范基地，并以同品种种根苗设置平行对照。

结果表明，利用脱毒白花泡桐轻基质网袋苗培育的轻基质容器大苗，其苗高、地径和根幅分别为 3.97m、5.77cm、1.34m，分别是普通种根苗的 1.41 倍、1.19 倍和 2.03 倍。对于越冬的苗木来说，苗木体内养分库越丰富越有利于提高苗木的抗寒性和移栽成活率。从表 8-6、图 8-16 可以看出，脱毒白花泡桐轻基质网袋容器苗培养的大苗茎部氮、磷、钾养分浓度分别比对照提高了 1.19 倍、1.29 倍和 1.35 倍。

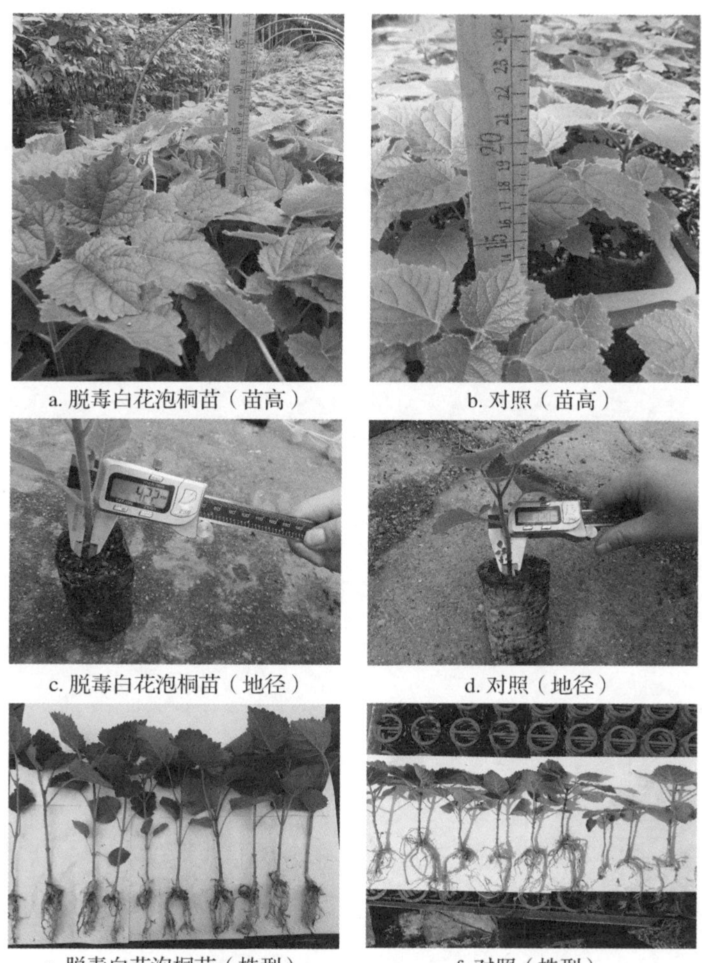

a. 脱毒白花泡桐苗（苗高）　b. 对照（苗高）

c. 脱毒白花泡桐苗（地径）　d. 对照（地径）

e. 脱毒白花泡桐苗（株型）　f. 对照（株型）

图 8-15　脱毒白花泡桐轻基质网袋容器育苗效果

表 8-6　脱毒白花泡桐轻基质网袋容器大苗育苗效果对比

苗木类型	器　官	全氮(g/kg)	磷(g/kg)	钾(g/kg)
专用容器苗	根	7.98	1.44	8.84
对照(种根)	根	8.18	1.47	8.61
专用容器苗	茎	4.21	0.49	2.56
对照(种根)	茎	3.53	0.38	1.90
专用容器苗	叶	29.80	2.37	16.60
对照(种根)	叶	31.28	2.20	15.73

将各处理白花泡桐苗木依据苗高、地径生长情况分为 4 个类别。具体为苗高大于 4.5m、地径高于 6cm 以上的苗木为特等苗；苗高 4~4.5cm、地径 5~6cm 的苗木为Ⅰ类苗，苗高 3.5~4m、地径 4~4.5cm 的苗木为Ⅱ类苗，苗高低于 3.5m、地径低于 4cm 的苗

a. 容器苗（苗高） b. 种根苗（苗高）

c. 容器苗（根幅） d. 种根苗（根幅）

e. 容器苗（根系） f. 种根苗（根系）

图 8-16 脱毒白花泡桐轻基质网袋容器苗与种根苗大苗育苗效果对比

木为Ⅲ类苗。

不同育苗方式下培育的各类苗木所占比例及数量见表 8-7。脱毒白花泡桐轻基质网袋苗的每公顷产苗数 6403 株，种根苗产苗数为 5470 株，比后者多 934 株。不同种育苗方式培育形成的苗木质量差异很大。脱毒白花泡桐轻基质苗特等苗和Ⅰ类苗的比例可达 58.24%，而普通种根苗仅为 6.67%。说明脱毒泡桐轻基质网袋苗可以提高优质苗的比例。

3. 易管理

由于轻基质富含有机质，利于苗木生长发育，培育出的苗木质量高、易栽植、成活率高。减少了晒根、催芽、补苗等工序，降低了劳动强度，提高了功效，同时苗期泡桐丛枝病发病率为零，减少了大量用工与病害防治费用。

表 8-7　不同育苗方式下产优质苗的比例和数量

分　级	轻基质容器苗		CK	
	比例(%)	产苗数(株/hm^2)	比例(%)	产苗数(株/hm^2)
特　等	8.79	563	0.00	0
Ⅰ　类	49.45	3166	6.67	365
Ⅱ　类	21.98	1407	10.00	547
Ⅲ　类	19.78	1267	83.33	4558
合　计		6403		5470

第七节　人工促进南方红豆杉天然居群幼苗恢复技术集成示范

一、人工促进南方红豆杉天然居群幼苗恢复技术

(一)材料准备

选取具有丰富遗传多样性的南方红豆杉种子，沙藏 1 年。

(二)人工促进自然恢复林地准备

于 12 月底至 2 月下旬，选取坡度小于 20°的非山坳林地，清理林地内灌木和草本植被，使林地内灌木和草本植被盖度小于 10%。

(三)播撒沙藏种子

在准备好的林地内均匀播撒沙藏 1 年的南方红豆杉种子，密度控制在 200 粒/m^2。

(四)覆　土

播撒种子后，覆盖 4cm 厚土壤，如果地表坑洼或枯落物多，可以增加覆盖土壤厚度至 6cm。

(五)抚育管理

覆土后定期进行常规除草抚育管理，避免新萌发的南方红豆杉幼苗被草本植被覆盖，保持林地内灌木和草本植被盖度小于 20%。

二、实施效果

采用该技术措施，1 个生长季后南方红豆杉幼苗平均成活率为 78.07%，成活率比对照组提高了 73.52%，显著促进了南方红豆杉幼苗林下更新。

参考文献

鲍士旦，2005. 土壤农化分析(第三版)[M]. 北京：中国农业出版社：263-270.
毕波，刘云彩，周筑，等，2010. 连香树和榉树容器苗苗木分级标准研究[J]. 西南林学院学报(2)：16-20+24.
卜基保，2010. 优良生态树种杂交鹅掌楸不同栽植密度的研究[J]. 安徽农业大学学报，37(3)：523-525.
蔡卫兵，2017. 间伐对杉木低效林生物多样性及土壤养分的影响[J]. 安徽农业大学学报，44(04)：649-653.
蔡伟建，2011. 杂交马褂木人工林培育技术研究[D]. 南京：南京林业大学.
蔡伟建，窦霄，高捍东，等，2011. 氮磷钾配比施肥对杂交鹅掌楸幼林初期生长的影响[J]. 南京林业大学学报(自然科学版)(4)：27-33.
蔡学林，张志云，欧阳勋志，1997. 应用削度方程研制材种出材率表[J]. 江西农业大学学报：127-137.
陈德云，谢敏，廖德志，等，2017. 桢楠容器育苗基质筛选及富根壮苗培育[J]. 广西林业科学，46(4)：444-447.
陈广胜，郭明辉，黄冶，2001. 不同初植密度兴安落叶松人工林木材解剖特征的径向变异[J]. 东北林业大学学报(2)：12-16.
陈连庆，韩宁林，1996. 马尾松、杉木容器苗培育基质研究[J]. 林业科学研究 (2)：60-64.
陈琳，曾杰，贾宏炎，等，2017. 容器规格和基质配方对红锥幼苗生长及造林效果的影响[J]. 林业科学，53(3)：76-83.
陈世群，杨永兰，郑先宝，等，1993. 鹅掌楸扦插繁殖技术初探[J]. 重庆林业科技，36(1-4)：30-33.
陈水秀，刘作群，2002. 修枝强度对香樟人工幼龄林生长的影响[J]. 湖南林业科技，47(2)：76-78.
陈闻，王晶，叶正钱，等，2014. 施肥对普陀樟苗木生长及养分吸收利用的影响[J]. 浙江农林大学学报(3)：358-365.
陈献志，2011. 浙江楠等 4 种珍贵树种容器育苗试验[J]. 浙江林业科技，31(5)：33-36.
陈小虎，蔡冬华，吴远帆，等，2015. 湖南省主要农作物土壤有效养分校正系数估算数学模型研究[J]. 中国土壤与肥料(5)：19-26.
陈晓丽，王根绪，杨燕，等，2013. 贡嘎山不同林龄峨眉冷杉种子雨及土壤种子库 [J]. 生态学杂志，32(5)：1141-1147.
陈一群，丘佐旺，汪迎利，等，2015. 黄樟组培苗轻基质育苗技术研究[J]. 亚热带植物科学，44(2)：140-145.
谌红辉，丁贵杰，2004. 马尾松造林密度效应研究[J]. 林业科学(1)：92-98.
谌红辉，丁贵杰，温恒辉，等，2011. 造林密度对马尾松林分生长与效益的影响研究[J]. 林业科学研究，24(4)：470-475.
楚秀丽，吴利荣，汪和木，等，2015. 马尾松和木荷不同类型苗木造林后幼林生长建成差异[J]. 东北林业大学学报，43(6)：25-29.
邓波，燕李鹏，刘桂华，等，2020. 遮光和施肥对桢楠苗期生长和氮素积累的影响(J/OL). 浙江农林大学学报，37(X)：1-8.
邓荔生，曾佩玲，黄春妹，等，2014. 珍贵阔叶树种多树种混交造林技术[J]. 安徽农学通报，20(22)：

99-100.

刁松锋，邵文豪，姜景民，等，2014. 基于种实性状的无患子天然群体表型多样性研究[J]. 生态学报，34(6)：1451-1460.

丁访军，王兵，郭浩，2008. 江西大岗山森林生态系统水源涵养功能及其时空分布格局[J]. 江西科学(5)：714-718.

董纯，谭德仁，汪长江，等，1999. 马褂木地理种源试验研究报告[J]. 湖北林业科技，1(107)：3-10.

董江水，2007. 应用 SPSS 软件拟合 Logistic 曲线研究[J]. 金陵科技学院学报(1)：21-24.

杜有新，刘伟，王军峰，等，2018. 采伐林窗对白云山 3 种人工林林下植物多样性的早期影响 [J]. 应用生态学报，29(7)：45-52.

段爱国，张雄清，张建国，等，2014. 21 年生杉木无性系生长与遗传评价[J]. 林业科学研究，27(5)：672-676.

范辉华，李莹，汤行昊，等，2020. 不同密度杉木林分下套种闽楠的生长分析[J]. 森林与环境学报，40(2)：184-189.

方华舟，洪万泓，2006. 百合组织培养及快繁技术的研究与探讨[J]. 贵州林业科技，34(4)：27-29.

方炎明，尤录祥，1994. 中国鹅掌楸天然群体与人工群体的生育力[J]. 植物资源与环境，3(3)：9-13.

付佳秀，任四妹，苏志龙，等，2017. 濒危树种云南紫薇 1 年生播种苗生长节律研究[J]. 种子，36(12)：61-63.

高春林，宋彼燕，何晓光，2017. 马褂木育苗技术[J]. 陕西林业科技(3)：85-86.

高润梅，石晓东，樊兰英，等，2016. 山西省南方红豆杉自然分布与群落生态学特征[J]. 应用生态学报，27(6)：1820-1828.

顾万春，1993. 主要阔叶树种速生丰产技术[M]. 北京：中国科技出版社，64-78.

管云云，费菲，关庆伟，等，2016. 林窗生态学研究进展 [J]. 林业科学，52(4)：91-99.

郭昉晨，刘世荣，温远光，等，2015. 南亚热带 11 种珍贵阔叶树种光合特性研究[J]. 广西科学，22(6)：606-611.

郭光智，段爱国，张建国，2019. 南亚热带杉木林分蓄积量生长立地与密度效应[J]. 林业科学研究，32(04)：19-25.

郭光智，段爱国，张建国，等，2020. 南亚热带杉木人工林材种结构长期立地与密度效应[J]. 林业科学研究，33(1)：35-43.

郭欢欢，刘勇，姚飞，等，2018. 黄连木苗期年生长节律、生物量分配及养分积累[J]. 中南林业科技大学学报，38(7)：71-75.

郭佳欢，孙杰杰，冯会丽，等，2020. 杉木人工林土壤肥力质量的演变趋势及维持措施的研究进展[J]. 浙江农林大学学报，37(4)：801-809.

郭小龙，张宋智，马建伟，等，2012. 欧洲云杉强化育苗容器苗分级研究[J]. 种子(2)：81-84+87.

韩东花，杨桂娟，肖遥，等，2019. 楸树无性系早期生长变异和优选[J]. 林业科学研究，32(4)：96-104.

郝日明，刘友良，蔡小龙，等，1997. 不同地理种源鹅掌楸幼苗生长适应性比较[J]. 江苏林业科技(1)：37-38+50.

郝自远，李火根，康昊，等，2017. 北美鹅掌楸人工林生长规律及早期选择可行性探究[J]. 林业科学研究，30(5)：878-885.

何厚余，等，2001. 不同整地抚育方式对杉木幼林生长的影响[J]. 林业科技开发(3)：49-50.

何应会，梁瑞龙，蒋燚，等，2013. 珍贵树种闽楠研究进展及其发展对策[J]. 广西林业科学，42(4)：365-370.

贺利中，杨志军，2014a. 闽楠林冠下造林与裸地造林效果研究分析[J]. 江西林业科技，42(3)：12-14.
贺利中，杨志军，2014b. 七溪岭林场闽楠1年生苗与3年生苗造林效果分析[J]. 江西林业科技，42(4).
红雨，邹林林，朱清芳，2012. 濒危植物蒙古扁桃种子雨和土壤种子库特征 [J]. 林业科学，48(10)：145-149.
侯倩，习灿林，2018. 珍贵树人工林下套种金花茶技术研究[J]. 江西农业(16)：82-83.
胡日利，吴立潮，吴晓芙，等，1993. 杉木人工林氮磷钾配方施肥的依据及应用研究[J]. 中南林学院学报(1)：17-24.
胡璇，徐瑞晶，漆良华，等，2019. 海什岭热带低地雨林棕榈藤空间点格局分析[J]. 生态学报，39(22)：8539-8546.
胡忠俊，赵娟，2018. 江西三清山南方红豆杉的种群结构与分布分析[J]. 安徽农学通报，24(21)：126-128+149.
黄宝灵，吕成群，蒙钰钗，等，2000. 不同造林密度对尾叶桉生长、产量及材性影响的研究[J]. 林业科学(1)：81-90.
黄宝灵，蒙钰钗，张连芬，等，1997. 不同造林密度对尾叶桉生长及产量的影响[J]. 广西科学(3)：43-48.
黄传响，亢新刚，王晶晶，等，2011. 长白山云冷杉针阔混交林林隙夏季光照特征研究 [J]. 江西农业大学学报，33(2)：312-317.
黄雍容，马祥庆，庄凯，等，2010. 福建闽清福建青冈天然林种子雨和种子库 [J]. 热带亚热带植物学报，18(1)：68-74.
惠刚盈，胡艳波，罗云伍，等，2000. 杉木中大径材成材机理的研究[J]. 林业科学研究，13(2)：177-181.
季孔庶，王章荣，温小荣，2005. 杂交鹅掌楸生长表现及其木材胶合板性能[J]. 南京林业大学学报(自然科学版)(1)：71-74.
贾晨，辜云杰，何承忠，等，2017. 川西高原5种乡土杨树生长特性研究[J]. 西北农林科技大学学报(自然科学版)，45(2)：79-87.
贾宏炎，赵志刚，蔡道雄，等，2009. 格木轻基质容器苗分级研究[J]. 种子(11)：19-21.
姜立春，刘铭宇，刘银帮，2013. 落叶松和樟子松木材基本密度的变异及早期选择[J]. 北京林业大学学报(1)：1-6.
金国庆，余启国，焦月玲，等，2007. 配比施肥对南方红豆杉幼林生长的影响 [J]. 林业科学研究，20(2)：251-256.
金国庆，周志春，胡红宝，等，2005. 3种乡土阔叶树种容器育苗技术研究[J]. 林业科学研究(4)：387-392.
景芸，2016. 杉木无性系不定芽诱导及植株再生研究[J]. 安徽农学通报，22(1)：62-64.
康瑶瑶，刘勇，马履一，等，2011. 施肥对长白落叶松苗木养分库氮磷吸收及利用的影响[J]. 北京林业大学学报(2)：31-36.
邝雷，邓小梅，陈思，等，2014. 4个任豆种源苗期生长节律的研究[J]. 华南农业大学学报，35(5)：98-101.
黎明，曾杰，郭文福，等，2011. 西南桦轻基质网袋容器苗的质量评价指标[J]. 贵州农业科学(6)：178-180.
李斌，顾万春，夏良放，等，2001a. 鹅掌楸种源材性遗传变异与选择[J]. 林业科学，37(2)：43-51.
李斌，顾万春，夏良放，等，2001b. 鹅掌楸种源遗传变异与选择评价[J]. 林业科学研究，14(3)：237-244.

李冬林，金雅琴，向其柏，2004. 我国楠木属植物资源的地理分布、研究现状和开发利用前景[J]. 福建林业科技(1)：5-9.

李峰卿，曾满生，姚甲宝，等，2010. 泡桐脱毒组培苗生产与容器育苗技术研究[J]. 现代农业科技(22)：182-183+189.

李国雷，刘勇，祝燕，等，2011. 国外苗木质量研究进展[J]. 世界林业研究(2)：27-35.

李火根，陈龙，梁呈元，等，2005. 鹅掌楸属树种种源试验研究[J]. 林业科技开发(5)：13-16.

Bamber P k，Burley J，1983. The wood properties of radiate pine. Slough[M]. England：Commonwealth Agricultural Bureau，，Slough，England，1-84.

李建民，封剑文，谢芳，等，2000. 鹅掌楸人工林的丰产特性[J]. 林业科学研究，13(6)：622-27.

李娟，梁瑞龙，姜英，等，2016. 1 年生闽楠容器苗苗木质量分级研究[J]. 福建林业科技，43(3)：208-211.

李军，陆云峰，杨安娜，等，2019. 紫楠天然群落物种多样性对不同干扰强度的响应[J]. 浙江农林大学学报，36(2)：279-288.

李荣丽，2015. 造林密度对亚美马褂木无性系生长及材性效应研究[D]. 南宁：广西大学 .

李少宁，王兵，郭浩，等，2007. 大岗山森林生态系统服务功能及其价值评估[J]. 中国水土保持科学(6)：58-64.

李先琨，黄玉清，苏宗明，2000. 元宝山南方红豆杉种群分布格局及动态[J]. 应用生态学报，11(2)：169-172.

李鑫，沈永宝，朱文杰，等，2019. 不同芽苗切根强度对紫楠容器苗生长的影响[J]. 东北林业大学学报，47(11)：17-22.

李智超，张勇强，厚凌宇，等，2020. 杉木人工林土壤微生物对林分密度的响应[J]. 浙江农林大学学报，37(1)：76-84.

梁庆松，李文宣，刘国武，等，2004. 不同整地方式对福建柏林分生长的影响[J]. 林业科技开发(6)：31-32.

廖明，韦小丽，朱忠荣，等，2005. 鹅掌楸播种苗生长发育规律及育苗技术研究[J]. 贵州林业科技(1)：20-23.

廖文波，张志权，陈志明，等，2002. 粤北南方红豆杉的群落类型及物候与繁殖生物学特性[J]. 应用生态学报，(7)：795-801.

林素娇，2019. 闽楠经济型大容器苗轻基质配方筛选[J]. 福建林业科技，46(02)：68-72.

林婉奇，蔡金桓，薛立，2019. 氮磷添加与不同栽植密度交互对黄樟幼苗土壤化学性质的短期影响[J]. 生态学报，39(24)：9162-9170.

刘芳，2008. 楠木优树子代苗期性状遗传变异研究[J]. 福建林业科技(2)：39-41.

刘海燕，杨乃坤，李媛媛，等，2016. 稀有濒危植物长柱红山茶种群特征及数量动态研究[J]. 植物科学学报，34(1)：89-98.

刘洪鄂，沈湘林，1991. 鹅掌楸、北美鹅掌楸及其杂种在形态和生长性状上的遗传变异[J]. 浙江林业科技，11(5)：18-23.

刘化桐，2013. 20 年生北美鹅掌楸生产力及碳氮积累评价[J]. 福建林业科技(1)：26-28+98.

刘景芳，童书振，1996. 全国杉木人工林间伐表编制的研究[J]. 林业科学研究：47-52.

刘敬优，2013. 坡位和造林密度对杂交马褂木生长的影响[J]. 安徽农学通报，19(10)：87-89.

刘军，姜景民，陈益泰，等，2011. 闽楠种子轻基质容器育苗及优良家系选择[J]. 西北林学院学报，26(6)：70-73.

刘敏，王胜坤，张宁南，等，2019. 珍贵树种林下套种广东紫珠的密度效应研究[J]. 林业与环境科学，

35(4)：56-59.
刘敏玲，苏明华，潘东明，等，2013. 不同 LED 光质对金线莲生长的影响[J]. 亚热带植物科学，42(1)：46-48.
刘青华，金国庆，张蕊，等，2009. 24 年生马尾松生长、形质和木材基本密度的种源变异与种源区划[J]. 林业科学，45(10)：55-61.
刘青华，周志春，张开明，等，2010. 造林密度对不同马尾松种源生长和木材基本密度的影响[J]. 林业科学，46(9)：58-64.
刘士玲，贾宏炎，陈琳，等，2019. 容器规格和添加生物炭的基质配方对西南桦幼苗生长的影响 [J]. 生态学杂志，38(9)：2875-2882.
刘爽，王雅，刘兵兵，等，2019. 晋西北不同土地管理方式对土壤碳氮、酶活性及微生物的影响 [J]. 生态学报，39(12)：4376-4389.
刘婷岩，郝龙飞，王庆成，等，2019. 不同轻基质和施肥处理对白桦苗木养分承载的影响[J]. 东北林业大学学报，47(10)：16-19+29.
刘彤，胡林林，郑红，等，2009. 天然东北红豆杉土壤种子库研究 [J]. 生态学报，29(4)：1869-1876.
刘万德，李帅锋，张志钧，等，2012. 滇西北云南红豆杉群落结构与更新特征[J]. 生态学杂志，31(12)：3024-3031.
刘伟，王敏彪，杜有新，等，2019. 林窗大小对 2 种针叶林更新效果的初步分析 [J]. 生态与农村环境学报，35(10)：1299-1306.
刘新亮，何小三，刘蕾，等，2020. 施肥和修枝对闽楠幼林生长的影响[J]. 南方林业科学，48(5)：24-27+36.
刘新亮，章挺，邱凤英，等，2019. 造林密度对材用黄樟幼林生长和蓄积量的影响[J]. 中南林业科技大学学报，39(3)：23-27+60.
刘雪梅，金晓玲，伍江波，等，2014. 苗木氮素指数施肥的研究现状及应用前景[J]. 中国土壤与肥料(5)：1-4.
刘勇，1999. 苗木质量评价的研究现状与趋势[J]. 世界林业研究(3)：62-68.
刘勇，2000. 我国苗木培育理论与技术进展[J]. 世界林业研究(5)：43-49.
龙丽红，王慧，马晓丽，等，2014. 古尔班通古特沙漠羽毛针禾(Stipagrostispennata)种群种子雨特征 [J]. 干旱区研究，31(3)：516-522.
龙双红，赵秀军，杨占阳，等，2008. 不同整地方式对落叶松人工林更新效果的影响[J]. 河北林业科技(4)：16-17.
卢立华，农友，李华，等，2020. 保留密度对杉木人工林生长和生物量及经济效益的影响(J/OL). 应用生态学报：1-9.
鲁敏，姜凤岐，宋轩，2002. 容器苗质量评定指标的研究 [J]. 应用生态学报，13(6)：763-763.
陆云峰，裴男才，朱亚军，等，2018. 渐危植物浙江楠群落结构及叶片性状多样性[J]. 应用生态学报，29(7)：2101-2110.
吕国梁，2015. 生态节约型园林工程苗木质量评价体系研究[J]. 中南林业科技大学学报，35(8)：107-114.
吕孟雨，王海波，高义平，2009. 水稻成熟胚不同接种方式对愈伤组织诱导的影响[J]. 河北农业科学，13(5)：34-36.
吕伟仙，葛滢，吴建之，等，2004. 植物中硝态氮、氨态氮、总氮测定方法的比较研究 [J]. 光谱学与光谱分析，24(2)：204-206.
麻文俊，张守攻，王军辉，等，2012. 1 年生楸树无性系苗期生长特性[J]. 林业科学研究，25(5)：

657-663.

马全林，卢琦，魏林源，等，2015. 干旱荒漠白刺灌丛植被演替过程土壤种子库变化特征［J］. 生态学报，35(7)：2285-2294.

马雪红，胡根长，冯建国，等，2010. 基质配比、缓释肥量和容器规格对木荷容器苗质量的影响［J］. 林业科学研究(4)：505-509.

苗作云，厉月桥，冯慧，等，2015. 育苗方式对脱毒泡桐苗生长及经济效益的影响［J］. 林业科技开发，29(6)：51-54.

莫海智，潘捷，李永亮，等，2013. 杉木鹅掌楸混交林结构特征研究—以广西大山塘林场为例［J］. 中南林业调查规划(2)：57-61.

欧建德，吴志庄，罗宁，2016. 林窗大小对杉木林内南方红豆杉生长与形质的影响［J］. 应用生态学报，27(10)：3098-3104.

欧建德，2014. 采伐林隙及施肥对林下更新层闽楠生长的影响［J］. 安徽农业科学，42(20)：6754-6756.

欧阳磊，郑仁华，翁玉榛，等，2007. 杉木优良无性系组培快繁技术体系的建立［J］. 南京林业大学学报：自然科学版，31(3)：47-51.

潘文婷，姚俊修，李火根，2014. 鹅掌楸属树种自交衰退的SSR分析［J］. 林业科学，50(4)：32-38.

潘勇军，王兵，陈步峰，等，2013. 江西大岗山杉木人工林生态系统碳汇功能研究［J］. 中南林业科技大学学报，33(10)：120-125.

泮樟胜，高樟贵，郑文彪，等，2018. 香榧容器苗培育技术研究［J］. 浙江林业科技，38(3)：67-71.

庞丽，林思祖，曹光球，等，2008. 杉木优良无性系组培苗诱导根的研究［J］. 江西农业大学学报(2)：283-286.

庞圣江，张培，马跃，等，2018. 白木香容器苗基质配比与缓释肥施用量的生长效应［J］. 东北林业大学学报，46(11)：12-15.

庞圣江，张培，杨保国，等，2018. 广西大青山西南桦人工林草本优势种群生态位研究［J］. 中南林业科技大学学报，38(6)：94-101.

彭万喜，吴义强，张仲凤，等，2006. 中国的杉木研究现状与发展途径［J］. 世界林业研究，19(5)：54-58.

彭秀，耿养会，李秀珍，等，2013. 鹅掌楸容器育苗轻基质配方研究［J］. 湖北林业科技(1)：5-8.

戚连忠，汪传佳，2004. 林木容器苗研究综述［J］. 林业科技开发，18(4)：10-13.

邱琼，杨德军，钟萍，等，2013. 云南蓝果树容器苗分级标准探讨［J］. 林业科技开发(2)：59-62.

邱勇斌，乔卫阳，刘军，等，2016. 容器、基质和施肥对浙江楠容器大苗的影响［J］. 东北林业大学学报，44(9)：20-23.

任桂萍，王小菁，朱根发，2016. 不同光质的LED对蝴蝶兰组织培养增殖及生根的影响［J］. 植物学报，51(1)：81-88.

任华东，姚小华，孙银祥，等，2000. 黄樟种源苗期生物量变异及其综合评价［J］. 林业科学研究(1)：83-88.

茹文明，张金屯，张峰，等，2006. 濒危植物南方红豆杉濒危原因分析［J］. 植物研究，26(5)：624-628.

阮颖，林夏珍，王旭艳，等，2013. 缓释肥对大叶桂樱容器苗生长发育及质量的影响［J］. 中国农学通报(10)：70-73.

尚秀华，谢耀坚，张沛坚，等，2011. 不同轻基质按树出圃苗木质量评价［J］. 桉树科技，28(1)：23-26.

沈泽昊，吕楠，赵俊，2004. 山地常绿落叶阔叶混交林种子雨的地形格局［J］. 生态学报，24(9)：1981-1987.

沈植国，2011. 杂种马褂木栽培技术规程［J］. 北方园艺(3)：74-76.

盛炜彤，2001a. 杉木林的密度管理与长期生产力研究[J]. 林业科学，37(5)：2-9.
盛炜彤，2001b. 不同密度杉木人工林林下植被发育与演替的定位研究[J]. 林业科学研究(5)：463-471.
盛炜彤，2014. 中国人工林及其育林体系[M]. 北京：中国林业出版社.
施新程，王洪友，黄旺志，等，2009. 豫南杉木人工林主伐年龄研究[J]. 福建林业科技，36(3)：49-53.
石杨文，杨萍，陈波涛，等，2005. 黎平县鹅掌楸人工林的生长状况调查[J]. 贵州林业科技，33(3)：24-26+66.
司景宪，杨全民，阎瑞风，等，1989. 泡桐育苗密度对苗木生长和经济效益的影响[J]. 河南林业科技(4)：32-34.
宋传生，胡佳续，林彩丽，等，2014. 泡桐丛枝植原体胸苷酸激酶的原核表达、纯化及酶活性测定[J]. 林业科学研究(6)：786-793.
宋满珍，刘琪璟，吴自荣，等，2009. 江西森林植被土壤有机碳储量估算及空间分布特征[J]. 江西农业大学学报，31(3)：416-421.
孙冬婧，温远光，罗应华，等，2015. 近自然化改造对杉木人工林物种多样性的影响[J]. 林业科学研究，28(2)：202-208.
孙巧玉，刘勇，2018. 控释肥和灌溉方式对栓皮栎容器苗苗木质量及造林效果的影响[J]. 林业科学研究，31(5)：137-144.
孙亚光，李火根，2008. 利用 SSR 分子标记检测鹅掌楸雄性繁殖适合度与性选择[J]. 分子植物育种，6：79-84.
覃世赢，秦武明，何斌，2005. 不同整地方式对厚荚相思幼林生长与经济效益的研究[J]. 广西林业科学(2)：98-99+102.
谭柏韬，张海霞，崔强，等，2011. 油茶轻基质容器育苗试验[J]. 经济林研究(4)：101-104.
汤晓辛，乙引，刘映良，2017. 施秉云台山南方红豆杉种群空间分布格局研究[J]. 基因组学与应用生物学，36(5)：441-443.
唐继新，贾宏炎，王科，等，2019. 密度调控对米老排中龄人工林生长的影响[J]. 南京林业大学学报(自然科学版)，43(1)：45-53.
唐小燕，袁位高，沈爱华，等，2011. 闽南容器苗评价指标及分级标准研究[J]. 浙江林业科技，31(6)：39-44.
唐星林，姜姜，金洪平，等，2019. 遮阴对闽楠叶绿素含量和光合特性的影响[J]. 应用生态学报，30(9)：2941-2948.
唐星林，刘光正，姜姜，等，2020. 遮阴对闽楠一年生和三年生幼树叶绿素荧光特性及能量分配的影响[J]. 生态学杂志，39(10)：3247-3254.
田国忠，邓宝红，张兆欣，等，2009. 泡桐脱毒组培和规模化生产关键技术改进[J]. 林业科技开发(6)：52-55.
田淑静，印佩文，宋廷茂，等，1982. 主分量分析法在苗木分级中的应用[J]. 北京林学院学报(4)：24-32.
仝伯强，鲁仪增，李文清，2013. 不同无纺布袋类型对北美鹅掌楸袋装栽培后生长的影响[J]. 山东林业科技(3)：45-47.
童书振，盛炜彤，张建国，2002. 杉木林分密度效应研究[J]. 林业科学研究，15(1)：66-75.
万芳芳，刘勇，李国雷，等，2017. 底部渗灌下缓释肥对华北落叶松容器苗生长和氮积累的影响[J]. 南京林业大学学报(自然科学版)，41(1)：75-81.
王兵，李海静，郭泉水，等，2005. 江西大岗山森林生物多样性研究[M]. 北京：中国林业出版社，

24-32.

王伯仁，徐明岗，文石林，等，2008. 长期施肥对红壤旱地作物产量及肥料效益影响[J]. 中国农学通报(10)：322-326.

王浩然，2013. 造林密度对林木生长的影响分析[J]. 现代农业科技(6)：161-174.

王鸿，黄烈健，胡峰，2016. 16 年生马占相思高效组培技术体系[J]. 分子植物育种(4)：986-996.

王金凤，汪均平，程雪梅，等，2017. 3 个树种容器大苗培育基质和施肥技术的初步研究[J]. 浙江林业科技，37(4)：71-76.

王敬，王火焰，周健民，等，2013. 不同仪器测钾性能及优缺点比较研究 [J]. 土壤学报，50(2)：340-348.

王磊，孙启武，郝朝运，等，2010. 皖南山区南方红豆杉种群不同龄级立木的点格局分析[J]. 应用生态学报，21(2)：272-278.

王力朋，李吉跃，王军辉，等，2012. 指数施肥对楸树无性系幼苗生长和氮素吸收利用效率的影响[J]. 北京林业大学学报，34(6)：55-62.

王丽丽，郭晶华，1994. 江西大岗山植被类型及其自然度与经营集约度的划分和评价 [J]. 林业科学研究 (3)：286-293.

王苗苗，张瑞，李国雷，等，2019. 控释肥类型与施肥量对 2 年生油松容器苗苗圃表现的交互影响[J]. 南京林业大学学报(自然科学版)，43(4)：17-25.

王曦，胡红玲，胡庭兴，等，2018. 干旱胁迫对桢楠幼树渗透调节与活性氧代谢的影响及施氮的缓解效应[J]. 植物生态学报，42(2)：240-251.

王秀花，张东北，吴小林，等，2019. 容器规格和养分加载对珍贵树种容器苗生长的影响[J]. 西北林学院学报，34(3)：118-124.

王岩. 不同立地条件和苗木类型红松造林对比试验[J]. 绿色科技，2019(15)：182-183.

王艺，王秀花，吴小林，等，2013. 缓释肥加载对浙江楠和闽楠容器苗生长和养分库构建的影响[J]. 林业科学，49(12)：57-63.

王艺，王秀花，张丽珍，等，2013. 不同栽培基质对浙江楠和闽楠容器苗生长和根系发育的影响[J]. 植物资源与环境学报，22(3)：81-87.

王月海，房用，史少军，等，2008. 平衡根系无纺布容器苗造林试验[J]. 东北林业大学学报，36(1)：14-15.

王章荣，2005. 鹅掌楸属树种杂交育种与利用[M]. 北京：中国林业出版社.

王章荣，2008. 鹅掌楸属杂交育种成就与育种策略[J]. 林业科技开发，5(22)：1-4.

王志明，余梅林，刘智，等，1995. 鹅掌楸生长发育特性及配套技术[J]. 浙江林学院学报(2)：149-55.

韦华，何振革，黄开勇，等，2014. 杉木轻基质容器苗育苗技术[J]. 广西林业科学，43(3)：332-334.

韦小丽，朱忠荣，尹小阳，等，2003. 湿地松轻基质容器苗育苗技术[J]. 南京林业大学学报(自然科学版)(5)：55-58.

魏红旭，徐程扬，马履一，等，2010. 不同指数施肥方法下长白落叶松播种苗的需肥规律[J]. 生态学报，30(3)：685-690.

魏红旭，徐程扬，马履一，等，2010. 苗木指数施肥技术研究进展[J]. 林业科学，46(7)：140-146.

魏红旭，徐程扬，马履一，等，2011. 缓释肥和有机肥对长白落叶松容器苗养分库构建的影响[J]. 应用生态学报，22(7)：1731-1736.

文亚峰，谢伟东，韩文军，等，2012. 南岭山地南方红豆杉的资源现状及其分布特点 [J]. 中南林业科技大学学报，32(7)：1-5.

乌丽雅斯，刘勇，李瑞生，等，2004. 容器育苗质量调控技术研究评述[J]. 世界林业研究(2)：9-13.

吴东驰，1986. 优良高山用材观赏珍贵树种——鹅掌楸[J]. 农业现代化研究，3：42-46.

吴慧，王树力，郝玉琢，等，2020. 阿什河流域6种人工林叶片-凋落物-土壤系统的养分分配与利用格局[J]. 南京林业大学学报(自然科学版)，44(5)：104-112.

吴际友，黄明军，陈明皋，等，2015. 闽楠种源苗期生长差异与早期选择研究[J]. 中南林业科技大学学报，35(11)：1-4.

吴淑芳，张留伟，蔡伟健，等，2011. 杂交鹅掌楸材性、纤维特性及制浆性能研究[J]. 纤维素科学与技术(4)：28-33.

吴小林，张东北，楚秀丽，等，2014. 赤皮青冈容器苗不同基质配比和缓释肥施用量的生长效应[J]. 林业科学研究(6)：794-800.

吴运辉，石立昌，1998. 鹅掌楸不同造林密度试验初报[J]. 林业科技开发(6)：19-20.

武捷，张健唯，安烁宇，等，2019. 基质配方对酸柚苗生物量及矿质元素含量的影响[J]. 经济林研究，37(1)：161-166.

奚旺，刘勇，马履一，等(2014). 不同氮磷钾配比缓释肥对华北落叶松容器苗生长的影响[J]. 中南林业科技大学学报(5)：26-30.

席梦利，施季森，2005. 杉木子叶和下胚轴的器官发生与体胚发生[J]. 分子植物育种，3(6)：846-852.

夏玉芳，谌红辉，2002. 造林密度对马尾松木材主要性质影响的研究[J]. 林业科学(2)：113-118.

肖文发，徐德应，刘世荣，等，2002. 杉木人工林针叶光合与蒸腾作用的时空特征[J]. 林业科学，38(5)：38-46.

谢春平，吴昌魁，付桂，等，2019. 五指山地区海南苏铁种群结构特征与动态[J]. 中南林业科技大学学报，39(1)：77-85.

谢寅峰，王莹，张志敏，等，2009. 青钱柳子叶不定根的发生机制[J]. 林业科学，45(12)：72-76.

徐海东，熊静，成向荣，等，2021. 麻栎和闽楠幼苗叶功能性状及生物量对光照和施肥的响应[J]. 生态学报，41(6)：2129-2139.

徐金良，毛玉明，郑成忠，等，2014. 抚育间伐对杉木人工林生长及出材量的影响[J]. 林业科学研究，27(1)：99-107.

徐清乾，许忠坤，2004. 杉木近熟林经营新技术研究[J]. 湖南林业科技(2)：10-13.

徐有明，唐万鹏，林汉，等，1999. 荆州引种火炬松木材基本密度的变异[J]. 东北林业大学学报(4)：33-37.

徐玉玲，冯巩俐，蒋晓煜，等，2020. 兰州市某交通干道土壤重金属分布特征及其对绿化植物的影响[J]. 应用生态学报，31(4)：1341-1348.

徐圆圆，2017. 复配LED光源对红心杉组培苗生根及生理生化特性的影响[D]. 南宁：广西大学.

许冠军，郑宏，林开敏，等，2019. 间伐密度管理模式对杉木大径材生长的影响[J]. 福建农林大学学报(自然科学版)，48(6)：753-759.

许亮，2017. 浙江珍贵树种造林技术浅析[J]. 防护林科技(5)：99-100+102.

许洋，李迎超，马慧，等，2015. 不同种源栓皮栎种子表型性状的变异分析[J]. 安徽农业科学，43(25)：164-167.

许洋，许传森，2006. 主要造林树种网袋容器育苗轻基质技术[J]. 林业实用技术(10)：37-40.

杨斌，周凤林，史富强，等，2006. 铁力木苗木分级研究[J]. 西北林学院学报，21(1)：85-89.

杨传平，杨书文，夏德安，等，1991. 长白落叶松生长性状的地理变异规律与模式的研究[J]. 东北林业大学学报，5(19)：9-18.

杨桂娟，胡海帆，孙洪刚，等，2019. 林分年龄、造林密度和林分自然稀疏对杉木人工林个体大小分化和生产力关系的影响[J]. 林业科学，55(11)：126-136.

杨其长，徐志刚，陈弘达，等，2011. LED光源在现代农业的应用原理与技术进展[J]. 中国农业科技导报，(05)：37-43.

杨青，丁晖，方炎明，等，2017. 武夷山四新少叶黄杞常绿阔叶林物种组成及多样性特征[J]. 福建农林大学学报(自然科学版)，46(5)：534-538.

杨扬，张喜亭，肖路，等，2019. 火灾恢复年限对大兴安岭森林乔灌草多样性及优势种影响[J]. 植物研究，39(4)：514-520.

杨志成，1994. 杂种鹅掌楸扦插试验初报[J]. 林业科学研究，7(6)：697-700.

姚甲宝，袁小军，周新华，等，2019. 南方红豆杉2年生容器苗育苗方案优选[J]. 东北林业大学学报，47(11)：11-16.

姚晓，步达，陈建伟，等，2014. 南方红豆杉愈伤组织培养及其紫杉烷二萜类成分的分析[J]. 中草药，45(18)：2696-2702.

叶功富，林武星，张水松，等，1995. 不同密度管理措施对杉木林分的生长、生态效应的研究[J]. 福建林业科技(3)：1-8.

叶润燕，童再康，张俊红，等，2016. 黄樟茎段组培快繁[J]. 浙江农林大学学报，33(1)：177-182.

叶自慧，黄少玲，朱军，等，2016. 樟科楠属4种观赏植物的繁殖养护与园林应用[J]. 广东园林，38(2)：48-51.

殷国兰，谭斌，杨金亮，等，2014. 3种珍贵用材树种1年生苗木光合特性研究[J]. 西部林业科学，43(3)：81-87.

尹增芳，樊汝汶，1995. 鹅掌楸与北美鹅掌楸种间杂交的胚胎学研究[J]. 林业科学研究，8(6)：605-610.

尹增芳，樊汝汶，1997. 鹅掌楸花粉败育过程的超微结构观察[J]. 植物资源与环境，6(1)：1-7.

岳学军，全东平，洪添胜，等，2015. 不同生长期柑橘叶片磷含量的高光谱预测模型 [J]. 农业工程学报，31(8)：207-213.

曾令海，连辉明，张谦，等，2012. 黄樟资源及其开发利用[J]. 广东林业科技，28(3)：62-66.

张广帅，邓浩俊，杜锟，等，2015. 汶川地震生态治理区土壤种子库及其与地上植被的关系 [J]. 中国生态农业学报，23(01)：69-79.

张华林，谢耀坚，彭彦，2013. 不同浓度指数施肥方法下尾巨桉幼苗需肥规律[J]. 热带作物学报，34(7)：1218-1222.

张乐华，王书胜，单文，等，2014. 基质、激素种类及其浓度对鹿角杜鹃扦插育苗的影响[J]. 林业科学(3)：45-54.

张鹏，杨颖，奚如春，等，2019. 油茶大规格容器苗质量及其造林效果评价[J]. 经济林研究，37(1)：199-204.

张鹏霞，叶清，欧阳芳，等，2017. 气候变暖、干旱加重江西省森林病虫灾害[J]. 生态学报，37(2)：639-649.

张青青，杨永沽，王慷林，等，2019. 基质及施肥对华山松容器苗生长的影响[J]. 江西农业大学学报，41(6)：1113-1119.

张先仪，1986. 整地方式对水土保持及杉木幼林生长影响的研究[J]. 林业科学(3)：225-232.

张小玲，2018. 濒危植物鹅掌楸育苗与造林技术[J]. 山西林业(3)：36-37.

张信坚，邱建勋，胡玮珊，等，2016. 江西信丰细迳坑自然保护区观光木群落研究 [J]. 亚热带植物科学45(4)：343-350.

张永伟，2003. 浅谈造林密度对人工林生长的影响[J]. 内蒙古林业(10)：30.

张勇强，李智超，厚凌宇，等，2020. 林分密度对杉木人工林下物种多样性和土壤养分的影响[J]. 土壤学报，57(1)：239-250.

张章秀，2010. 不同坡位杉木黄樟混交林地上部分和地下部分生物量分布[J]. 江西农业学报，22(8)：43-45+52.
赵朝辉，方晰，田大伦，等，2012. 间伐对杉木林林下地被物生物量及土壤理化性质的影响[J]. 中南林业科技大学学报，32(5)：102-107.
赵丹丹，李凤日，董利虎，2015. 落叶松人工林直径分布动态预估模型[J]. 东北林业大学学报，43(5)：42-48.
赵健，李旦，张金凤，2014. 华北落叶松成熟合子胚不定芽诱导及伸长研究[J]. 中国农学通报，30 (16)：12-17.
郑丹，朱丽华，叶建仁，2007. 黑松不定芽的增殖[J]. 植物生理学报，43(3)：465-468.
郑永杰，邱凤英，陈彩慧，等，2017. 黄樟 1949-2015 年的研究历程与进展[J]. 南方林业科学，45(3)：49-52.
中国科学院南京土壤所，1978. 土壤理化分析[M]. 上海：上海科学技术出版社：376-377.
中国科学院中国植物志编辑委员会，1982. 中国植物志：第 31 卷[M]. 北京：科学出版社，112.
周成敏，张东北，吴小林，等，2013. 不同基质和缓释肥对 3 种珍贵树种网袋容器育苗苗木生长的影响[J]. 湖南农业科学(5)：105-107.
周锦业，2013. 基于 LED 光源的杉木组培快繁技术研究[D]. 福州：福建农林大学.
周小红，张元莉，李美平，等，2013. 杉木成年优树组培生根研究[J]. 南京林业大学学报：自然科学版，37(6)：169-172.
周小红，周艳威，张元莉，等，2013. 杉木成年优良无性系的不定芽增殖研究[J]. 林业科学研究，26(3)：299-304.
周新华，厉月桥，肖智勇，等，2017. 基质配比、容器规格和缓释肥量对杉木容器育苗的影响[J]. 江西农业大学学报，39(1)：72-81.
周新华，黄拯，厉月桥，等，2017. 杉木容器苗分级标准研究[J]. 中南林业科技大学学报，37(9)：68-73.
周志春，刘青华，胡根长，等，2011. 3 种珍贵用材树种轻基质网袋容器育苗方案优选[J]. 林业科学，47(10)：172-178.
朱安明，赖树华，段爱国，等，2015. 21 年生杉木优良无性系生长与材质性状研究[J]. 内蒙古林业科技(4)：8-12.
朱丽华，郑丹，吴小芹，2006. 黑松丛生芽的诱导及植株再生[J]. 南京林业大学学报：自然科学版，30(3)：27-31.
朱雁，张季，王玉奇，等，2015. 桢楠优树子代苗期性状遗传变异研究[J]. 中国林副特产(1)：18-19.
Abeli T，Cauzzi P，Rossi G，et al.，2016. Restoring population structure and dynamics in translocated species：Learning from wild populations [J]. Plant Ecology，217(2)：183-192.
Al-Malki A A H S，Elmeer K M S，2010. Influence of auxin and cytokinine on in vitro multiplication of Ficus anastasia[J]. African Journal of Biotechnology，9(5)：635-639.
Arunachalam A，Arunachalam K，2000. Influence of gap size and soil properties on microbial biomass ina subtropical humid forest of north-east India [J]. Plant & Soil，223(1)：187-195.
Bao Di，Jaana Luoranen，Tarja Lehto，et al.，2019. Biophysical changes in the roots of Scots pine seedlings during cold acclimation and after frost damage[J]. Forest Ecology and Management(431)：63-72.
Bengt P，Anders p，Erik G S，et al.，1995. Wood quality of Pinus sylvestris progenies at various spacings[J]. Forest Ecology and Management，76：127-138.
Bernhard，Jensen，Andreasen，2015. Prediction of yield loss caused by *Orobanche* spp. in carrot and pea crops

based on the soil seedbank [J]. Weed Research, 38(3): 191-197.

Biging G S, Dobbertin M, 1992. A comparison of distance-dependent competition measures for height and basal area growth of individual conifer trees[J]. Forest Science, 38(3): 695-720.

Boivin J R, Miller B D, Timmer V R, 2002. Late-season fertilization of Picea mariana seedlings under greenhouse culture: Biomass and nutrient dynamics[J]. Annals of Forest Science, 59(3): 255-264.

Chirino E, Vilagrosa A, Hernάndez EI, et al. , 2008. Effects of a deep container on morpho-functional characteristics and root colonization in *Quercus suber* L. seedlings for reforestation in Mediterranean climate[J]. Forest Ecology and Management (4): 779-785.

Cho Y C, Lee S M, Lee C S, 2018. Floristic composition and species richness of soil seed bank in three abandoned rice paddies along a seral gradient in Gwangneung Forest Biosphere Reserve, South Korea [J]. Journal of Ecology and Environment, 42(1).

Christina L. Borzak, Brad M. Potts, Julianne M. O'Reilly-Wapstra, 2016. Survival and recovery of Eucalyptus globulus seedlings from severe defoliation[J]. Forest Ecology and Management(379): 243-251.

Clémentine Pernot, Nelson Thiffault, Annie DesRochers, 2019. Root system origin and structure influence planting shock of black spruce seedlings in boreal microsites[J], Forest Ecology and Management(433): 594-605.

Cornelissen J H C, 2010. Seedling growth and morphology of the deciduous tree cornus controversa in simulated forest gap light environments in subtropical China [J]. Plant Species Biology, 8(1): 21-27.

Cown D J, 1981. Wood density of *Pinus caribaea* var. *hondurensis* grown in figi[J]. Journal of New Zealand. *Forest Science*(11): 244-253.

Cuesta B, Vega J, Villar-Salador P, et al, 2010. Root growth dynamics of Aleppo pine (*Pinus halepensis* Mill) seedlings in relation to shoot elongation plant size and tissue nitrogen concentration[J]. Trees, 24: 899-908.

Davis A S, Jacobs D F, 2005. Quantifying root system quality of nursery seedling and relationship to out planting performance [J]. New Forests, 30(2/3): 295-311.

Dolor D E, Ikie F O, Nnajig U, 2009. Effect of propagation media on the rooting of leafy stem cuttings of Irvingia wombolu (Vermoesen)[J]. Research Journal of Agiculture and Biological Sciences, 5(6): 1146-1152.

Douh C, Da Nou K, Loumeto J J, et al, 2018. Soil seed bank characteristics in two central African forest types and implications for forest restoration [J]. Forest Ecology and Management, 409.

Duryea M L, 1985. Evaluating seedling quality importance to reforestation [M]. Forest Research Laboratory Oregon State University : 1-6.

Edward R W, Kristjan C V, Andrew P, 2007. Root characteristics and growth potential of container and bare-root seedling of red oak (*Quercus rubra* L.) in Ontario, Canada[J]. New Forests, 34(2): 163-176.

Espinoza J A, 2004. Within-tree density gradients in Gmelina arborea in Venezuela[J]. New Forests, 28: 309-317.

Harlow W M, Harrar E S, 1994. Textbook of dendrology[M]. McGrau-Hill Book Company: 397-400.

Harold C, William M, 1980. Some anatomi cal characteristics of yellow poplar branch wood[J]. Wood Science, 13(2): 99-101.

Juha Heiskanen, 2013. Effects of compost additive in sphagnum peat growing medium on Norway spruce container seedlings[J]. New Forests(1): 101-118.

Kyung J M, Daegi K, Jongkeun L, et al. , 2019. Characteristics of vegetable crop cultivation and nutrient releasing with struvite as a slow-release fertilizer[J]. Environmental Science and Pollution Research, 26(6):

34332-34334.

Landis T D, Tinus R W, McDonald S E, et al. , 1989. The Container Tree Nursery Manual[M]. USDA Forest Service, (4): 1-70.

Lindstr M H, 1996. Basic density in Norway spruce (Ⅲ): Development from pith outwards[J]. Wood and Fiber Science, 28: 391-404.

Luna P, Garc A-Ch Vez J H, D Ttilo W, 2018. Complex foraging ecology of the red harvester ant and its effect on the soil seed bank [J]. Acta Oecologica, 86.

Malik V, Timmer V R, 2011. Biomass partitioning and nitrogen retranslocation in black spruce seedlings on competitive mixedwood sites: A bioassay study[J]. Canadian Journal of Forest Research, 28(2): 206-215.

Marianthi Tsakaldimi, Ganatsas Petros, Jacobs Douglass F, 2012. Prediction of planted seedling survival of five Mediterranean species based on initial seedling morphology[J]. New Forests, 44(3): 327-339.

Massa G D, Kim H H, Wheeler R M, et al. , 2008. Plant productivity inreponse to LED lighting[J]. HortScience, 43: 1951-1956.

Matthew M. Aghai, Pinto Jeremiah R. , Davis Anthony S, 2014. Container volume and growing density influence western larch (*Larix occidentalis* Nutt.) seedling development during nursery culture and establishment[J]. New Forests(2): 199-213.

Mattsson A, 1996. predicting field performance using seedling quality assessment [J]. New Forests, 13(1/3): 223-248.

Mattsson A, 1997. Predicting field performance using seedling quality assessment[J]. New Forests (13): 227-252.

Megraw R A, 1985. Wood quality factors in loblolly pine[J]. Georgia: TAPPI Press Atlanta, 68(7): 1-88.

Miller B D, Timmer V R. Steady-state nutrition of *Pinus resinosa* seedlings: Response to nutrient loading, irrigation and hardening regimes. [J]. Tree Physiology, 1994, 14(12): 1327-38.

Morin X, Damestoy T, Toigo M, et al. , 2020. Using forest gap models and experimental data to explore long-term effects of tree diversity on the productivity of mixed planted forests [J]. Annals of Forest Science, 77(2): 1-19.

Oliet J A, Planells R, Artero F, et al. , 2009. Field performance of *Pinus halpensis* planted in Mediterrannean arid conditions: Relative influence of seedling morphology and mineral nutrition[J]. New Forests, 37(3): 313-331.

Parks C R, Wendel J F, Sewell M M, et al. , 1990. Genetic control of isozyme in genus *Liriodendron* [J]. Journal of Heredity, 81(4): 317-323.

Rehana S, Alam M S, Islam K S, et al. , 2013. Influence of growth regulators on shoot proliferation and plantlet production from shoot tips of banana[J]. Progressive Agriculture, 20(1-2): 9-16.

Rozenberg P, Cahalan C, 1997. Spruce and wood quality: Geneticaspects (a review)[J]. Silvae Genetica, 46 (5): 270-279.

Rudolph V J. , Bright J N. , Stevens T D, 1965. A Spacing study of planted yellow-poplar in Michigan[J]. Mich Agric Exp Stn Q Bull, 47(4): 61-62.

R. Kasten Dumroese, Deborah S. Page-Dumroese, Brown R E, 2011. Allometry, nitrogen status, and carbon stable isotope composition of *Pinus ponderosa*, seedlings in two growing media with contrasting nursery irrigation regimes[J]. Canadian Journal of Forest Research, 41(41): 1091-1101.

Shen Y, Yang W, Zhang J, et al. , 2019. Forest gap size alters the functional diversity of soil nematode communities in alpine forest ecosystems [J]. Forests, 10(8): 1-13.

Stan A B, Daniels L D, 2014. Growth releases across a natural canopy gap-forest gradient in old-growth forests [J]. Forest Ecology & Management, 313(1): 98-103.

Taylor F W, 1979. Property variation within stems of selected hardwoods growing in the mid-south[J]. Wood science , Mi ssissippi. USA, 11(3): 193-199.

Timmer V R, Armstrong G, 1987. Growth and nutrition of containerized *Pinus resinosa* at exponentially increasing nutrient additions[J]. Canadian Journal of Forest Research, 17(7): 644-647.

Wei L, Robert A M, Victor D P, et al. , 1993. Estimating short-rotation Eucalyptus saligna production in Hawaii: An integrated yield and economic model[J]. Bioresource Technology, 45(3): 167-176.

Wolfe J A, 1987. Later cretaceous-cenoroic history of deciduousness and the terminal cretaceous event [J]. Paleobiology(B): 215-226.

Wolfe J A, 1997. Paleocene floras from the Gulf of Alaska region, professional paper-US [J]. Geological Survey(4): 100-108.

Xu X, Timmer V R, 1998. Biomass and nutrient dynamics of Chinese fir seedlings under conventional and exponential fertilization regimes[J]. Plant & Soil, 203(2): 313-322.

Zobel B J, van Buijtenen J P, 1989. Wood variation: Its causes and control[M]. Berlin: Springer-Verlag, 72-131.